U0605165

素书

全鉴

〔汉〕黄石公◎著　余长保◎解译

扫一扫
免费赠送3种国学音频！

国家一级出版社　中国纺织出版社　全国百佳图书出版单位

内 容 提 要

关于《素书》有一个很有名的故事：曾刺杀秦始皇的张良，逃亡到下邳时遇到一位老人，这位老人故意把鞋子丢到桥下，让张良捡起并替他穿上，认定"孺子可教"后传他一卷书，告之"读书则为王者师"。这位老人即黄石公，这卷书即《素书》。《素书》分原始、正道、求人之志、本德宗道、遵义、安礼六章，共一百三十二句。虽只一千三百六十字，但字字珠玑，句句名言，在精准地认识世道、把握人性的基础上，对人生谋略给出了高屋建瓴的指点。本书对《素书》全书按原典进行了解译，并附赠配乐诵读音频，以期读者在阅读的同时有所获益。

图书在版编目（CIP）数据

素书全鉴：典藏诵读版 ／（汉）黄石公著；余长保解译. -- 北京：中国纺织出版社，2018.9（2023.4 重印）

ISBN 978 - 7 - 5180 - 5239 - 4

Ⅰ．①素… Ⅱ．①黄… ②余… Ⅲ．①个人—修养—中国—古代②《素书》—注释③《素书》—译文

Ⅳ．①B825

中国版本图书馆 CIP 数据核字（2018）第 164369 号

策划编辑：曹炳镝　　　责任印制：储志伟

中国纺织出版社出版发行

地址：北京市朝阳区百子湾东里 A407 号楼　邮政编码：100124

销售电话：010—67004422　传真：010—87155801

http：//www.c-textilep.com

E-mail：faxing@c-textilep.com

中国纺织出版社天猫旗舰店

官方微博 http：//weibo.com/2119887771

佳兴达印刷（天津）有限公司印刷　各地新华书店经销

2018 年 9 月第 1 版　2023 年 4 月第 8 次印刷

开本：710×1000　1/16　印张：20

字数：285 千字　定价：49.80 元

一本书的智慧改变了一个人一生的命运，这个人的一生又影响了整个中国封建历史的进程。

这本书就是《素书》，这个人就是张良。

张良是战国时期的韩国人。秦始皇为一统天下而灭韩，张良为报灭国之仇，于公元前218年组织一干人马密谋刺杀秦始皇。但由于计划不周仓促行事，整个行动以失败而告终。秦始皇毫发无损，张良却被迫远走他乡亡命天涯。

通过这件事，我们可以给年轻的张良大致地勾勒出性格的轮廓：血气方刚，勇气有余，谋略不足。显而易见，以他当时的品性和做事能力，很难成就一番真正的伟业。

转机就在张良沦落到一个叫下邳的地方时出现了。具体的过程现在已经无从考证了，我们只知道当时的张良在一个极具戏剧性的场合遇到了一位老人。经过了种种苛刻的考验，老人认定张良"孺子可教"，遂收其为徒，将一卷帛书交予其手，并另行交代：读此书者可为帝王者师，十三年后你再到济北的谷城山下找我（"读书则为王者师，后十三年，子求我与济北谷城山下"）。这本书正是《素书》。

此后，老人虽不再出现过，但《素书》中博大精深而又极具实用价值的智慧却彻底地改变了张良的命运。熟读《素书》后的张良，逐步成长为一个精通进退方圆之道、运筹帷幄的谋略大师。在得到刘邦的赏识重用之后，他把《素书》中的智慧灵活地运用于攻城略地、安邦治国的实践中。"夫运筹帷幄之中，决胜千里之外，吾不如张良"，刘邦深知，自己之所以能推翻不可一世的秦王朝，打败楚霸王项羽，开创这大汉盛世，张良绝对功不可没。

更为值得一提的是，也是受《素书》的影响，在功成名就之后，张良急流勇退，从而避免了如韩信、彭越、英布等一干功臣那样被卸磨杀驴的下场，使得自己的一生得以保全。

在张良得到《素书》的十三年后，他如约到济北谷城山下拜访恩师，但是那位神秘的老人不知何故一直没有出现。为了聊表知遇之恩，张良从路边捡了一块黄石作为恩师的化身供奉在家。《素书》的作者"黄石公"便由此而来，其真实姓名世间已无人知晓。

黄石公的《素书》并不是什么浩渺巨著，其内容共分六章，共计一千三百六十字而已。这短短的一千三百六十字可谓字字珠玑，句句经典，尤其是对复杂的人性的把握真可谓入木三分，世间万事万物的本质和发展规律观察得细致入微。

只可惜，历史记住了张良，记住了刘邦，记住了大汉王朝，却把《素书》忘在了脑后，以至于在张良死后的几百年人们都不知《素书》为何物，几乎失传而绝于人世。如今，我们能一睹《素书》的风采，还要感谢晋朝的那个盗墓贼。珍惜这来之不易的因缘，让我们细细品味《素书》的奥妙所在。

《素书全鉴》典藏版在编撰的过程中，在《素书》原文的基础上，加入了宋代宰相张商英的注（本书中的"张氏注曰"）和清代王氏的点评，以利于读者更全面地把握和理解。本书为《素书全鉴》的典藏诵读版，本书将纸质图书和配乐诵读音频完美结合，以二维码的方式在内文和封面等相应位置呈现，读者扫一扫即可欣赏、诵读经典片段。诵读音频由中国国际广播电台、中央人民广播电台专业播音员，以及中国传媒大学等知名高校播音系教师构成的实力精英团队录制完成，朗读中融进了对传统文化的理解，声音感染力极强。

衷心希望本书能成为您全方位感受和理解《素书》这部传世名作的良师益友。

编著者

2018 年 6 月

原始章第一
关于立身成名的根本问题

一个人立身成名的根本是什么？黄石公的答案是：天道、德行、仁爱、正义和礼制。这五个方面既是为人处世的落脚点，更包含着立身成名的大道理。

正道章第二
最有效的人生韬略是"守正"

一提到"韬略"，很多人马上就会想到"出奇制胜"。是的，"出奇制胜"是兵家津津乐道的战场秘籍，可是战场上的制胜韬略并不一定适用于为人处世。为了把对方消灭而不择手段地运用"奇"招，有时可能会出现在战争中。但如果做人也如此，那肯定不会有什么好下场，反观历史，这样的悲剧太多了。所以黄石公说"守正"才是做人的关键。

求人之志章第三
志向明确的人才能成大器

黑夜里一艘船航行在茫茫的大海上，如果没有灯塔的指引，它就不可能找到方向和停靠的港湾，甚至一不小心触到礁石，还有灭顶的危险。人生一世就犹如夜里行船，而我们的志向和目标就是指引我们顺利到达成功彼岸的灯塔。

本德宗道章第四
懂得权变与操控的基本原则

世事如棋局般简单，又如棋局般复杂。所以无论做人还是成事，懂点权变和操控之术是不多余的，这一方面有助于我们更好地达到目标；另一方面也可以有效地避免灾祸缠身。诚如黄石公所言，在运用权变和操控之术的时候一定要遵循它的基本原则：本德宗道——以德为本，以道为宗。

遵义章第五

用错方法会陷自己于被动境地

"义"不仅是一个人修养的内在体现，在黄石公看来，更是一种做人做事的方法和准则。那么，怎样去做才算"义"呢？最基本的一点就是：在达到自己目的的同时，绝对不能给他人带来伤害，无论是精神上的还是肉体上的。如果用了错误的方式去做事，违背了"义"的准则，那么结果就会使自己陷于被动的境地。

安礼章第六
顺应世理才能做事事成

　　黄石公在本章所言之"礼"，其意义已经超出了一般意义上的礼数，其本质足以上升到"理"的高度。所谓"理"，就是一个人安身立命、成就伟业的做事手法，更是一个有纲领性质的指导方针。当你感觉世间艰难，处事不顺时，原因可能就在于你没有遵循这个"理"。

原始章第一
关于立身成名的根本问题

　　一个人立身成名的根本是什么？黄石公的答案是：天道、德行、仁爱、正义和礼制。这五个方面既是为人处世的落脚点，更包含着立身成名的大道理。

1

五种思想构建人生格局

【原典】

夫道、德、仁、义、礼，五者一体也。

【张氏注曰】

离而用之则有五，合而浑之则为一；一之所以贯五，五所以衍一。

【王氏点评】

此五件是教人正心、修身、齐家、治国、平天下的道理，若肯一件件依着行，乃立身成名之根本。

【译释】

道、德、仁、义、礼这五种思想是浑然一体、缺一不可的。

黄石公是与鬼谷子齐名的谋略家，《素书》是一部权谋的经典著作，但本书开篇讲的却是似乎与谋略无关的仁义道德。这是因为在黄石公眼里，道、德、仁、义、礼是统摄一切权谋的纲领，是最高境界的谋略。

现在一讲到道德、仁义、礼节、信用，有人常常嗤之以鼻：靠这些陈词滥调能成事吗？成功需要的是勇气、智谋和机会，看看那些功成名就的人，我们并没完全见到所谓"道、德、仁、义、礼"的力量。

这些人的看法反映了现代社会的一种浮躁心态：急于求成，为此不惜弃道德的约束于不顾。但显然这是一种浅见，是缺乏做人修养的表现，因为大凡这种人，不论曾经拥有多么耀眼的光环，也注定只是过眼云烟。

在我国传统思想中，道、德、仁、义、礼是一个互相依存、互相作用的体系，应该系统地去认识。老子的失道而后德，失德而后仁，失仁而后义，失义而后礼，说的就是这个意思。

道、德、仁、义、礼是古人日常修养的五个具体标准，历史上许多在政治、军事、人文等领域卓有建树的人物，正是依靠对这五个方面的严格要求和自我修炼，而达到令人仰视的高度，从而彪炳史册。

解 读

有一点自省的精神

孔子的学生曾子说："吾日三省吾身——为人谋而不忠乎？与朋友交而不信乎？传不习乎？"意思是："我每天多次自我反省：替别人办事是否尽心竭力了呢？同朋友往来是否诚实呢？老师传授我的学业是否复习了呢？"曾子学习勤奋，很快便有所成就。为养活父母，曾子曾经在莒地为官，而后他又收徒讲学。据《孟子》记载，他的弟子有七十多人，著名的军事家吴起就是他的学生。

我们在这里要探讨的不是曾子自省的内容：为人谋是否忠，与朋友交是否信，老师传授的知识是否已掌握，而是探讨其"一日三省吾身"的自省精神。追求外在成功也罢，精神为外物所累也罢，无论何时自省精神都显得难能可贵。

"一日三省吾身"，这句话所体现出来的自律精神，是每一个有志于做有"档次"的人，并成就一番事业者所必须学习的。做不到这一点，"道、德、仁、义、礼"也就无从谈起。

明代的张瀚在《松窗梦语》中有这样一段记录：

张瀚初任御史的时候，有一次，他去参见都台长官王廷相，王廷相就给张瀚讲了一则乘轿见闻。说他某一天乘轿进城办事时，不巧遇上了雨。而其中一个轿夫刚好穿了双新鞋，他开始时小心翼翼地循着干净的路面走，后来轿夫一不小心，踩进泥水坑里，此后他就再也不顾惜自己的鞋了。王廷相最后总结说："处世立身的道理，也是一样的啊。只要你一不小心，犯了错误，那么以后你就再也不会有所顾忌了。所以，常常检点约束自己，是一个人必修的功课。"张瀚听了这些话，十分佩服王廷相的高论，终身不敢忘记。

这个历史故事告诉我们，人一旦"踩进泥水坑"，心里往往就放松了戒备。反正"鞋已经脏了"，一次是脏，两次也是脏，于是便有了惯性，从此便"不复顾惜"了。有些人，起先在工作中兢兢业业，廉洁奉公，偶然一不小心

3

踩进"泥坑",经不住酒绿灯红的诱惑,便从此放弃了自己的操守。这都是因为不能事先防范而造成的恶果。

不慎而始,而祸其终,这道理谁都明白,但要做到一直"不湿",似乎也很难。一些人为达到不可告人的目的,会设置种种陷阱,包括利用"糖衣炮弹"来百般诱惑,让你"湿鞋"。

世界充满了诱惑,有时候,仅仅依靠人自身的意志作抵抗是不够的。由于"病毒"的无孔不入,所以必须经常性地给自己打"预防针",并且随着"病毒"的升级而更新换代。其实,大多数人缺少的正是这种自我省察和约束的精神。让自己做到这一点,为自己的做人做事打造优良的"软装备",就等于迈出了超越一般人的了不起的一步。

道是人必须遵循的最高法则

【原典】

道者,人之所蹈,使万物不知其所由。

【张氏注曰】

道之衣被万物,广矣、大矣。一动息,一语默;一出处,一饮食大而八纮之表,小而芒芥之内。何适而非道也。仁不足以名,故仁者见之谓之仁;智不足以书,故智者见之谓之智。百姓不足以见,故日用而不知也。

【王氏点评】

天有昼夜,岁分四时。春和、夏热、秋凉、冬寒;日月往来,生长万物,是天理自然之道。容纳百川,不择净秽。春生、夏长、秋盛、冬衰,万物荣枯各得所宜,是地利自然之道。人生天、地、君、臣之义,父子之亲,夫妇之别,朋友之信,若能上顺天时,下察地利,成就万物,是人事自然之道也。

【译释】

天道是世间万物存在和发展所遵循的自然法则和运行规律。

我们以前会说"人定胜天"，认为只要努力就没有办不到的事，可是事实证明，这是人类的一厢情愿。事实上，人类只能顺应自然，而不可能去战胜它、逆转它。

比如，我们可以将果树嫁接，但是我们不能让一头牛的角上长出苹果来；我们可以人工降雨，可是我们不能控制一场海啸的发生；我们可以提高粮食的产量，但是不可能让1亩地里长出1万斤粮食来。

也就是说，我们尽可以利用大自然的馈赠，可以用人类的聪明才智去创造一些东西，但是不可能完全违背大自然的规律，不能逆"道"而施，否则就会自取灭亡。

什么是自然？老子所讲的自然就是"自然而然"，也就是没有"外力"影响的这个世界的本来面目。现在来理解，它既应包含所有"自然"的存在，也应包括"自然运行的规律"。可是，自然既然是至大无外，有什么能成为"外力"而使之"不自然"呢？

解 读

顺其自然而生，逆道而行则亡

黄石公所云之"天道"其实就是自然之力。

我们常说的自不自然的概念其实是针对人类自身而言的，是从人类角度出发的。人，自有文明以来，也就一直处于这样的矛盾之中：既认为自己是自然的一部分，又时常将自己置身于自然之外，以至于将自己看成一个能够影响"自然"的外力。这岂不是本末倒置了吗？

有的人认为，人类无须敬畏自然，更不必顺天。

但是，在人类制造了工具，有了一些发明，有了科学发展之后，开始提出"人定胜天"这类的口号，在处理人与自然的关系时，总是"以人为本"。结果如何呢？

因为"以人为本"，树木被滥砍乱伐，野生动物被屠杀，地球的生态环境越来越恶劣。人类似乎已经完全忘记了自己本来就是自然的一部分，有什么道理不去顺应自然而非要以我们人类为本呢？民盟中央副主席张梅颖在看了德国一个小学生的环保纪实后很感慨地说："那种不认为自然为母，反以自然为器，乃至要征服自然的反自然观念，助长了环境灾害中日益严重的人类。"

的确，许多天灾实为人祸，是因为人类的活动为自然环境带来无可逆转的伤害。

其实自然就像一个大家庭，这个家庭中不只有人类一个孩子，还有其他的物种。当面对自然的时候，我们考虑的不能仅仅是人类自身，否则就会被其他的"兄弟姐妹"所抛弃。

我们提倡敬畏自然，是要顺"道"而行，因为"道"是万物之所由。我们说敬畏，重点在敬，而不是畏，是要以深厚的现代环境科学作为支撑趋利避害，明了自己该做什么不该做什么。我们应该善待我们的环境，同时摒弃自以为能够对自然为所欲为的思想，以及对人自身的盲目崇拜。只有这样，才会"得之者生，顺之者成"。

《易经》云："在天成事，在地成形，变化足矣。"自然世界，人类社会，天地之间没有不变的事情，万事万物，时刻在变，变是"天道"的法则，是事物发展的规律。一个人要想有所成就，想成其所事，个人的努力固然非常重要；但顺守天道，顺其自然，尊重现实，实事求是，量力而行，以变应变更是关键。

大道无术，若自以为是、不知天高地厚地一味偏激和固执，明知其不可为而强为，只能为自己增添无尽的烦恼和痛苦，带来无穷的失败和灾难。即使是神机妙算、被国人誉为"智慧之神"的诸葛亮在遇到挫折时也不能不仰天慨叹："谋事在人，成事在天。"

无论历史上还是现实中，我们都不难见到有些人或愚昧无知、意气用事，或逞匹夫之勇、不自量力，或骄妄轻狂、倒行逆施。结果往往事与愿违，功不成名不就，落得个身败名裂的下场，有的更为自然带来破坏，为社会带来损失，为他人带来灾难。这些人，除没有真正了解自己，过高地估计自己的力量外，就是悖时势，逆天道。

有多高尚的德行就有多大的成就

【原典】

德者，人之所得，使万物各得其所欲。

【张氏注曰】

有求之谓欲。欲而不得，非德之至也。求于规矩者，得方圆而已矣；求于权衡者，得轻重而已矣。求（至）于德者，无所欲而不得。君臣父子得之，以为君臣父子；昆虫草木得之，以为昆虫草木。大得以成大，小得以成小。迩之一身，远之万物，无所欲而不得（者）也。

【王氏点评】

阴阳、寒暑，运在四时，风雨顺序，润滋万物，是天之德也。天、地、草、木，各得所产，飞禽、走兽，各安其居；山川万物，各遂其性，是地之德也。讲明圣人经书，通晓古今事理。安居养性，正心修身，忠于君主，孝于父母，诚信于朋友，是人之德也。

【译释】

德，就是人们在社会生活中具有的品行操守，德促使人们依德而行，使一己的欲求得到满足，唯有"德"才能有所得。从宏观角度来讲，德，就是让世间万事万物各得其所欲，各展其所能。

孔子说"德不孤，必有邻"，一个有道德的人绝不会孤单，肯定会有人与

7

他在一起。一个人不可能把自己孤立起来，真正的有德之人生活在人群中间。

也就是说，一方面，有道德的人自己有修养和风范，自然会影响周围的人，吸引周围的人与之成为朋友。另一方面，有道德的人既已献身于道德学问，就会耐得住孤单和寂寞，即便暂时没有得到他人的理解，也会在道德学问中，在先贤的思想和人格中找到神交的朋友，这样，他也不会孤单。说到底，因为道德是跨越时间和空间的局限而发展的，所以，有道德的人也不会受时间和空间的限制，总会找到自己志同道合的朋友和事业伙伴。

而这些，不恰恰是成就伟业最急需的"本钱"吗？

解 读

有德者一定会有所得

德行就是你用什么样的态度对待你身边的人，有德之人必有所得：大德得天下，小德得朋友。

战国时期，魏国的公子信陵君最爱招揽天下贤能之士。当时有一个年过七旬却只做了个看守大梁东城门的小吏的隐士，叫作侯嬴，他家境贫寒，但颇有才华。信陵君很希望将他纳入自己的门下，于是亲自去拜访侯嬴，并馈赠他极为贵重的礼物。但令信陵君万万没有想到的是，侯嬴竟然婉言谢绝了。

一天，公子府大摆

筵席。当酒席摆好后，信陵君带着随从亲往东城门迎接侯嬴。侯嬴也不谦让，直接坐到信陵君的身边，企图用自己的傲慢无礼激怒信陵君。而信陵君却亲自驾驶马车，态度丝毫也没有不恭敬。刚走出不远，侯嬴就对信陵君说："我有个朋友在屠宰场，您能送我去看他吗？"信陵君毫不犹豫地就将车赶到了屠宰场。

侯嬴见到自己的朋友朱亥后，故意把信陵君晾在一边，而自己却和朋友谈话。侯嬴一边谈话，一边注意观察信陵君的反应，他发现信陵君的脸色更加温和。因为信陵君的亲朋好友都在等着他回去开筵，他的随从都暗骂侯嬴不识抬举，市井之人也都好奇地观看着眼前所发生的一切，可信陵君自始至终都和颜悦色。

来到公子府，侯嬴被信陵君请到了上座。信陵君还向他介绍了在座的宗室、将相，并亲自向他敬酒。直到这时，侯嬴被信陵君礼贤下士的德行完全打动和折服，并最终为帮助信陵君"窃符救赵"的成功行动立下了汗马功劳。

信陵君能够招揽到侯嬴，与他的品行修养有着直接的关系。

在现实生活中，一个人道德品质和修养的高下，是决定与他人相处得好与坏的重要因素。道德品质高尚，个人修养好，就容易赢得他人的信任与友谊；如果不注重个人道德品质修养，就难以处理好与他人的关系，交不到真心朋友。我们身边就不乏这样的人：有的人看自己一枝花，看别人豆腐渣，处处自我感觉良好，盛气凌人；还有的人一事当前往往从一己私利出发，见到好处就争抢，遇到问题就相互推诿，甚至给别人拆台。这些人在生活中之所以难交朋友，归根到底，就是在自身道德品质和个人修养方面出了问题。

4

做个有慈惠恻隐之心的仁者

【原典】

仁者，人之所亲，有慈惠恻隐之心，以遂其生成。

【张氏注曰】

仁之为体如天，天无不覆；如海，海无不容；如雨露，雨露无不润。慈惠恻隐，所以用仁者也。非（有心以）亲于天下，而天下自亲之。无一夫不获其所，无一物不获其生。《书》曰："鸟、兽、鱼、鳖咸若。"《诗》曰："敦彼行苇，牛羊勿践履。"其仁之至也。

【王氏点评】

己所不欲，勿施于人。若行恩惠，人自相亲。责人之心责己，恕己之心恕人。能行义让，必无所争也。仁者，人之所亲，恤孤念寡，周急济困，是慈惠之心；人之苦楚，思与同忧；我之快乐，与人同乐，是恻隐之心。若知慈惠、恻隐之道，必不肯妨误人之生理，各遂艺业、营生、成家、富国之道。

【译释】

仁是人所独具的仁慈、爱人的心理，仁使有志于天下的人互相亲近，一个人能关心同情他人，各种善良的愿望和行动就会产生。

在《论语》一书中"仁"字出现了两百多次，但孔子并没有给"仁"下过一个明确的定义。韩愈说"仁"就是"博爱"。"仁"是一种内心的人生观、世界观，要求发自内心地爱自己、爱家人、爱乡里、爱国家乃至爱天下。但这种爱不是没有原则的滥爱，而是看到别人好，你要爱他，看到别人不好，你更要爱他，以此把他感化过来。

子曰："里仁为美。择不处仁，焉得知？"

里仁并不是说要住在仁人堆里，而是要怀着一颗仁心，以仁的标准来要求、磨炼自己。仁是一种生活态度，它能涤荡你心中的尘埃，还你一颗活泼纯净的心灵，让你活得潇洒，活得自如，活得理直气壮，活得无愧于心。

解 读

仁者总能设身处地为别人着想

关于做人之"仁"，很重要的一点就是"为别人着想"。能够设身处地地为别人着想，许多事情都可以顺利地解决，这个世界就会拥有更多的关怀。生活中的很多误解和隔膜实际上都是由于人与人的生活状态存在差异，造成思维角度和方式不同所引起的。一个人如果能够充满仁爱之心，言行充满人情味，不但能给他人带来温暖，也会令自己的人生顺风顺水。

东汉的袁安就是这样一个充满仁爱之心的人。有一次，鹅毛般的大雪下了整整一夜。第二天清晨，天放晴了，应该是扫雪的时候了。这时，洛阳的地方官下去视察，发现家家户户都出来扫雪。可是，走到袁安家门前时，看见雪地上连脚印都没有一个，官员们怀疑袁安是不是在家里被冻死了，急忙命人将他门前的雪扫开走进屋子，看见袁安在家里直直地躺着。地方官问他为什么不出去，且还可向亲友家借点粮食，袁安说："这样的大雪天气，大家都没好日子过，我怎么好去打扰人家呢？"地方官认为他很贤德，就举荐他当了孝廉。

为自己谋取方便似乎是人们的天性，能够将别人放在心上来考虑的人，无疑是道德高尚的人。袁安因为怕妨碍别人就不出门扫雪，真可称得上是君子的行为，难怪地方官要把他举荐为孝廉。人在顺境中往往会沉浸在自己的快乐生活中而忽视他人的苦难和不幸，袁安却超脱于个人的情感之外，将关注的目光投向同样需要帮助的人，体现出他高于常人的境界。

北宋名臣张咏，官至吏部尚书。

一次，他办完公事回到后厅，见一名守卫正在熟睡。张咏就把他叫醒，和气地问他："你怎么了，是不是家里出了什么事啊？"果然，那人闷闷不乐地说："我母亲病了，哥哥外出很久了也没有音信。"

张咏派人调查，证实守卫说的是实话。

第二天，张咏派了一个仆人代替守卫去照料他的母亲，并帮他把事情安排好，守卫感激不尽。

事后张咏说："在我的后厅怎么敢有人睡觉呢？这人当时睡着了，一定是心里很愁闷，所以我才询问他。"

像张咏这么有人情味的领导，下属能不愿为他尽力做事吗？的确，在生活中，一个充满人情味和爱心的人，往往具有很强的亲和力。无论其地位高低，都会赢得别人发自内心的尊敬。这样的人，无论走到哪里，可以说都不会有过不去的路。

人作为社会的一员，必然不能只为自己着想，否则，不但有道德上的污点，更是做人策略上的失败。一个人，尤其是领导者，一言一行都应该带有令人亲切的人情味，多为他人着想一些。这不但能问心无愧，同时也会给自己增加"人气"，让自己得到更多的尊敬和拥戴。

以道义为准绳方可立功立事

【原典】

义者，人之所宜，赏善罚恶，以立功立事。

【张氏注曰】

理之所在，谓之义；顺理决断，所以行义。赏善罚恶，义之理也；立功立事，义之断也。

【王氏点评】

量宽容众，志广安人；弃金玉如粪土，爱贤善如思亲；常行谦下恭敬之心，是义者人之所宜道理。有功好人重赏，多人见之，也学行好；有罪歹人刑罚惩治，多人看见，不敢为非，便可以成功立事。

【译释】

所谓义，就是人们的行为要合乎事理，无论做什么都要合乎事宜。以此来奖赏善者，惩罚恶人，继而人心所归，建功立业自然水到渠成。

从另一个角度讲，义还是一套衡量人们的言行是否得"道"的标准，合乎这个标准，就一定会有一个好的结果；违背这个标准，无论是天道还是天理，都难容其立身处世。

不论哪个朝代，哪个国家，人们对奉行仁义的人都充满了敬仰和爱戴。因此，在古代就出现了"仁义大侠""仁义之师"之类的称呼。老子对待这个问题是这样看的——"夫慈，以战则胜，以守则固。天将救之，以慈卫之"。后来，孟子对老子的这句话进行了进一步的解释——"爱仁者人人爱之，敬仁者人人敬之"。

汉朝著名的学者董仲舒也很支持老子的这一观点。在《仁义法》中，他讲道"仁之法在爱人，不在爱我；义之法在正我，而不在正人"，意思就是首先要爱别人而不是爱自己，讲正义首先从自己做起而不是要求别人。

清朝学者吴敬梓讲"以义服人，何人不服"，就是指以仁义来服人，谁又会不服呢？

解 读

正直守义是为人间正义

历史上有名的"强项令"（硬脖子县令）董宣，在自己的岗位上，疾恶如仇，不畏强权，为惩办凶顽，连皇帝都敢顶的精神，就是坚守道义立身立世的有力证明。

董宣字少平，东汉陈留郡（今河南开封东南陈留城）人。他勤奋好学，博通经史。光武帝建武初年，董宣做了几任县级官员，颇有政绩和清名，后又被提升为北海国相。

在他年近七十岁时，又被调任为洛阳令，洛阳是东汉的都城，京师的豪门贵族常常倚仗权势，枉行不法。董宣任洛阳令，执法如山，蔑视权贵，对皇亲国戚的不法行为敢于惩办。例如，皇帝的姐姐湖阳公主家有个恶奴，狗仗人势，青天白日在洛阳西市杀人，然后躲进公主府内。洛阳府衙的吏役们谁也不敢进入公主府中捉人，杀人犯在公主的庇护下，竟逍遥法外。董宣决心要惩办凶犯，伸张正义。他不露声色地暗暗派人监视凶手的动向，寻找时机，缉捕凶手。那个凶奴在府中躲了几天，听外面没有什么动静，以为没事了，就大着胆子坐上公主的车子，随公主一起到城外去游玩。董宣探

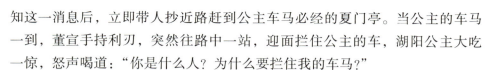

知这一消息后，立即带人抄近路赶到公主车马必经的夏门亭。当公主的车马一到，董宣手持利刃，突然往路中一站，迎面拦住公主的车，湖阳公主大吃一惊，怒声喝道："你是什么人？为什么要拦住我的车马？"

董宣镇定地回答："禀公主，我是洛阳令董宣，特来缉拿在逃的杀人犯，请公主马上交出凶手！"

湖阳公主根本不把小小的洛阳令放在眼里，态度十分傲慢地责问："董宣你身为县令，不顾朝廷的法度，竟敢手执凶器，拦劫我的车马，该当何罪？谁是凶手？！"

董宣见湖阳公主以势压人，异常愤慨，强压怒火，义正严辞地说："公主，你家法不严，致使家奴无视法律，胆敢在闹市上无故杀人，本来就有一定的责任，现在又公开庇护杀人犯，更是错上加错！自古以来，王子犯法，与庶民同罪，何况你的家奴？请速速交出凶手！"

湖阳公主见董宣毫不相让，一点不讲情面，不由恼羞成怒，十分蛮横地说："就算我的家仆伤了人命，如果我不把他交出来，你敢怎么样？"

董宣听了，勃然大怒，喝令身后的差役，从公主的车上揪下那个杀人恶奴，就地正法，湖阳公主被这个场面惊得三魂出窍，立即调转车头，径奔皇宫，哭哭啼啼到皇帝那里去告状。

光武帝刘秀九岁就失去父母，从小靠姐姐拉扯长大成人，所以他对湖阳公主感情特别深。他听说姐姐遭到董宣的"凌辱"，不由大怒，立即派人把董宣传来，不容分说，喝令近侍将他拉出去打死，董宣毫无惧色，从容地对刘秀说："请陛下允许我临死的时候说一句话。""你还有什么话说？"刘秀怒冲冲地喝道。"陛下以圣德而中兴汉室，现在却袒护姐姐纵奴杀人，今后还怎么治理天下？用不着别人动手，让我自己结果这条老命算了！"董宣说罢，就以头猛撞殿柱，顿时血流满面。刘秀听了董宣的话，有所醒悟，又见董宣如此刚烈，不由暗暗佩服，怒气渐消，马上命殿上的小太监拉住他。

为了照顾公主的面子，刘秀对董宣说："你要是现在给公主叩头赔罪，我马上释放你。"

"依法办事，何罪之有！"董宣坚决不答应。

刘秀见董宣如此固执，弄得自己也无法下台，不由心头怒火又起，喝令侍从把董宣推到公主面前，用手强按他的脑袋，逼着他叩头。不料董宣两手用力撑在地上，就是不低头。公主见了，窝了一肚子火，转过身来激刘秀说："文叔

（刘秀的字）从前做平民百姓时，家里窝藏亡命，官府明明知道，也不敢登门过问。现在贵为天子，操生杀大权，难道连一个小小的县令也制服不了吗？"刘秀深深地被董宣的不屈精神所打动，笑着对湖阳公主说："正因为我现在身为天子，所以做事才不能胡来。"于是立即下令，释放了这位"强项令"。

从此以后，洛阳城权豪缩颈，恶霸敛手，京师肃然。

董宣并不是显官宿儒，也不是几朝元老，不过是个普通的郡县官员，光武帝为什么不杀他，甚至奈何不了他？老百姓又为何如此拥戴他？原因既明了又简单，在于他为官以节操和道义为本。正是这种"义"，让他为人正气凛然，不畏权势，执法如山；正是这种"义"，威慑了刁顽恶徒，感动了平民百姓；也正是这种"义"，使他名垂青史，世代受到人们的敬佩和称颂。

日行千里的良马，其力固然可观，但与它内在的品性相比，则不足论，千里马更可贵、更可赞的是它那识途、护主的高尚的道义。同样，"义"乃人生事业的基础，是个人才能的统帅与主心骨。离开道义的建树，事业就失去了稳固的根基，如艳丽一时不可长存的花朵；缺乏道义的约束和指导，无论你有多么卓越的才能，也不会取得令人称颂、经天纬地的成就。

时刻践行礼的规范

【原典】

礼者，人之所履，夙兴夜寐，以成人伦之序。

【张氏注曰】

礼，履也。朝夕之所履践而不失其序者，皆礼也。言、动、视、听，造次必于是，放、僻、邪、侈，从何而生乎？

【王氏点评】

大抵事君、奉亲，必当进退承应；内外尊卑，须要谦让。恭敬侍奉之礼，昼夜勿怠，可成人伦之序。

【译释】

礼，是规定社会行为的法则、规范仪式的总称。人人必须遵循礼的规范，夙兴夜寐，兢兢业业，按照君臣、父子、夫妻、兄弟等人伦关系所排列的顺序行事。

礼，从大的方面说就是社会各种制度，包括等级制度、宗法关系、礼法条规等，从小的方面说就是个人行为准则、礼仪规范。在封建社会，这些条条框框是人们必须遵守的，其法律效力相当于今天的宪法。

以"礼"治国是儒家一直倡导的基本精神，而这种礼制恰恰符合当时封建社会统治阶级的需求，所以很盛行。

那时的很多人都认为治国应以纲常礼义为先。因为纲常礼义是"性"与"命"，即所谓"以身之所接言，则有君臣父子，即有仁、敬、孝、慈。其必以仁、敬、孝、慈为则者，性也；其所以纲维乎五伦者，命也"。无论是"三纲"还是"五伦"，都是一种天性天命的礼，谁也不能违背。并且强调，修身、齐家、治国、平天下，则"一秉于礼"，"自内言之，舍礼无所谓道德；自外言之，舍礼无所谓政事"。

解　读

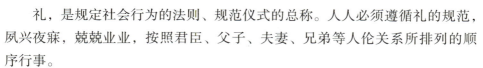

礼多人不怪

诸葛亮可谓是整部《三国演义》中最具亮点的人物，人们对他的评价颇高。陕西岐山县五丈原诸葛亮庙有一副赞扬诸葛亮的对联：义肝忠胆，六经以来二表；托孤寄后，三代而后一人。很显然，这是对诸葛亮历史功绩的夸赞。但人们对于诸葛亮的认识却更偏重于他的计谋和为人处世方面。也可以说，人们更欣赏他的为人及处世智慧。

虽然在很多时候诸葛亮的礼数并不是最周全的，甚至有的时候在刘备面前还有点越俎代庖的嫌疑，然而有一次，他的礼数可谓恰到好处。

在联合抗曹取得了一定胜利的时候，蜀、吴两家却为了荆州闹了起来。然后诸葛亮定计"三气周瑜"，使周瑜气绝身亡。当时，东吴上下对诸葛亮可谓恨之入骨，欲杀诸葛亮而后快，两家的盟友关系也面临着分裂的严峻考验。

令人意想不到的是，此时的诸葛亮却亲自到柴桑口为周瑜吊孝以尽礼仪。

当然，诸葛亮也不是没有准备、只身前往的，他也知道倘若自己有丝毫差错，必然会有去无回。因此他带上了威震长坂坡的赵子龙，以确保他这次柴桑口之行的人身安全。

接着，诸葛亮设祭物于灵前，亲自祭酒，跪在周瑜的灵位前，开始宣读祭文。祭文写得感人至深，诸葛亮宣读完祭文，伏地大哭，泪如泉涌。他的表现令在场的东吴将士无不为之感动，甚至人们对于周瑜是否是被诸葛亮气死的产生了质疑，哪里还有报仇的意思。

这次祭拜，不管是不是发自诸葛亮的内心暂且不说，但是诸葛亮的礼数到了，而且诸葛亮祭拜的目的也达到了——不但消除了东吴诸人对他的恨，也修补了蜀、吴两国合作的裂痕，真可谓一举两得。

"礼"自古就是受人推崇的道德，人们一直将"礼"看得很重。《礼记·冠义》上说："凡人之所以为人者，礼义也"；《礼记·曲礼》说："鹦鹉能言，不离于禽。猩猩能言，不离于兽。今人而无礼，虽能言，不亦禽兽之心乎？"

当然，封建社会的很多五花八门的礼数都是徒有其表，可以借鉴，却不值得极力推崇。但是，我们国家毕竟是礼仪之邦，所谓"礼多人不怪"，平时做个知书达"礼"的人还是不无裨益的。

"礼"是出自对人的敬重，而透过内心的倾慕和外在的尊崇表达出来。若对人没有那种敬重之心，即使表面的功夫做得再出色，那也都是假的，并不可说是礼，只能说是虚礼；相反，只要对他人产生敬重的心，不论你有否向人行"礼"，这已是真真正正的礼了！所以说，礼可以有形，也可以无形，最重要的是人的内心。

在生活中，我们常常忽略了那些看似不起眼的"礼"，也正是由于忽略了它们，才使得家庭矛盾升级、朋友关系紧张……从而导致一系列隐患的产生。

《左传·僖位公三十三年》上记载，春秋时一个叫冀芮的人在田里锄草，他的妻子把午饭送到田头，恭恭敬敬地用双手把饭捧给丈夫。丈夫庄重地接过来，毕恭毕敬地还礼后才用饭。妻子在丈夫用饭时，恭敬地侍立在一旁等着他吃完，收拾餐具辞别丈夫。这件事被当时晋国的一个大夫看见了，传为佳话。

《左传》上记载的这个故事，后来被人们作为对"相敬如宾"这个成语的解释。在我们看来，夫妻间应该少些礼数，但是必要的礼数却能够增加彼此间的亲密度，使夫妻关系更加和谐。同样的道理，朋友、兄弟间倘若多一些礼数，也会使那些没必要的矛盾减少；上下级间倘若多一些礼数，也能形成一种融洽的工作氛围，使工作能够顺利进行……

要想建功立业就不能五缺其一

【原典】

夫欲为人之本，不可无一焉。

【张氏注曰】

老子曰："夫道而后德，失德而后仁；失仁而后义，失义而后礼。"失者，散也。道散而为德，德散而为仁；仁散而为义，义散而为礼。五者未尝不相为用，而要其不散者，道妙而已。老子言其体，故曰："礼者，忠信之薄而乱之首。"黄石公言其用，故曰："不可无一焉。"

【王氏点评】

道、德、仁、义、礼此五者是为人，合行好事；若要正心、修身、齐家、治国，不可无一焉。

【译释】

凡是想要有所成就的人，对于道、德、仁、义、礼这五种思想体系，都是不可或缺的。

道、德、仁、义、礼作为一种内心道德修养的外在表现，既是做人之德，又是做事之器。我们常可以在生活中见到这么一种人，他们态度蛮横，行为霸道，恨不得将所有的好东西都据为己有，但他们又真正得到了什么呢？而且有道、德、仁、义、礼这五种美好品德的人，虽然他并未成心有意地去索取，但上天并不负于他，那些理应属于他的，以及他所得到的东西，都会尽其所用，伸手可及。

朱熹《朱子语类》中有云："圣人之德无不备，非是只有此五者。但是此五者，皆有从后谦退不自圣之意，故人皆亲信而乐告之也。"说的正是这个道理。

解 读

高尚的道德品质是一个人的立世之本

高尚的道德品质是人的立世之本，是任何代价都不能换取的。我们要做一个顶天立地、堂堂正正的人，就必须在内心深处具备道、德、仁、义、礼这几种美德，要时刻注重自身的道德修养，而不仅仅追求虚名。

道德是人们生活及其行为的一种重要的准则和规范。每一个人都是独立的，是具有个性的。但是，每一个人都生活在社会中，因而就必须自觉地遵循社会的道德准则与规范。

然而，大千世界，世象纷繁，人们的处世态度、行为方式是迥然不同的。有的人豁达大度，有的人斤斤计较，有的人积极进取，有的人自暴自弃，有的人坚持正义，有的人颠倒是非……造成这种差异的原因可能很多，但都与他们道德品质的优劣有关。每一个有良知的人，应正确判断孰是孰非，不断提高道德品质的水准，自觉地加强道德品质的自我修养。

曾国藩是个不折不扣的书生、文人，但后来由于形势需要他做了湘军的统帅，但很快就适应了，而且做得比当时所有的专业军事将士要好，其原因就在于他的人格修炼。

大事业只能是人格完美的人才能担当得起。要立志做大事业，只靠技能不行，还要注意人格的修养。

东汉时，羊续在南阳做太守。南阳这个地方土地肥沃，水源充足，气候温和，农业和畜牧业非常发达。由于这里的人民生活富裕，社会风气难免奢侈浮华。特别是地方官府中请客送礼、讲究排场、讲吃讲喝的风气尤为严重。看到这种情况，羊续十分不满，他决定要移风易俗。但要改掉一些不正之风，必须先从官府和为官者入手。羊续觉得还是先从自己这个太守做起比较好。

一天，郡里的郡丞提着一条很大的鱼来看羊续。他为了让羊续收下他的鱼，就说这条鱼不是买的，也不是向别人要的，而是自己在休息的时候从白河里钓上来的。接着他还向羊续介绍了南阳的风土人情，并极力夸赞白河鲤鱼味美可口。他还说，自己绝不是拿这条鱼送礼，而是出于同事之间的感情，让新来的羊续尝一尝。羊续听他说了这么多，但还是决定不收他的鱼。而郡丞是无论如何都不把鱼拿回去。他说："太守您要是执意不收，那就是看不起我，我从此以后也不会和你共事了。"羊续盛情难却，只得将鱼收下了。

郡丞走后，羊续拿起鱼来看了一会儿，就吩咐家人用麻绳将鱼拴好，挂在自己的屋檐下。

几天后，郡丞又来看望羊续，手里提着一条比上次更大的鱼。羊续一看，很不高兴，就说："在南阳这个地方，除了我以外，你的官位最高了。你怎么好带头给我送礼呢？"郡丞听了，轻轻地摇了摇头，还没来得急说什么，羊续就从屋檐下拿出晒干了的鱼，说："你看，上次的鱼还在这里，你一起拿回去吧！"郡丞一看到风干的鱼，脸马上红了，他转身就离开了羊续的家。

从此，南阳再也没有人给羊续送礼了。

南阳的百姓听了这件事后，都很高兴，纷纷称赞新来的太守廉洁不贪。有人还给羊续取了个"悬鱼太守"的雅号。

时刻加强自己道德品质的修养，你就能获得周围人的关注与理解。

加强道德品质的自我修养，首先要自尊自重，要明确社会的准则与规范。只有形成自我反思、自我塑造的自觉性，才能不断地进行自我解剖，自我洗涤，从而达到完善的境界。

加强道德品质的自我修养，还应当从民族精神和伦理文化中汲取养分。我们的民族精神和伦理文化造就了众多道德品质高尚优秀的人物，他们重气节，轻私利，轻富贵，甚至轻生死，如司马迁秉笔直书，不避灾祸；关天培抗击侵略，舍生忘死；刘胡兰面对铡刀，大义凛然……他们的高风亮节，不正是我们道德修养的典范吗？然而当我们在这学习过程中遇到挫折和困境时，还应想想那些哲理："生于忧患，死于安乐"，"奇迹总是在厄运中产生的"，"不幸是一所最好的大学"。这是中外哲人从无数事实中提炼出来的哲理，这些对我们怎样在挫折和困境中优化自己的道德品质有很好的启示作用。

要通晓盛衰与成败的道理

【原典】

贤人君子，明于盛衰之道，通乎成败之数，审乎治乱之势，达乎去就之理。

【张氏注曰】

盛衰有道，成败有数；治乱有势，去就有理。

【王氏点评】

君行仁道，信用忠良，其国昌盛，尽心而行；君若无道，不听良言，其国衰败，可以退隐闲居。若贪爱名禄，不知进退，必遭祸于身也。能审理乱之势，行藏必以其道，若达去就之理，进退必有其时。参详国家盛衰模样，君若圣明，肯听良言，虽无贤辅，其国可治；君不圣明，不纳良言，倚远贤能，其国难理。见可治，则就其国，竭力而行；若难理，则退其位，隐身闲居。有见识贤人，要省理乱道理、去就动静。

【译释】

那些有名的贤人君子之所以事业有成，很大程度上是因为他们都明白盛衰、成败的规律所在，掌握了这些规律可以很好地预见即将发生的事，从而为下一步的行动作出正确的决策，或者走，或者留，或者进，或者退，都可以从容应对。

这些事情看似容易，却不是一般人能做到的。要做到这一点，不仅需要清醒的头脑、足够的学识和阅历，更需要平日里细心观察和思考，不断地总结前人的经验，不断地实践，最后才有可能达到"明于盛衰之道，通乎成败之数。审乎治乱之势，达乎去就之理"的境界。

解 读

什么是真正的学问

读《素书》是为了学习做人做事，但《素书》告诉你，真正的学问并不全在书本上。真正的学问要"入乎其内，出乎其外"，用通俗的话来讲，就像学生读书，先要把书通读，进入其中，然后把书读厚，从一个论题衍生出另一个论题，从一个知识点发散出其他知识点，将知识融会贯通。然后再把书读薄，将其中的重点归纳整理出来，将众多的知识点汇聚到一起，抛弃其中熟知的、无用的东西，最后和现实相结合，最好能把世间的事物本质统统看透，并以此来指导自己的人生实践。这样才算是学好了这一门课。

但是在这之前，如果自己的实践经验还不够，或是处于无知的状态，那又怎么可以去冒充已经通晓了大智慧呢？

《红楼梦》中有一个对子："世事洞明皆学问，人情练达即文章。"对世事都洞明、透彻了，这是真学问，对人情世故都通达了，那是大文章。一个人的修养若能达到这种境界，就是很了不起的了。

错误和失败并不是百分之百一定的，只要懂得去总结整理，错误和失败也是一笔财富，而且可以向着成功转化。这也是世事洞明皆学问的道理。

我们的生命是有限的，所以我们所经历的不论是成功还是失败，都是我们人生中最宝贵的财富，而对大多数人来说，所经历的失败会远远多于成功，如果因此而自认为是个失败者，那就不免浪费了生活赐给我们的珍宝。

在有限的生命里，要使自己成为一个洞明世事、练达人情的智者，而不要用寻常人的眼光早早将自己限定为一个成功者或是失败者，这才是超然于物外的明智。

不得意时就守志待时

【原典】

故潜居抱道，以待其时。

【张氏注曰】

道犹舟也，时犹水也；有舟楫之利而无江河以行之，亦莫见其利涉也。

【王氏点评】

君不圣明，不能进谏、直言，其国衰败。事不能行其政，隐身闲居，躲避衰乱之亡；抱养道德，以待兴盛之时。

【译释】

在时机不成熟的时候，君子就隐居深藏，等待，但不失其意志，他们相信，终有一天，自己的价值会被明主发现。

在我们身边，这样的人和事很多。如果你有抱负、有能力，但就是没有机会，这该怎么办？那就"潜居抱道"等待时机，尽管这个过程很寂寞、很孤单。很多人都羡慕那些成功者头上亮丽耀眼的光环，却很少有人能体会到成功之前的寂寥和无奈。

守得云开见月明，终得梅花扑鼻香。经历过一些挫折，真正的贤能之人终有出头之日。

解　读

好酒不怕巷子深

　　有句俗话叫"好酒不怕巷子深"。孔子也说了，不怕别人不知道自己，就怕自己不知道别人。只要你德才真的出众，就不怕没有识你的伯乐。一时的不得志，只是因为时候未到罢了，姜太公钓鱼钓到 80 岁，还不是被周文王请出来了？姜太公又称姜尚，字子牙。他是周武王打败商朝、攻下殷都的首席谋主、最高军事统帅和西周的开国元勋，是齐国的缔造者、齐文化的创始人，亦是中国古代的一位影响久远的杰出的韬略家、军事家和政治家，被称为"周师齐祖"、"百家宗师"，在中国历史上占有重要地位。

　　姜尚出身低微，前半生可以说漂泊不定、困顿不堪，但是他却满腹经纶、壮志凌云，深信自己能干一番事业。听说西伯侯姬昌尊贤纳士、广施仁政，年逾七旬的他便千里迢迢投奔西岐。但是来到西岐后，他不是迫不及待地前去毛遂自荐，而是来到渭水北岸的磻溪住了下来。此后，他每日垂钓于渭水之上，等待圣明君主的到来。

　　姜尚的钓法奇特，短竿长线，线系直钩，不用诱饵之食，钓竿也不垂到水里，离水面有三尺高，并且一边钓鱼一边自言自语："姜尚钓鱼，愿者上钩。"一个叫武吉的樵夫，看到姜太公不挂鱼饵的直鱼钩，嘲讽道："像你这样钓鱼，别说三年，就是一百年，也钓不到一条鱼。"姜尚说："你只知其一，

不知其二。曲中取鱼不是大丈夫所为，我宁愿在直中取，而不向曲中求。我的鱼钩不是为了钓鱼，而是要钓王与侯。"

后来，他果然"钓"到了周文王姬昌。姬昌兴周伐纣迫切需要人才，得知年已古稀的姜尚很有才干，他斋食三日，沐浴整衣，抬着聘礼，亲自前往磻溪应聘，并封姜尚为相。姜尚辅佐文王，兴邦立国，帮助姬昌之子周武王姬发，灭掉了商朝。自己也被武王封于齐地，实现了建功立业的愿望。姜太公钓出的可谓是一条"王侯大鱼"。

乘势而上就能一飞冲天

【原典】

若时至而行，则能极人臣之位；得机而动，则能成绝代之功。如其不遇，没身而已。

【张氏注曰】

养之有素，及时而动；机不容发，岂容拟议者哉？

【王氏点评】

君臣相遇，各有其时。若遇其时，言听事从；立功行正，必至人臣相位。如魏征初事李密之时，不遇明主，不遂其志，不能成名立事；遇唐太宗圣德之君，言听事从，身居相位，名香万古，此乃时至而功成。事理安危，明之得失；临时而动，遇机而行。辅佐明君，必施恩布德；理治国事，当以临军、爱民；其功足高，同于前代贤臣。不遇明君，隐迹埋名，守分闲居；若是强行谏诤，必伤其身。

【译释】

假如能充分把握时机，并且立即行动，那就能很容易获得人臣的高级职位；如果得到机会就立即振臂奋起，那就能够成就当代独一无二的丰功伟业；

如果运气本来就不好，又不懂得主动把握机会，那就只能被无情淹没，终身无所作为。

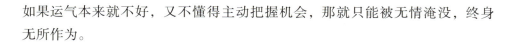

解 读

适时把握时机即可一飞冲天

适当地把握时机，适时掌握主动权，就会变不利为有利，变被动为主动，这是为人处世立于不败之地的要旨。

做好一件事情，客观条件极其有限，但只要把握时机，因势利导，善于动脑，主观能力自然会发挥到极致。

唐朝末年，浙江以东的裘甫率农民发动起义，已攻占了几个城池，朝廷任命安南都户王式为观察史，镇压动乱。刚上任的第一件事，王式命人将县里粮仓中的粮食发给饥民。众将官迷惑不解，都说："您刚上任，军队粮饷又那么紧张，现在您把县里粮仓中的存粮散发给百姓，这是怎么回事呢？"王式微笑着说："反贼用抢粮仓中存粮的把戏来诱惑贫困百姓造反，现在我向他们散发粮食，那么，贫苦百姓就不会强抢了。再者，各县没有守兵，根本无力防守粮仓，如果不把粮食发给贫苦百姓，等到敌人来了，反而会用来资助敌人。"

王式的一番话，各位将领听后都觉得言之有理。果然，叛军到达后，百姓纷纷抵抗，不到几月工夫，叛乱被平定。

所谓"天有不测风云，人有旦夕祸福"，世上的事情不是以人的意志为转移的。随着情况、形势的变化，及时掌握有利时机，把握主动，灵活应对，这是一个人立身处世建功立业不可或缺的本领。

在生活中，我们必须处处时时以应变的心态看待社会，要做好应对变故的思想准备，并机动灵活运用应变之术，以使自己永立不败之地。

所以，驾驭时机在许多场合中都是靠"装糊涂"才会成功的，这种糊涂有进攻型的，也有退却型的，不同的场合要灵活运用，以谋求解决问题的最佳方式。

11

道的修养超乎一切

【原典】

是以其道足以高，而名扬于后世。

【张氏注曰】

道高则名垂于后而重矣。

【王氏点评】

识时务、晓进退，远保全身，好名传于后世。

【译释】

正是因为有些人道德的修养足够高尚，所以他们才会名垂千古、流芳百世。

老百姓的眼睛是雪亮的，不管你有多大的官职，也无论你在战场上杀了多少敌人，但凡你想得到老百姓的口碑就必须有足够高尚的"道"的修养，而无"道"之人只有遭人唾弃的份儿。比如赵高、秦桧之辈，尽管位居宰相之位，一人之下万人之上，但身后留下了什么？不过是骂声一片而已。

通俗地讲，"道"的修养也算是成功的一项硬性指标。

解 读

为学做事应以道的修养为市

一个人无论学什么做什么，首先要在道德上立根基。这是做人的根本，没有这个根本，再高的学问、再大的本事也是没有益处的。举个例子，警察和小偷之所学，有许多相似、相通之处，但是，同样的学，却导致不同的结果，其原因就在于人之本。这就像今日所说的道德与科学的关系一样。如何运用科学技术，不是取决于科学技术本身，而是取决于人的道德观念。总之，道的修养是人之根本，"本立而道生"，有了本，才可以言及其他。换言之，也就是先做人，再为学，再做事。

一个人有没有学问，学问的好坏，主要不是看他的文化知识，而是要看他能不能实行"孝"、"忠"、"信"等传统伦理道德。只要做到后面几点，他就能够摆脱一些低级趣味和自私倾向。这样的人，即使他说自己没有学习过，但他已经是有道德的人了。在今天，道德修养和文化知识同等重要。只有这样，才能成为德才兼备的有用之人。

的确，一个人尽管学富五车、才高八斗，如果他的言谈举止、行为方式愚笨乖谬，不能解决一些实际问题，又有什么用呢？相反，一个人即使没有什么文凭，没有进过大学校门，但他言谈文雅，举止得体，行为方式正确，能够有所发明，有所创造，难道你能够说他没有学习过什么吗？

世间什么最难？做人最难，拼上三年两载做成一件两件事不难，做人却是一辈子的事，弄不好一辈子也不会做人。不会做人怎么做事？

有一个名叫公明宣的人在曾子门下学习，三年不读书。曾子说："你在我家里，三年不学习，为什么？"

公明宣说："我哪敢不学习？我看见老师在家里，只要有长辈在，连牛马也没有训斥过，我很想学习您对长辈的态度，可惜还没有学好。我看见老师接待宾客，始终谨慎谦虚，从来没有松懈过，我很想学习您对朋友的态度，可惜还没有学好。我看见老师在朝廷办公事，对下属的要求很严格，但从来不伤害他们的自尊心，我很想学习您对下属的态度，可惜还没有学好。"

曾子离开座位，向公明宣道歉说："我不如你，我只会读书罢了！"

以往我们的教育偏重于告诉人们什么是好人、必须做好人，即比较偏重于教育学生怎样去做人，以致学生对于为人处世的原则方法并不明了。因而不善应对不善交际，不能协调好人际关系，不能较好地把内在的美德变成外在的美行，把个人恰当地融入集体之中。

那么，一个人究竟该如何学做人呢？有人为此作出了如下界定：

其一，严于律己，宽以待人。这是做人的基本原则。以责人之心责己，以恕己之心恕人。

其二，与人为善，切忌骄横。众怒难犯，专欲难成。物极必反，器满则倾。肆无忌惮，焚己伤人。切勿恃强凌弱。倚势凌人，势败人凌我；穷巷追狗，巷穷狗咬人。

其三，谦和为美，多让少争。对人须有敬爱之心。相爱无隙，相敬如宾。荣辱毁誉，处之泰然。小不忍则乱大谋，不闹无原则的纷争。

其四，诚信待人，远离是非。君子重信诺，一字值千金。胸怀坦荡真君子，口蜜腹剑是小人。毋以己长而形人之短，毋因己拙而忌人之能。有言人前说，人后不说人。所谓：闲谈莫论人是非。

其五，仗义疏财，扶危济贫。钱财如粪土，仁义值千金，烈士让千乘，贪夫争一文。不因贫而舍，不以富为尊。

是以，做人决然是门大学问，绝对一言难尽，绝非一蹴而就。管窥蠡测，凭君撷取。

我们并不是主张不会做人，就不要学知识，而是要把做人的道德修养放在第一位，把学知识放在第二位。因为，一个连人都做不好的人，学到再多的知识又有何用呢？

正 道 章 第 二

最有效的人生韬略是"守正"

　　一提到"韬略"，很多人马上就会想到"出奇制胜"。是的，"出奇制胜"是兵家津津乐道的战场秘籍，可是战场上的制胜韬略并不一定适用于为人处世。为了把对方消灭而不择手段地运用"奇"招，有时可能会出现在战争中。但如果做人也如此，那肯定不会有什么好下场，反观历史，这样的悲剧太多了。所以黄石公说"守正"才是做人的关键。

1

道德的力量足以威服远方

【原典】

德足以怀远。

【张氏注曰】

怀者，中心悦而诚服之谓也。

【王氏点评】

善政安民，四海无事；以德治国，远近咸服。圣德明君，贤能良相，修德行政，礼贤爱士，屈己于人，好名散于四方，豪杰若闻如此贤义，自然归集。此是德行齐足，威声伏远道理。

【译释】

一个人的道德品质足以使远方的人心悦诚服，前来归顺。

"宽则得众，惠能使人。""得民心者得天下，失民心者失天下。"这些古人留下来的治国安民的宝贵经验，同样适用于今天。一个优秀的领导者只有具备较高的道德水准和良好的群众基础，才能更好地推动工作开展。

解 读

得民心是做好管理工作的前提

第二次世界大战前，西方有些国家的政治家或军官为了打胜仗，不断地要求人民万众一心、吃苦耐劳，但他们自己却过着夜夜笙歌的奢靡日子。一般人看了这种现象，对这些政治家或军官产生了不信任感，他们因此失去了民众的支持，使战争走了不少弯路。

《六韬》中说："利天下者，天下启之。"的确，民心向背是关系到国之存亡、事之兴衰的决定性因素，不可不为领导者所重视。历史和现实的许多事例都表明，凡是成长和发展比较快的领导者，大都是既受上级信赖，又受下级拥戴而"政绩"又比较突出的人。因而，作为一名领导者，应当注意协调这几者的关系，领悟其间相辅相成的作用，注意打好自己的群众基础。

"得民心"说得通俗一点儿，就是要有好人缘，与群众的关系密切，威望高，有号召力，群众愿意与之共事。民心不仅是领导者做好工作的群众基础，也是领导者求得事业进一步发展的保证。

群众基础好是领导者在事业上更进一步的前提条件之一。现在对干部实行群众考核评议，只有那些联系群众的干部，才会被群众推举。在上级组织提拔干部时，也往往考察他们的群众基础如何。显而易见，凡是群众基础好的干部就比不得人心者占据更大的优势。

得人心并不难，能做到公正无私就已成功一半。

尽管管理者的工作方法各不相同，但必须树立公正无私的形象，才能大大有利于自己凝聚力的加强。

明智的管理者最在意的是名声，有好名声才有凝聚力，才能众望所归。因此，作为管理者，不能不领会公正无私的内涵。只有顾及下属对自己品质的评价，只有在下属面前树立一个公正无私的贤者形象，才能更好地立权树威，取信于"民"。

公正评价下属是优秀管理者公正无私的一个重要方面。为了客观评价下属，他们善于及时观察和做笔记。下属的表现只有通过长期的工作才能体现出来。只有长期注意记录他们的行为，才能对他们真正有所了解。在掌握这些资料之后，当你通过手头的记录去表扬某些工作干得好但又不被人注意的下属时，他会倍感欣慰，从而促使他会努力地把工作做得更好；如果批评某些下属干得不好，虽然他会在短时间内情绪低落，但很快就会了解你公正待人的做法，同时也会重新认识自己工作中的不足，变后进为先进。这样，下属才会逐渐消除对你的不满，对你的管理工作会更加满意。

深受下属欢迎的管理者还总是以大局为重，不计个人恩怨，充分地调动多数人的积极性，通过尽可能公正地使用人才来激发下属为单位效劳的积极心理。

用人上的不公正，会引起大家的不满，这关系到一个单位能否实现平稳发展。如果待人失当、亲疏不一，则会在不知不觉中重用了某些不该重用的人，而冷落了一些单位的骨干力量，这样做的结果是严重打击了受到不公正待遇的下属的积极性和创造性，直接影响到单位的全局发展。因此，要想成为一名受下属欢迎并具有凝聚力的管理者，就应该对所有的下属一视同仁，这样，不仅积极因素可以得到充分调动，一些消极因素也会转化为积极因素。

管理者公正无私还表现在对下属的"论功行赏"上面。受下属欢迎的管理者，往往在论功行赏方面做得相当完美，能够充分地调动下属的积极性，形成人人争上游的局面，给单位带来无限的生机和活力。反之，如果论功行赏做得不好的话，不仅达不到激励下属的预期效果，反而会造成灾难性的后果。例如，优秀的下属在工作中作出了相当大的贡献，但他并没有得到相应的奖赏，工薪、奖金都没有与贡献呈正比例增长；而那些并没有做什么实际工作的人却得到了加薪、分红。任何正常的人都会非常自然地感觉到管理者对他的不公平，从而产生种种抵触心理。这种使中坚力量产生抵触情绪的局面一旦形成，单位的前途命运也就非常危险了。

另外，管理者在日常管理事务中要公私分明，切不可假公济私。

要了解一个人的品性很容易，只要看看他使用金钱的方式就可一目了然了。有些人乍见之下气度相当宏伟，可是一牵涉到钱，脑子里立刻盘算起来如何才能"报公账"。以管人的资格来说，这种人的品性及能力都显得够不上水准。

最被下属瞧不起的管理者是使用公家的钱挥霍无度而自己则一毛不拔。这种类型的管理者为数不少，而对单位更是有百害而无一利，严格说起来，他不但没有存在的价值，甚至会对公司造成危害。

所以，作为一个高明的管理者，在日常事务中一定要公私分明，切不可因贪图小便宜而使自己的形象受损失去民心。

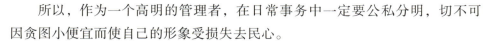

至诚守信能够统一不同人的认识

【原典】

信足以一异，义足以得众。

【张氏注曰】

有行有为，而众人宜之，则得乎众人矣。天无信，四时失序；人无信，行止不立。人若志诚守信，乃立身成名之本。君子寡言，言必忠信，一言议定再不肯改议、失约。有得有为而众人宜之，则得乎众人心。一异者，言天下之道一而已矣，不使人分门别户。赏不先于身，利不厚于己；喜乐共用，患难相恤。如汉先主结义于桃园，立功名于三国；唐太宗集义于太原，成事于隋末，此是义足以得众道理。

【译释】

一个人的信义昭著足以影响别人对事物的认知，从而最终达成统一的意见，获得众人的支持。

东汉的许慎在他所著的《说文解字》中说，"诚，信也"，又说"信，诚也"。由此可见，"诚"和"信"，无论是单独使用还是相连使用，在古代都是同一个意思。诚实守信无论是在古代还是现代，都具有十分重要的意义。

解 读

诚实守信实为立足的法宝

诚信无价。虽然一时的坦诚可能会损失眼前的利益，但换来的却是比金钱更重要的信任，收获的是长远的利益。但有的人却不这样想，他们会为了眼前的利益而失去很好的发展机会。

从前有个商人，渡河时翻船了。他不会游水，差点儿被淹死，而河面上有一捆枯草，他拼命抓住这捆枯草，大声地呼喊救命。

一个打鱼人听见喊声，急忙驾着小船来救他。商人看见渔人，连忙喊道："我是济阳县的大富翁，你快来救我的命吧。我有万贯家财，如果你救了我，我可以给你一千两银子。"

于是打鱼人就把他救了上来。当富翁带着渔人到家里取钱时，只给了渔人一百两银子。渔人说："你原来说给我一千两银子，现在却变成了一百两，这不是不讲信用吗？"商人听了，不但不兑现自己的诺言，反而勃然大怒说："你是一个打鱼的人，一天能赚几两银子？现在你不费力气就赚到了一百两银子，难道还不满足吗？哼！'信用'，它能值多少钱？"

渔人看出商人是在耍赖，心想再和他争辩也没有用，便转身走了。

半年后，这个商人从吕梁一带买了一批货物，顺水而下。中途不幸刮起了大风，船又翻了，商人在水中大喊救命。这时渔人正在岸边，不管商人怎么呼喊，他也不去救。岸上的人纷纷对渔人说："你怎么不去救他呢？"渔人说："我过去曾救过他。他是济阳的一个富翁，但说话不算数。还说'信用'不值钱。我倒不是计较几个酬金，但我一定要让他知道'信用'值多少钱。"当人们听了渔人的话后，都气愤地说："不讲信用的人，淹死活该。"

只见那个富翁在水面上翻了几翻，便沉入水中，再也不见了。

济阳商人耍小聪明误了身家性命，落人耻笑。这就警告那些好算计的人，不要以为自己聪明、妙算，就算计别人。其实，这些小人因为用心太过，反倒算计了自己。只计较一时的小利而不惜毁掉信用的人，才是真正的愚蠢，因为他丢了信用，纵使有万贯家财，也不可能再挽回"信用"二字。

自古以来，诚实守信就是做人最基本的品德，"言出必行"、"一诺千金"、"诚实不欺"一直被公认为为人处世的基本准则。

西汉初年有一个叫季布的人，他为人正直，乐于助人，特别讲信义。只要他答应过的事，无论多么困难，他一定要想方设法办到，所以在当时名声很好。

季布曾经是项羽的部将，他很会打仗，几次把刘邦打败，弄得刘邦很狼狈。后来项羽被围自杀，刘邦夺取天下，当上了皇帝。刘邦每想起败在季布手下的经历，就十分生气。愤怒之下，刘邦下令缉拿季布。

幸好有个姓周的人得到了这个消息，秘密地将季布送到鲁地一户姓朱的人家。朱家是关东一霸，素以"仁侠"闻名。此人很欣赏季布的侠义行为，尽力将季布保护起来。不仅如此，还专程到洛阳去找汝阴侯夏侯婴，请他解救季布。

夏侯婴从小与刘邦很亲近，后来跟刘邦起兵，转战各地，为刘邦建立汉王朝立下了汗马功劳。他很同情季布的不幸处境，遂在刘邦面前为季布说情，终于使刘邦赦免了季布，还封他为郎中。不久又任命他为河东太守。

当时，楚地有个名叫曹丘生的人，能言善辩，专爱结交权贵。季布和这个人是同乡，很瞧不起他，并在一些朋友面前表示过厌恶之意，偏偏曹丘生听说季布又做了大官，一心想巴结他，特地请求国戚窦长君写一封信给季布，介绍自己认识他。窦长君早就知道季布对他印象不好，劝他不要去见季布，免得惹出是非来，但曹丘生坚持要窦长君介绍。窦长君无奈，勉强写了一封推荐信，派人送到季布那里。

季布读了信后，很不高兴，准备等曹丘生来时，当面教训教训他。过了几天，曹丘生果然登门拜访。季布一见曹丘生，就面露厌恶之情。曹丘生对此毫不在乎，先恭恭敬敬地向季布施礼，然后慢条斯理地说："我们楚地有句俗语，叫作'得黄金百两，不如得季布一诺'。您是怎样得到这么高的声誉的？您和我都是楚人，如今我在各处宣扬您的好名声，这难道不好吗？您又何必不愿见我呢？"

季布觉得曹丘生说得很有道理，顿时不再讨厌他，并热情款待他，留他在府里住了几个月。曹丘生临走时，季布还送他许多礼物。曹丘生确实也照自己说过的那样去做，每到一地，就宣扬季布如何礼贤下士，如何仗义疏财。这样，季布的名声越来越大。后人用"一诺千金"来形容一个人很讲信用，说话算数。

诚实守信，在社会交往中有着十分重要的作用。一个人说话实实在在，说

37

到做到，就会使人产生信任感，愿意同他交往、合作。相反，轻诺寡信，一再地自食其言，必然会引起人们的猜疑和不满。只有彼此守信，友谊才会持久。因此老子的"信不足焉，有不信焉"智慧，仍然是现代人立足的法宝。

要善于以古鉴今

【原典】

才足以鉴古，明足以照下，此人之俊也。

【张氏注曰】

嫌疑之际，非智不决。

【王氏点评】

古之成败，无才智，不能通晓今时得失；不聪明，难以分辨是非。才智齐足，必能通晓时务；聪明广览，可以详辨兴衰。若能参审古今成败之事，便有鉴其得失。天运日月，照耀于昼夜之中，无所不明；人聪耳目，听鉴于声色之势，无所不辨。居人之上，如镜高悬，一般人之善恶，自然照见。在上之人，善能分辨善恶，别辨贤愚；在下之人，自然不敢为非。能行此五件，便是聪明俊毅之人。德行存之于心，仁义行之于外。但凡动静其间，若有威仪，是形端表正之礼。人若见之，动静安详，行止威仪，自然心生恭敬之礼，上下不敢怠慢。自知者，明知人者。智明可以鉴察自己之善恶，智可以详决他人之嫌疑。聪明之人，事奉君王，必要省晓嫌疑道理。若是嫌疑时分却近前，行必惹祸患怪怨，其间管领勾当，身必不安。若识嫌疑，便识进退，自然身无祸也。

【译释】

真正有才能有智慧的人都懂得用前人的经验指导自己为人处世，也唯有此才能让人心清眼明，洞察未来。所谓人中之"才俊"皆由此而来。

所谓"才俊"，所谓"聪明的人"，应包含两个标准，一个是智商，一个是学习的能力。智商是从娘胎里带来的，谁都无法刻意改变。但智商高的人并不一定就是聪明的人，真正的聪明要体现在做人办事上。那些学习能力强的人完全可以弥补智商的不足，从而在做人办事上更胜一筹。当然，学习，并不是让大家去学书本上的教条，最值得学习的是前人成败得失的经验。学习这些目的只有一个：少走弯路，少犯同样的错误。

解 读

可以犯错，但不要犯同样的错

世界上没有一个人能保证自己永远不犯错误。对于社会中的每一个人来说，我们应当牢记的一个法则是：不要犯同样的错误。正如那句谚语所说——一只狐狸不能以同一的陷阱捉它两次，驴子绝不会在同样的地点摔倒两次，只有傻瓜才会第二次跌进同一个池塘。

不犯错误的人是没有的，但聪明的人能够吸取上一次的教训，为防止下一次挫败做好准备；愚蠢的人却不会这样做，仍然犯与第一次相同的错误。所谓"吃一堑，长一智"，我们应该从错误中吸取教训，确保不再犯同样的错误。

有一次，一个猎人捕获了一只能说 90 种语言的鸟。

这只鸟说："放了我，我将给你三条忠告。"

猎人回答说："先告诉我，我保证会放了你。"

鸟说道："第一条忠告是：做事后不要懊悔。"

"第二条忠告是：如果有人告诉你一件事，你自己认为是不正确的就不要相信。"

"第三条忠告是：当你爬不上去时，别费力去爬。"

讲完这三条忠告，鸟对猎人说："现在你该放我了吧。"猎人依照刚才所说的将鸟放了。

这只鸟飞起后落在一棵高树上，它向猎人大声叫道："你放了我，你真愚蠢。但你并不知道在我的嘴中有一颗十分珍贵的大珍珠，正是这颗珍珠使我这样聪明。"

这个猎人很想再次捕获这只被他放飞的鸟，他跑到树跟前开始爬树。但是当爬到一半的时候，他掉了下来并摔断了双腿。

鸟嘲笑他并向他叫道："傻瓜！我刚才告诉你的忠告你全忘记了。我告诉你一旦做了一件事情就别后悔，而你却后悔放了我。我告诉你如果有人对你讲你认为是不可能的事，就别相信，但你却相信像我这样一只小鸟的嘴中会有一颗很宝贵的大珍珠。我告诉你如果你爬不上某高处时，就别强迫自己去爬，而你却追赶我并试图爬上这棵大树，还掉下去摔断了你的双腿。"

"这句箴言说的就是：'对聪明人来说，一次教训比蠢人受一百次鞭挞还深刻。'"

说完鸟就飞走了。

这则故事的寓意可谓深刻至极。同样，无论是在生活中还是在工作中，我们经常听到别人的忠告，有时自己也会对别人提出忠告。忠告一般都是从经验教训中总结出来的，目的就是避免下一次的错误。因此，我们应该从自己成功与失败的经历中得出经验教训，然后根据实际情况灵活运用，避免犯同样的错误。

卡恩的档案柜中有一个私人档案夹，标示着"我所做过的蠢事"。夹中插着一些他做过的傻事的文字记录。

每次卡恩拿出那个"愚事录"的档案，重看一遍他对自己的批评，这样可以帮助他处理最难处理的问题——管理他自己。

下面是一则关于一位深谙自我管理艺术的人物——豪威尔的故事，他是美国财经界的领袖，曾担任美国商业信托银行董事长，还兼任几家大公司的董事。他受的正规教育很有限，在一个乡下小店当过店员，后来当过美国钢铁公司信用部经理，并一直朝更大的权力地位迈进。

豪威尔先生讲述他克服危机的秘诀时说："几年来我一直有个记事本，记录一天中有哪些约会。家人从不指望我周末晚上会在家，因为他们知道，我常把周末晚上留作自我省察，评估我在这一周中的工作表现。晚餐后，我独自一人打开记事本，回顾一周来所有的面谈、讨论及会议过程。我自问：'我当时做错了什么？''有什么是正确的？我还能做些什么来改进自己的工作表现？''我能从这次经验中吸取什么教训？'这种每周检讨有时弄得我很不开心，有时我几乎不敢相信自己的莽撞。当然，随着年事渐长，这种情况倒是越来越少，我一直保持这种自我分析的习惯，它对我的帮助非常大。"

豪威尔的做法值得我们每一个人学习，睿智的人知道，不吸取教训，不改正错误，是成不了大业的。

一般人常因他人的批评而愤怒，有智慧的人却想办法从中学习。诗人惠特曼曾说："你以为只能向喜欢你、仰慕你、赞同你的人学习吗？从反对你的人、批评你的人那儿，不是可以得到更多的教训吗？"

与其等待敌人来攻击我们或我们的工作，倒不如自己动手。我们可以是自己最严苛的批评家。在别人抓到我们的弱点之前，我们应该自己认清并处理这些弱点，及时完善，自己虽然不能保证百战百胜，但至少可以避免敌人用同样的手法轻易地击败自己。

言行之中透出人的品性

【原典】

行足以为仪表，智足以决嫌疑，信可以使守约，廉可以使分财，此人之豪也。

【王氏点评】

诚信，君子之本；守己，养德之源。若有关系机密重事，用人其间，选拣身能志诚，语能忠信，共与会约；至于患难之时，必不悔约、失信。掌法从其公正，不偏于事；主财守其廉洁，不私于利。肯立纪纲，遵行法度，财物不贪爱。惜行止，有志气，必知羞耻；此等之人，掌管钱粮，岂有虚废？若能行此四件，便是英豪贤人。

【译释】

一个人行为端正，足以成为众人的表率，他的智慧超群足以决断令人疑惑的事理，他的信义可以使人恪守诺言，他廉洁的作风可以让他分理财务，这样的人可谓人中之豪杰。

孔子曾经说过："言忠信，行笃敬，虽蛮貊之邦，行矣；言不忠信，行不笃敬，虽州里，行乎哉？"讲的是一个人说话有信用，行为很诚恳，他的言行就足以能够说明他的品行，这样的人哪怕在蒙昧辽远的地方也能顺利自由地行动；反之，如果做不到这些，即使在自己熟悉的家乡，也会处处难行其道。

解读

真诚正直的言行是一把金钥匙

真诚正直的言行是打开这个世界成功之门的一把金钥匙，你可能是一个一文不名的穷人，你可能一再地跌倒，至今仍然没有功成名就。这些并不重要，重要的是如果你能用自己的言行证明你是值得信赖的，就不会有人不尊重你。

众所周知，诚信自古以来被认为是"为人"、"处世"之本。一个人如果不讲信用，他就会受到人们的藐视；一个企业如果不讲诚信，就会使企业蒙损，严重时可能影响到企业的生存和发展。国家亦是如此。

所谓诚信，就是诚实、守信用、重承诺、负责任。每个人每天都要同不一样的人或单位打交道，达成协议或促进了解。如果每个人都不讲诚信的话，那么人与人之间就无法正常交往乃至沟通，整个社会也将无法维持正常的秩序。言行一致是做人立身之本。一个人只有"言必信，行必果"才能获得别人和社会的信任。

美国道格拉斯飞机制造公司为了卖一批喷气式客机给东方航空公司，创始人唐纳德·道格拉斯本人专程去拜访东方航空公司的总裁艾迪·雷肯巴克。

雷肯巴克告诉他说，道格拉斯公司生产的新型 DC－3 飞机和波音 707 飞机是两个竞争对手，但它们有一个共同的缺点，那就是喷气发动机的噪声太大。他说他愿意给道格拉斯公司一个机会，如能在减小噪声方面胜过波音公司，就可获得签订合同的希望。

这笔生意对道格拉斯而言相当重要，如果能同东方航空公司签署订购合约，他在生意场上就能马上争得一席之地；反之，如果难以取得订单，或许就表明他将从此销声匿迹。

道格拉斯回去与他的工程师仔细研究商量后，认真地答复雷肯巴克说："老实说，我不能确保把噪声降低。"

雷肯巴克说："其实，我早就知道答案。我之所以这样做，目的就是想看看你对我是不是诚实。"

接着，雷肯巴克郑重地告诉道格拉斯；"你现在得到了 16500 万美元的订单。"

"老实说，我不能确保把噪声降低。"这轻描淡写的一句话，说出来需要多么大的勇气啊！但道格拉斯正是凭着宁肯在商场销声匿迹，也不背上欺世盗名的骂名，才赢得了别人的信赖和他生命中至关重要的订单，也是靠这一秘诀，才得以把自己的事业推向成功。试想，如果当初道格拉斯没有勇气承认他不能降低飞机引擎的噪声，而是欺骗了雷肯巴克，他人生的第一桶金不就随着谎言被戳穿而泡汤了吗？

当今社会，诚信是一切德行的基础和根本。诚信意识的丧失与道德丧失是相互联系的，有时它们也是互为因果的关系。当今社会，无论是商业欺骗行为，还是假冒伪劣商品的制造；也无论是官场腐败行为，还是学府作弊现象，都在强烈地提醒我们诚信社会氛围营造的必要与急迫。

相信你在这个世界上获得的快乐也绝不比那些亿万富翁少。我们都讨厌虚伪，讨厌表里不一，讨厌惺惺作态。我们都希望与真诚的人为伍，但同时不要忘了，首先我们自己要做一个讲诚信的人。诚信是人类社会永远的共识，任何时候，诚信都是带给人愉悦和信任的天使。在平平淡淡的生活中似乎很容易就能做到诚信待人，因为你不需要付出什么，更不用损害自己的利益，你只要用动听的语言就可以打动你的朋友。但是在考验面前，诚信与虚伪却是一目了然的。

真诚地做人，就算暂时吃一些亏，但日后必然能够收获丰硕的果实，你付出了桃李，必然会收获琼浆。好人自有好报，真诚的人一生都会得到必然的尊重。不管你所从事的是何种职业，也不管你的职位高低；不管你的知识是丰富还是贫乏，也不管你是多么伟大或是多么渺小，只要你是一个真诚的人，你的人生就没有什么可后悔的。一个人只要真诚地为人处世，就很容易博得他人的好感，并且能够与他人愉快地合作！

我们通常一出口，就"君子一言，驷马难追"，甚至大呼"人无信不立"。然而，诚信就像迷彩服一样，成为许多人用来伪装掩护的幌子。这些年来，我们见过太多的贼喊捉贼的骗子，口口声声诚信为本，实际上骗你没商量。一个人的诚信，来自于个人的价值观、所在组织的规范程度，以及如法律、人文、风俗习惯等的社会环境。西方人视信用为自己的第二生命，并非他们的道德观念使然，而是他们的法律所形成的游戏规则的要求。通常，把诚信当作儿戏的人，最终将没有好的下场。

恪守本分聪明有度

【原典】

守职而不废。

【张氏注曰】

孔子为委吏乘田之职是也。

【王氏点评】

设官定位，各有掌管之事理。分守其职，勿择干办之易难，必索尽心向前办。不该管干之事休管，逞自己之聪明，强揽览而行为之，犯分合管之事；若不误了自己之名爵、职位，必不失废。

【译释】

一个聪明的人都知道忠于自己的职责，专心做自己该做的事，不可分心，不可因为聪明就给自己找不必要的麻烦。

正如王氏点评所言，聪明，无疑是一件好事，但如果因此而觉得自己不一般，处处显得比别人聪明，甚至总是倚仗聪明不把别人放在眼里，不仅得不到好处，往往还会把自己置于十分危险的境地。

解读

不要显得比别人聪明

在历史上，以聪明人自居而招灾惹祸的例子不在少数。如曾帮刘邦打天下立下汗马功劳的韩信，官封淮阴侯，不久就落下了杀身之祸，原因就在于他自恃有才而锋芒毕露，再加上其功高震主，所以一抓住其"谋反"的借口，刘邦就迫不及待地把他给杀了。另外，还有大家耳熟能详的杨修被曹操所杀的故事，都说明了这一点。

英国19世纪政治家查士德斐尔爵士曾经对他的儿子有过这样的教导："要比别人聪明，但不要告诉人家你比他更聪明。"

苏格拉底在雅典一再告诫他的门徒："你只知道一件事，那就是你一无所知。"孔老夫子也说："人不如，而不恨，不亦君子！"

这些话，有一个共同的意思，就是你即使真的很聪明，也不要太出风头，要藏而不露，大智若愚。也就是说，在为人处世中，不要卖弄自己的雕虫小技，不要显得比别人聪明。

世上有一种人很喜欢卖弄自己，他们掌握一点本事，就生怕别人不知道，无论在什么人面前都想"露两手"。这种人爱出风头，总想表现自己，对一切都满不在乎，头脑膨胀，忘乎所以。在为人处世中，这种人十个有九个要失败。

那么，在为人处世中应该如何做，才是不卖弄自己的聪明呢？不妨从以下三方面加以注意：

第一，要在生活枝节问题上学会"随众"，萧规曹随，跟着别人的步履前进。

这种随众附和的做人方法，至少有两大实际意义：其一，社会上的群居生活，需要大家互相合作。其二，在某些情况下，当你茫然不知所措时，你该怎么办？当然是仿效他人的行为与见解，从而发掘正确的应对办法。

第二，不要让人感觉你比他聪明。

如果别人有过错，无论你采取什么方式指出别人的错误：一个蔑视的眼神儿，一种不满的腔调，一个不耐烦的手势，都可能带来难堪的后果。美国哈维罗宾森教授在《下决心的过程》一书中说过一段富有启发性的话："人，有时会很自然地改变自己的想法，但是如果有人说他错了，他就会恼火，更加固执己见。人，有时也会毫无根据地形成自己的想法，但是如果有人不同意他的想法，那反而会使他全心全意地去维护自己的想法。不是那些想法本身多么珍贵，而是他的自尊心受到威胁……"

第三，贵办法不贵主张。换句话说，就是多一点具体措施，少一些高谈阔论。

譬如，上司和同事或者朋友，希望你帮助他办某件事，你可以拿出第一套方案，第二套方案，总之，你千方百计把问题解决了，这比发表"高见"不是有意思得多吗？不说空话，而又能干得成实事，你将给人一种沉稳的成熟者的形象。

在为人处世中，不要把别人都看成是一无所知的人。其实，我们周围的人，和你一样，都各有主张。但多数人都不喜欢采纳别人尤其是下属的主张，因为这往往会被认为有失身份，有损体面。如果我们把同事都看成是庸才，只有自己有真知灼见，于是在一个团体内多发主张，结果被采纳的百分比，恐怕是最低的，而且很可能是最先被淘汰出局的人。

"聪明"是相对的，是对某一具体的方面、具体的人而言的。你在这个人面前很聪明，而在另一个人面前很可能稍显逊色。所以，聪明还是不"聪明"并不足以成为做人的资本，根本不值得卖弄。

不因嫌疑猜忌而避让推脱

【原典】

处义而不回，见嫌而不苟免。

【张氏注曰】

迫于利害之际而确然守义者，此不回也。周公不嫌于居摄，召公则有所嫌也。孔子不嫌于见南子，子路则有所嫌也。居嫌而不苟免，其唯至明乎。

【王氏点评】

避患求安，生无贤易之名；居无不便，死尽孝忠之道。侍奉君王，必索尽心行政，遇患难之际，竭力亡身，宁守仁义而死也，有忠义清名。避仁义而求生，虽存其命，可以为美。故曰：有死之荣，无死之辱。

【译释】

即使有被人误解猜疑的风险，仍然义无反顾地尽到自己的职责，不推脱，不扯皮，埋头做自己该做的事情。

勇于负责永远是一种值得称道的积极进取精神。一个人想要实现自己内心的梦想，下定决心改变自己的生活境况和人生境遇，首先要改变的是自己的思想和认识，要学会从勇于担当的角度入手，对自己所从事的事业保持清醒的认识，不管别人怎么看怎么想，仍然努力培养自己勇于负责的精神，因为这才是成就伟业的最佳方法。

解读

勇于负责可以改变一切

一位伟人说："人生所有的履历都必须排在勇于负责的精神之后。"勇于负责的精神是改变一切的力量，它可以改变你平庸的生活状态，使你变得杰出和优秀；它可以帮你赢得别人的信任和尊重，从而强化你脆弱的人际关系；更重要的是，它可以使你成为好机会的座上宾，频频获得它的眷顾，从而扭转职业轨迹的方向。如果你已经足够聪明和勤奋，但依然成绩平庸，那么就请检视自己是否具有勇于负责的精神。只要拥有了它，你就可以获得改变一切的力量。

在商业化的社会里，无论哪个单位都越来越欣赏那些敢于承担责任的职员。因为只有这样的人才能给人以信赖感，值得人们去交往。也只有这样的人，才具备开拓精神，能为公司带来效益。所以，在做事的过程中，我们应该要求自己具备一种勇于负责的精神。

要想赢得机会，就得勇于负责。一个普通的员工，一旦具备了勇于负责的精神，他的能力就能够得到充分的发挥，他的潜力就能够得到不断的挖掘，从而为公司创造出巨大的效益。同时，也让他自己的事业不断向前发展。

安妮是一家大公司办公室的打字员。有一天午餐时间，她一个人留在办公室里收拾东西。这时，一位董事走进来，想找一些信件。

其实这并不是安妮分内的工作，但是，她依然回答："尽管这些信件我一无所知，但是，我会尽快帮您找到它们，并将它们放在您的办公室里。"

四个星期后，在一次公司的管理会议上，有一个更高职位的空缺。总裁征求意见，这时这位董事想起了勇于负责的女孩——安妮。于是，他推荐了她。

美国塞文事务机器公司董事长保罗·查来普说："我警告我们公司里的人，如果有谁做错了事，而不敢承担责任，我就开除他。因为这样做的人，显然对我们公司没有足够的兴趣，也说明了他这个人缺乏责任心，根本不够资格成为我们公司里的一员。"

勇于负责的精神说到底就是一种踏踏实实地把事情做好、做到底的态度，也是专业精神的进一步责任化。

在一家电脑销售公司里，老板吩咐三个员工去做同一件事：到供货商那里去调查一下电脑的数量、价格和品质。

第一个员工5分钟后就回来了，他并没有亲自去调查，而是向下属打听了一下供货商的情况，就回来做汇报。30分钟后，第二个员工回来汇报，他亲自到供货商那里了解了一下电脑的数量、价格和品质。第三个员工90分钟后才回来汇报。原来，他不但亲自到供货商那里了解了电脑的数量、价格和品质，而且还根据公司的采购需求，将供货商那里最有价值的商品做了详细记录，并和供货商的销售经理取得了联系。另外，在返回途中，他还去了另外两家供货商那里了解一些相关信息，并将三家供货商的情况做了详细的比较，制订出了最佳购买方案。

结果，第二天公司开会，第一个员工被老板当着大家的面训斥了一顿，并警告他，如果下一次出现类似情况，公司将开除他。第三个员工，因为勇于负责，恪尽职守，在会议上受到老板的大力赞扬，并当场获得了奖励。

无论做什么工作，都应该静下心来，脚踏实地地去做。要知道，你把时间花在哪里，你就会在哪里看到成绩。只要你勇于负责、认认真真地做，你的成绩就会被大家看在眼里，你的行为就会受到上司的赞赏和鼓励。

聚沙成塔，集腋成裘。"千里之行，始于足下。"任何伟大的工程都始于一砖一瓦的堆积，任何耀眼的成功也都是从一步一步中开始的。不管现在你所做的工作多么微不足道，我们都必须以高度负责的精神做好它。不但要达到标准，而且要超出标准，超出上司和同事对我们的期望，成功也就是在这一点一滴的积累中获得的。

那些在职场上表现平庸的人都有以下共性：不受约束，不严格要求自己，也不认真对待自己的职责；内心深处对一切岗位制度和公司纪律嗤之以鼻，对一切指导和建议都持抵触情绪和怀疑态度；在工作和生活之中，以玩世不恭的姿态对待一切；对自己所在机构或公司的工作报以嘲讽的态度，稍有不顺就跳槽；老板或上司稍加疏忽便自我懈怠，自甘堕落；如果没有外在监督，根本就不认真工作；对工作推诿塞责，故步自封……可想而知，任何工作都不能被他们认真对待，最终他们得到的就是年华空耗，只能一事无成。

只要你是公司的一员，就应该抛弃借口，丢掉脑中消极懒散的思想，以全部身心投入到工作之中，以勇于负责的精神去面对自己的工作，时时刻刻为公司着想。只有改变工作作风，主动清除头脑中的错误思想，才能成长为一个真正具备勇于负责精神的员工，才会被老板或公司视为支柱，才会获得全面的信任，并获得重要职位，拥有更广阔的工作舞台。

勇于负责才能赢得尊严。一个人要想赢得别人的敬重，让自己活得有尊严，就应该勇敢地承担起责任。一个人即使没有良好的出身、优越的地位，但只要勤奋地工作，认真、负责地处理日常工作中的事务，就会赢得别人的敬重和支持。

改变态度，努力培养自己勇于负责的精神，你将会产生无穷的力量，积极地为自己的梦想和事业努力奋斗。

7

不做见利忘义的小人

【原典】

见利而不苟得，此人之杰也。

【张氏注曰】

俊者，峻于人也；豪者，高于人；杰者，桀于人。有德、有信、有义、有才、有明者，俊之事也。有行、有智、有信、有廉者，豪之事也。至于杰，则才行足以名之矣。然，杰胜于豪，豪胜于俊也。

【王氏点评】

名显于己，行之不公者，必有其殃；利荣于家，得之不义者，必损其身。事虽利己，理上不顺，勿得强行。财虽荣身，违碍法度，不可贪爱。贤善君子，顺理行义，仗义疏财，必不肯贪爱小利也。能行此四件，便是人士之杰也。诸葛武侯、狄梁，公正人之杰也。武侯处三分偏安、敌强君庸，危难疑嫌莫过如此。梁公处周唐反变、奸后昏主，危难嫌疑莫过于此。为武侯难，为梁公更难，谓之人杰，真人杰也。

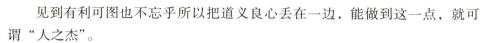

【译释】

见到有利可图也不忘乎所以把道义良心丢在一边，能做到这一点，就可谓"人之杰"。

对"义"和"利"的态度，是孔子区分君子和小人的标准。因此，他才说："君子懂得的是义，小人懂得的是利。"在孔子的眼里，道德高尚的人重义而轻利，见利忘义的人重利而忘义。前者受人尊敬，后者惹人生怨。

孔子这么说，并不是否定利益，只是反对以不正当的手段得到金钱和财富。他强调，如果财富可求的话，即使别人不愿从事的工作也去做，即不能唯利是图。

社会的进步，物质的丰富，离不开人们对物质享受的追求。所以，在今天，我们追求个人利益是合乎道德的。当然，这里的前提是不损害他人对利益追求的权利，即不损人利己。但是，从个人修养来说，淡漠的物质欲望仍是值得推崇的。一个脱离了庸俗趣味的人，一个有崇高理想和高雅志趣的人，对于物质享受都看得很淡。

解 读

道义比挣钱更重要

许多人经商都以追求利益为最大目标，但真正的大商人却都信守"义、信、利"的经商哲学，将追求利润放在"义"与"信"之后，尤其不取违背良心之利。

如何看待义、利关系，是见"利"忘"义"，还是"取予有义"，也是衡量商人们职业道德的标尺。我国古代商人刘淮在嘉湖一带购囤粮谷，一年大灾，有人劝他"乘时获得"，他却说，能让百姓度过灾荒，才是大利。于是，他将囤聚之粮减价售出，还设锅棚"以食饥民"，赢得了一方百姓的赞誉和信任，生意自然日渐兴隆。

当前社会，在义、利方面能给我们作出表率的，李嘉诚绝对算一个。

香港是一个自由竞争港，巧取豪夺而致富的人肯定是有的。所以李嘉诚认为，金钱的多寡并非衡量一个人价值的唯一标准。能像李嘉诚这样完完全全清清白白赚钱的，商界中堪为楷模。

李嘉诚在巴拿马投资时，拥有集装箱码头、飞机场、旅馆、高尔夫球场以及大片土地，成为当地最大的海外投资商，巴拿马政府为表示感谢，拿出很多商人求之不得，一定可以赚大钱的赌场牌照，作为酬谢的礼物。面对送上门的钱财，他却婉言谢绝，对他们说：我对自己有个约束，并非所有赚钱的生意都做的。

巴拿马总理找到李嘉诚，说："你这么大的投资，我一定要给你，你有三家旅馆，随便你放在哪一家都可以。"盛情难却之下，李嘉诚作出妥协，决定不接受赌场牌照，但是在旅馆外面另外建独立的房子，给第三者经营，并且由第三者直接跟政府洽谈条件。他的公司只赚取租金，李嘉诚对他说："旅馆的客人要去哪儿我不管，但我的旅馆里，绝对不开设赌场。"

有人说，一般的商家，只能算作精明，唯有李嘉诚一类的商界超人，才具备经商的大智慧。舍小取大，李嘉诚是其中最聪明的人。而大部分商人的目光只会停留在眼前利益，做生意不舍一分一厘，只求自己独吞利益。恰好是一时赚得小利，而失去了长远之大利。可谓捡了芝麻，丢了西瓜。李嘉诚却正好相反，他舍弃了小利，却赢得了大利。

李嘉诚说过："如果一单生意只有自己赚，而对方一点不赚，这样的生意绝对不能干。"

李嘉诚认为，生意人应该利益均沾，这样才能保持久远的良好合作关系。如果光顾一己之利益，而无视对方的利益，只能是一锤子买卖，自己将生意做断做绝，以后再没有人找你做生意谈合作。

道理并不是深不可测，但为什么现实中能做到这点的寥寥无几？关键是在现实利益面前，人们常把"道"放在次要的地位，能如李嘉诚于利中见义，自然可以脱颖而出。

求人之志章第三

志向明确的人才能成大器

　　黑夜里一艘船航行在茫茫的大海上，如果没有灯塔的指引，它就不可能找到方向和停靠的港湾，甚至一不小心触到礁石，还有灭顶的危险。人生一世就犹如夜里行船，而我们的志向和目标就是指引我们顺利到达成功彼岸的灯塔。

1

没有无边的欲望所以活着不累

【原典】

绝嗜禁欲，所以除累。

【张氏注曰】

人性清净，本无系累；嗜欲所牵，舍己逐物。

【王氏点评】

远声色，无患于己；纵骄奢，必伤其身。虚华所好，可以断除；贪爱生欲，可以禁绝，若不断除色欲，恐闭塞自己。聪明人被虚名、欲色所染污，必不能正心、洁己；若除所好，心清志广，绝色欲，无污累。

【译释】

禁绝无益的爱好，克制色欲的贪婪，这样可以让自己轻轻松松过一生。

红尘滚滚，熙熙攘攘。很多人整天奔波劳碌，以获取更多的金钱，再沉浸在消费的快感中，填充自己物欲的沟壑。挣钱、消费构成了无限循环的生活链条。然而，很多时候，当我们拥有太多花钱买来的东西时，却忽略了不用花钱买的享受——大自然。我们的人生都充满矛盾：有些东西看似毫不起眼，却无比珍贵，有些享受如此简单，众人却不知领略或无暇顾及。很多人过于沉迷于纸醉金迷、声色犬马之中，真正的生活却被抛掷到脑后。这不能不说是一种遗憾或悲哀。

解　读

享受生活，但不要被生活所累

翻开诗仙李白的《襄阳歌》，有一句叫"清风朗月不用一钱买"。醒时的太白可能还想着建功立业，大展一番抱负，可酒后的太白肯定是最能体会人间极乐的，抛开一切，大自然的幽静和美丽给了他无限的享受。此时，他不再想着生不得志的抑郁和悲愤，只体悟着宇宙中取之不尽、用之不竭的如斯美景。

与此遥相呼应的是古希腊哲学家第欧根尼。一次，亚历山大大帝和哲学家邂逅，当时哲学家正躺着晒太阳。大帝说："朕即亚历山大。"哲人答道："我是狗崽子第欧根尼。"再问："我有什么可以为你效劳的？"答："请不要挡住我的太阳。"多么曼妙的回答。他该是和太白一样，也正在享受着不用一钱买的午后和煦的阳光。无怪乎亚历山大大帝当时叹道："我如果不是亚历山大，我便愿意我是第欧根尼。"

在古希腊，苏格拉底这个被雅典美少年崇拜的偶像，长得却像个丑陋的脚夫：秃顶，宽脸，扁阔的鼻子，整年光着脚，裹一条褴褛的长袍，在街头游说。走过市场，看了琳琅满目的货物，他吃惊地说："这里有多少东西是我用

不着的!"是的,他用不着,因为他有智慧,而智慧是自足的。若问何为智慧,希腊哲人们往往反过来断定自足即智慧。

在他们看来,人生的智慧就在于自觉限制对于外物的需要,过一种简朴的生活,以便不为物役,保持精神的自由。人已被神遗弃,全能和不朽均成梦想,唯在自由这一点上尚可与神比攀。

苏格拉底说得简明扼要:"一无所需最像神。"柏拉图理想中的哲学王既无恒产,又无妻室,全身心沉浸在哲理的探究中。亚里士多德则反复论证哲学思辨乃唯一的无所待之乐,因其自足性而成为人唯一可能过上的"神圣的生活"。

明末文人洪应明在他的《菜根谭》中对这种立身处世的行云流水般的意念,有一些精妙的表述或形容:

风来疏竹,风过而竹不留声;

雁度寒潭,雁去而潭不留影。

故君子事来而心始现,事去而心随空。

这段话的意思是:当清风拂过竹林的时候,竹子会发出刷刷的声响,但清风过后竹林便变得寂静无声;当鸿雁飞渡清寒的潭面时潭水中会倒映出鸿雁的英姿,但鸿雁过后潭面上便不再有任何鸿雁的影子。所以修养高深的君子只有在事情到来的时候才显露出他的本性,表白他的心迹,事情一过去,他的内心也就立即恢复了空灵平静。

一个人若达到了如此的境界,就会自得其乐,不会因得失荣辱而耿耿于怀。反之,就难以体验到工作与人生的乐趣;更严重者,则会执着于贪念,使人生面临着重重的危机。

不为恶事自然无过

【原典】

抑非损恶，所以禳过。

【张氏注曰】

禳，犹祈禳而去之也。非至于无，抑恶至于无，损过可以无禳尔。

【王氏点评】

心欲安静，当可戒其非为；身若无过，必以断除其恶。非理不行，非善不为；不行非理，不为恶事，自然无过。

【译释】

面对诱惑时，抑制自己贪婪的念头，自然可以避免过失和灾祸。

富贵，功名，利禄，各种各样令人眼花缭乱的诱惑无处不在。

人都喜欢富贵而厌恶贫贱。然而富贵的求取、贫贱的摆脱，都应该经由正道。君子所应走的正道是什么呢？是"仁"。这种说法可能会让一些人失笑，他们认为这是与现实相脱节的。

富与贵的诱惑，摆脱贫贱的要求，其力量实在太大了，是许多人想用毕生的努力达到的。许多人就是因为抵挡不住"诱惑"和"要求"而不择手段，走上犯罪的道路。

子曰："富与贵，是人之所欲也，不以其道得之，不处也。贫与贱，是人之所恶也，不以其道得之，不去也。君子去仁，恶乎成名？君子无终食之间违仁，造次必于是，颠沛必于是。"

从一定意义上讲，孔子在这里讲的不仅是一个金钱观、人生观问题，更蕴含了当人面对眼前的诱惑时，该怎样进行选择这一现实命题。诱惑往往造成短视，因此，许多时候，我们不应该认为吃亏就是傻；也不应该认为一时得了好处是走了大运，行得通，其实很可能因此而失去了得到更大好处的机会，甚至，你吃下的甜饽饽正是一个无法挣脱的圈套。

解读

不赚黑心钱不做一锤子买卖

每一个人都关心自己的利益，上了当不可能无所觉察，受了损失不可能无动于衷。正如美国著名总统罗斯福所说："你能在某个时候欺骗某些人，但你不可能在所有时候欺骗所有人。"所以，损人利己的险恶之徒，迟早会自受其损，尤其是对于经商的人来说。

作为一个精明的人，被人称为"比猴子还要精"，你从不干"使自己吃亏的事情"，你总能把其他人"傻帽儿"般地骗得一愣一愣而不察觉。从小你就被认为是经商的料，"无商不奸，无奸不商"，经商似乎是你天才的职业，于是，长大后，你当了商人，准备大干一番事业，利用你精明的大脑，去大展你的宏图。但是，你失败了，你在商场上一再受挫。这是为什么？

其实原因很简单，只是因为你太过精明了，从而失去了别人对你的信任。你要记住诚实是成功的先决条件，因为别人并没有你想象得那么傻。现代社会，你一旦失去了信誉，那么你也就失去了一切成功的机会。

归根到底，这还是一个"德"的问题，一个成功的商人，必须具有良好的商业道德，必须以客户以消费者的利益为重。但还有一种"一锤子"买卖的做法，是想一脚上岸、一步到位，这个"商态"同样是不可取的。《庄子·列御寇》中有一个"纬萧得珠"的故事，说的正是"一锤子"买卖的危害性。

古时候，在某地一条大河边，住着一户以经营草织品为生的商贩，他们每天把岸边人家用蒿草织成的草箱收购运到城里去卖，以此赚钱养家糊口，尽管生意做得不大，但也能勉强维持一家老小的生计。有一天，商贩的儿子纬萧在河里游泳，偶然从河底捞得一颗价值千金的龙珠。一家人十分高兴，纬萧对父亲说："你成年累月卖蒿箱，纵然累断筋骨也只能吃糠咽菜，还不如到大河深处去捞龙珠，拿到市场去卖，必定发财！"但商贩不同意儿子的意见，并对儿子讲了一通道理。做生意如同做其他事一样，不能只见树木不见森林，只看到暂时的利益而忽略潜在的危险。一分生意三分险，对每一种生意，我们既要考虑到赚钱的结果，也要考虑到赔钱的下场，即使在眼前效果十分诱人的情况下，也必须从坏处打算，掂量一下该不该冒这个风险。倘若觉得某一笔生意赚钱的可能性很大，而且一旦赔了，损失最多只占资金的一部分，那么，这样的风险可以一冒；反之，一旦失败则全盘皆输的风险，则绝对不可冒，况且你所得到的那颗龙珠，长在大河深渊黑龙的嘴里，你之所以能够得到它，是黑龙在沉睡的时候，不小心从嘴里吐出来的。一旦再下河去捞珠，遇见黑龙正愁不见偷珠的对象时，必然把你

连骨头带肉吞到肚子里去，到那时不仅捞不到珍珠，还会把性命赔进去。

　　当然，这仅是一则寓言。在商战中，从来就没有"搏到尽头"的可能，聪明的人总会客观分析事物，既能看到有利的一面，也会估计到不利的一面。商品社会市场经济永远充满变数，今天赚钱的东西，说不定明天就赔，今天热销的产品，说不定明天就会变成"死货"。因此，赚就赚清清白白干干净净的钱，要走正道，要放眼长远，绝不损人利己，做那些愚蠢的"一锤子"买卖。

贪酒近色坏了好名声

【原典】

贬酒阙色，所以无污。

【张氏注曰】

色败精，精耗则害神；酒败神，神伤则害精。

【王氏点评】

酒能乱性，色能败身。性乱，思虑不明；神损，行事不清。若能省酒、戒色，心神必然清爽、分明，然后无昏聋之过。

【译释】

远离酒色，人生才能像莲花一样出淤泥而不染，洁身自好，平安一生。

玩乐不上瘾，饮酒不贪杯，好色而不淫，是做人的一种境界。喝酒误事的现象常有，但在酒桌上不贪杯者鲜见。贪色之徒多是碌碌无为之愚蠢之辈，忠奸不分，庸贤不辨，凡能讨自己欢心，奉送美色者就重用之，除此之外一切都不重要。这样的人江山难保，事业也不会长久。

解 读

贪酒恋色者亡国

因贪恋酒色而亡国者，历史上不乏其人。

陈后主名叔宝，字元秀，是宣帝的嫡长子。太建元年，后主被立为皇太子。太建十四年正月甲寅，宣帝崩。三天后，太子在太极前殿即位。

当时的局面似乎比较稳定，后主便日益骄纵，不思外难，沉溺在酒色中，不理朝政。

后隋文帝得知此事，以替天行道之名欲灭之。

三年春正月初一，朝会时，大雾弥漫。后主一直昏睡，该吃午饭时才起身。这一天，隋将贺若弼自广陵渡江，韩擒虎自横江渡江，利用清晨顺利地攻克了采石，进而攻下姑孰。这时贺若弼也攻下了京口，沿江戍守者望风而逃。贺若弼分兵切断通往曲阿城的要道后，攻入曲阿城。采石戍主徐子建到京城告急。

很快，韩擒虎率兵自新林抵达石子冈，镇东大将军任忠投降，并引导韩擒虎由朱雀航到达宫城，自南掖门进入。城内的文武百官都逃出来了，只有尚书仆射袁宪、后阁舍人夏侯公韵侍奉在后主身边。

迫于无奈，后主在井中躲了起来。接着隋军士兵对着井口呼叫后主，后主不应。他们便要往里面扔石头，这才听到后主的叫声。当隋军士兵用绳子把后主拉出井后，才发现原来后主与张贵妃在一起。

三月，后主与王公百官由建邺出发，来到长安。被宽赦后，隋文帝给了他丰厚的赏赐，几次引见，在三品官员的行列。每次有后主参与的宴会，隋文帝怕后主伤心，令不奏吴地乐曲。后来，监守后主的官员报告道："叔宝说，既然没有官职，每次参与朝拜时，请求能有一品官的名号。"隋文帝说："叔宝全无心肝。"

监守官员又说："叔宝常沉醉，很少有醒的时候。"隋文帝让人限制他的饮酒，但接着又说："任其性，不然，何以度日。"不久，文帝又问监守官员叔宝的嗜好。回答说："嗜酒。""饮酒多少？"回答道："与子弟们一天能吃一石。"隋文帝大惊。

后主随从文帝往东方巡视时，登芒山，陪文帝饮酒，赋诗道："日月光天德，山川壮帝居。太平无以报，愿上东封书。"上表请文帝封禅，文帝答诏谦让不许。后来隋文帝来到仁寿宫，常陪同宴饮，到后主出去时，隋文帝看着他说道："此人败亡难道不是由于酒吗？有作诗工夫，何如思虑时事。当贺若弼渡江到京时，有人用密信向宫中告急，叔宝因为饮酒，便不拆阅。高颖进到宫中时，那封密信还在床下，未开封。这真可笑，这是天亡陈国，也是酒亡陈国。"

可见酒色这些东西，偶尔为之也未尝不可，但若像陈后主那样沉溺于其中，则轻者伤身，重者误事亡国，那才是名副其实的因小失大，得不偿失。

远离是非之地才能保身无误

【原典】

避嫌远疑，所以无误。

【张氏注曰】

于迹无嫌，于心无疑，事乃不误尔。

【王氏点评】

知人所嫌，远者无危，识人所疑，避者无害，韩信不远高祖而亡。若是嫌而不避，疑而不远，必招祸患，为人要省嫌疑道理。

【译释】

只有清醒地认识到周围环境的险恶，谨慎行事，才能避免误身误事。

世道艰难，仕途险恶。做人应该德行纯厚一点，但是不能做毫无防人之心的烂好人，善良也该有点分寸，把自己的仁义善良暴露在小人面前，就是在自取伤害。因此，记得提醒自己：生活是残酷的，害人之心不可有，防人之心不可无。

解 读

防人之心不可无

虽说人心向善，但由于环境使然，那"病入膏肓"的恶人在良心未发现之前没有人知道他们的内心有多么险恶。一般情况下，善良的人都是不设防的，在善良的人眼里，世间所有的人和事都应该是美好的。恶人有时恰恰会

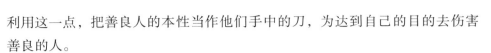

利用这一点，把善良人的本性当作他们手中的刀，为达到自己的目的去伤害善良的人。

东郭先生和狼的故事，广为人知。东郭先生对狼也讲仁义，结果险些送命。在生活中，如果行善不分对象，同样是错误的，会给自己带来很大的伤害。

现实生活中，因为缺少防人之心而受到伤害的事例屡见不鲜。

工作勤恳，任劳任怨的张轻进入公司营销部后，一直努力工作，创造了不少佳绩。没想到，公司调来一位新经理，提出人事改革建议，而他的第一把火就烧到营销部头上，从部门主管到员工，全部换成新经理的嫡系部队，张轻被调到调研部做分析员。张轻怎么也想不通，无论工作态度还是业务能力，自己都没得说，曾共过事的现任副总还直说要提拔他做副手。可如今到底怎么了？自己究竟把谁得罪了？让他做梦也想不到的是，作出这个决定的正是他一直深信不疑的那位副总。

生活有美好的一面，也有严酷的一面。我们不能因为生活的严酷去否定生活的美好，我们也不能因为生活的美好而不去正视生活的严酷。

活在世界上，我们必须与各种各样的人打交道，一定会遇到许多风险。但是，如果缺乏对自己基本负责的态度和对内外风险的防范之心，就可能造成生命财产、情感、事业等多方面的破坏。

如何保护自己，让自己的生命、事业等都得到必要保证，这就是基本的"生存智慧"。

"害人之心不可有，防人之心不可无"，就是我们的生存智慧之一。

这句中国人的"古训"，充分说明了对待他人的辩证关系：一方面，对待他人，不应该存有伤害之心；另一方面，当对他人没有足够了解时，需对他人有所防备，防备他人存有坑害自己的心。

战国时，楚王非常宠爱一位叫郑袖的美女。后来，楚王又得到一位新美人，便冷落了郑袖。郑袖是一个非常工于心计的女人，便暗暗筹划算计新美人。

郑袖先是想尽办法与新美人亲近。新美人对郑袖的热情没有任何怀疑，反倒心生感激。有一天，郑袖悄悄告诉美人：楚王心情不好时，如果看到女人掩鼻遮口的羞涩模样，就会开心。

新美人信以为真，每当楚王心情不好时，便做出掩鼻遮口的羞涩模样来。楚王觉得奇怪，郑袖乘机告诉楚王：新来的美人私下说，大王身上有臭气，见面时得掩着鼻子才行。

楚王一听，怒不可遏，便令人割掉美人的鼻子，赶出宫去。于是，郑袖又夺回了楚王的宠爱。

善良无论如何没有错，但是再善良的心也应该披上一件自卫的外衣。人生一世受伤是难免的，但无论如何不能让自己的善良成为他人手中的刀，反过来伤害了自己。

博学多问微言修身

【原典】

博学切问，所以广知；高行微言，所以修身。

【张氏注曰】

有圣贤之质，而不广之以学问，弗勉故也。行欲高而不屈，言欲微而不彰。

【王氏点评】

欲明性理，必须广览经书；通晓疑难，当以遵师礼问。若能讲明经书，通晓疑难，自然心明智广。行高以修其身，言微以守其道；若知诸事休夸说，行将出来，人自知道。若是先说却不能行，此谓言行不相顾也。聪明之人，若有涵养，简富不肯多言。言行清高，便是修身之道。

【译释】

博学而多问，这样的人知识将更加广博。身处高位仍然谦虚慎言，这样才可以更好地修身。

那些真正的学术大家几乎都保持这样的本色，尽管已经学富五车，但仍然谦虚好问。这是一种明智的学习方法，更是一种修养。

子曰："盖有不知而作之者，我无是也。多闻择其善者而从之，多见而识之，知之次也。"

"有这样一种人，可能他什么都不懂却在那里凭空创造，我却没有这样做过。多听，选择其中好的来学习；多看，然后记在心里，这是次一等的智慧。"

孔子认为，要想获取知识，就必须多听多看。听人说话是一种学问，有一句话叫作"兼听则明，偏信则暗"，如果只听某一方的意见，而忽视了与之对立的另一方，则很难得出正确的结论。要想明白事情的真正面貌，就必须两边的意见综合比较地听才行。

解　读

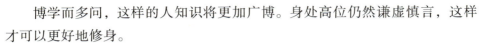

三人行则必有我师

虚心求教、不懂就问的良好习惯，不仅体现出一个人良好的修养和深厚的内涵，而且在实际的学习和生活中，也会让自己受益匪浅，水平不断地得到提升。

"三人行，必有我师焉。择其善者而从之，其不善者而改之。"这句话，表现出孔子自觉修养，虚心好学的精神。它包含了两个方面：一方面，择其善者而从之，见人之善就学，是虚心好学的精神；另一方面，其不善者而改之，见人之不善就引以为戒，反省自己，是自觉修养的精神。这样，无论同行相处的人善与不善，都可以为师。

《论语》中有这样一段记载：

一次卫国公孙朝问子贡，孔子的学问是从哪里学的？子贡回答说，古代圣人讲的道，就留在人们中间，贤人认识它的大处，不贤的人认识它的小处；他们身上都有古代圣人之道。"夫子焉不学，而亦何常师之有？"（《论语·子张》）他随时随地向一切人学习，谁都可以是他的老师，所以说"何常师之有"，没有固定的老师。

孔子的"三人行，必有我师焉"受到后代知识分子的极力赞赏。他虚心向别人学习的精神十分可贵，但更可贵的是，他不仅可以以善者为师，还可以以不善者为师，这其中包含着极为深刻的道理。

现在，我们理解"三人行，必有我师焉"为：能者为师。在我们的日常生活中，每天都要接触许多人，而每个人都有许多长处值得学习，可以成为我们的良师益友。例如，在一个班级里，就有许多小"能人"：有的写了一手好字；有的擅长绘画；有的是象棋盘上的英雄；有的是篮球场上的闯将；有的阅读了大量的古今诗词；有的通晓中外地理；有的富有数学家般敏捷的思维；有的具有歌唱家的天赋……多向这些同学学习，不就可以使我们——这置身于万绿田中的小苗——增添一些知识的养分吗？

"三人行，必有我师焉，择其善者而从之，其不善者而改之"的态度和精神，也体现了与人相处的一个重要原则。随时注意学习他人的长处，随时以他人缺点引以为戒，自然就会多看他人的长处，与人为善，待人宽而责己严。这不仅是提高自己修养的最好途径，也是促进人际关系和谐的重要条件。另外，这对于指导我们处世待人、修身养性、增长知识，都是很有裨益的。

虽然"三人行，必有我师焉"可以说家喻户晓，可是人们并不容易做到。人们常犯的一个通病，就是往往看自己的优点和他人的缺点多，看自己的缺点和他人的优点少；或者只看到自己的优点和他人的缺点，看不到自己的缺点和他人的优点；或者喜欢拿自己的长处与他人的短处比较。在与人相处中，就表现为对比自己优秀、比自己强的人不服气；宽于责己而严于责人；看不起有缺点和错误的人；拿正确的道理当作手电筒，不照自己，只照他人。这样做，既阻碍了向他人学习提高自己的道路，也难免造成人际关系的不和谐，有的甚至会发生冲突。

所以，重温"三人行，必有我师焉。择其善者而从之，其不善者而改之"，认真领会它的深刻内涵，并且努力去做，还是很有意义的。

恭俭谦约才能守住幸福

【原典】

恭俭谦约，所以自守；深计远虑，所以不穷。

【张氏注曰】

管仲之计，可谓能九合诸侯矣，而穷于王道；商鞅之计，可谓能强国矣，而穷于仁义；弘羊之计，可谓能聚财矣，而穷于养民；凡有穷者，俱非计也。

【王氏点评】

恭敬先行礼义，俭用自然常足；谨身不遭祸患，必无虚谬。恭、俭、谨、约四件若能谨守、依行，可以保守终身无患。所以，智谋深广，立事成功；德高远虑，必无祸患。人若深谋远虑，所以事理皆合于道；随机应变，无有穷尽。

【译释】

恭谨自持，勤俭节约，所以才能守身不辱；想得长远一点，深谋远虑，这样可以不至于困危。

宋儒汪信民曾说："得常咬菜根，即做百事成。"节制而俭朴的生活能磨炼意志，锻炼吃苦耐劳、坚韧顽强的精神，使人们在通往理想的道路上，披荆斩棘，奋勇直前。如果在个人生活上，迷恋于吃喝玩乐，既消磨人的意志，又会分散工作精力，这样的人终将难成大器，甚至会在生活中迷失方向。清朝的吴敬梓，虽终生未有功名，但其穷而不堕志，乐观陶然地在别人的"怜悯"眼光中做自己喜欢的一切。应该说，他们的精神有某种相通之处。

解读

俭朴是一种高尚的品质

春秋时期鲁国大夫御孙说："俭，德之共也。"俭朴的生活，可以使人精神愉快，可以培养人的高尚品质。生活俭朴的人具有顽强的意志，能经受得住艰苦的磨炼，胸怀开阔。无心于考虑物质生活，更不会受钱财的诱惑。物质生活条件的好坏，对他们来说，没有丝毫的影响。因此，这种人住在简陋的茅屋中，也有清新的生活情趣。

司马光是北宋的宰相，历史学家，名重一时，可是，他却从来不摆阔。他给儿子司马康的信中说："许多人都以奢侈浪费为荣，我却认为节俭朴素才算美。尽管别人笑我顽固，我却不认为这是我的缺点。孔子说：'奢侈豪华容易骄傲，节俭朴素容易固陋。与其骄傲，宁可固陋。'他又说：'一个人因为俭约犯过失的事是很少见的。读书人有志于追求真理，却又以吃粗粮穿破衣为耻辱，这种人是不值得和他讲学问的。'可见，古人是以俭约为美德的。现在的人却讥笑、指责朴素节约的人，这真是奇怪的事！"

司马光在信中批评了当时奢侈淫靡之风，并引述了几位以俭朴著称的人的故事。

宋仁宗时，张知白当了宰相之后，其生活水平仍然像布衣时一样。有人说他："你收入不少，生活却这样俭朴，外面人说你是'公孙布被'呢！"公孙指汉武帝的宰相公孙弘，当时汲黯批评他："位在三公，俸禄甚多，然为布被，此诈也。"张知白听了这位好心人的话后说："以我的收入，全家锦衣玉食都可以做到。但是由俭入奢易，由奢入俭难。像我今天这样的收入，不可能永远维持。一旦收入不如今天了，家人又过惯了奢侈生活，那怎么得了呢？无论我在不在职，生前死后，我们都保持这个标准，不受影响，不是很好吗？"

张知白确实是深谋远虑的，他看到了别人平时想不到、看不到的地方。

鲁国的大夫季孙行父，曾经在鲁宣公、鲁成公、鲁襄公在位时连续执政。然而，他的妻妾没有穿过绸衣服，他家里的马没有用粮食喂过。别人知道后，都说他是忠于公室的。

晋武帝时的太尉何曾，生活十分奢侈豪华，每天光吃饭就要用一万钱，还说没有下筷子的地方。他的子孙也极其奢侈，结果一个个都破了家。到了晋怀帝的时候，"何氏灭亡无遗焉"。

司马光说，这样的事例是举不胜举的。他希望司马康不但自己记住这些事例和道理，身体力行，而且还要向子孙后代进行这样的教育。

是俭是奢，这不仅是一个人的自我修养或品德问题，更是一种对生活的态度问题，真正的智者总能宁俭不奢，不仅一生平安快乐，也能留下令人景仰的美名。纵观古今，那种追求奢华、生活糜烂的人，到头来总落得身败名裂，走向肉体和灵魂的双重深渊。

7

亲友正直自己也不至于误入歧途

【原典】

亲仁友直，所以扶颠；近恕笃行，所以接人。

【张氏注曰】

闻誉而喜者，不可以得友直。极高明而道中庸，圣贤之所以接人也。高明者，圣人之所独；中庸者，众人之所同也。

【王氏点评】

父母生其身，师友长其智。有仁义、德行贤人，常要亲近正直、忠诚，多行敬爱；若有差错，必然劝谏、提说此；结交必择良友，若遇患难，递相扶持。亲近忠正之人，学问忠正之道；恭敬德行之士，讲明德行之理。此是接引后人，止恶行善之法。

求人之志章第三　志向明确的人才能成大器

69

【译释】

有仁慈、正直的朋友相伴左右，这样可以在逆境中得到帮助。接近那些正直忠诚的人，并原谅、宽恕他们的不敬和冒犯，这是待人处世之道。

所谓"近朱者赤，近墨者黑"，判断一个人的人品，首先要看他有什么样的朋友，这是千古不变的道理。

解 读

交朋友是一门大学问

子曰："益者三友，损者三友。友直，友谅，友多闻，益矣。友便辟，友善柔，友便佞，损矣。"

这里孔子教了我们交朋友的标准。有三种朋友是有益的，当然这里的益不是指利益，而是对辅助自身的仁德修养有益。分别是正直无邪的朋友，诚实守信的朋友，知识广博的朋友。这样的朋友，交多少个都不嫌多。另外有三种人是不宜结交的，和他们相处久了，近墨者黑，会有损自身的品德修养，分别是谄媚逢迎的人，表面奉承而背后诽谤的人，善于花言巧语的人。孔子千年前的教诲到现在依然闪耀着智慧的光芒，值得我们时刻谨记于心。首先，我们要学会判断，什么是益友。然后还要学会克制自己的虚荣，因为这三种损友，都是善于说好听的话，惯常讨人喜欢的，而谁都喜欢被人奉承，喜欢听顺风话，所谓"良药苦口利于病，忠言逆耳利于行"，要做到"闻过则喜"，不是件简单的事情。

要学会判断什么人是自己真正的朋友，是一门大学问。战国时的名相蔺相如在宦官缪贤的门下做舍人的时候，缪贤曾经有罪，暗地里打算逃往燕国。蔺相如问他："您怎么知道燕王一定会收留您呢？"缪贤回答说："我曾经跟随赵王与燕王会见于边境之上，燕王私下里握着我的手说，愿意和我深交。因此，我想逃往燕国。"蔺相如阻止他说："赵国强大，燕国弱小，而您当时又被赵王宠爱，所以燕王想同您深交。现在您是逃出赵国去往燕国。燕王害怕赵王，他必定不敢收留你，而且恐怕会把您捆绑起来送还赵国。您不如脱衣露体背着斧子去向赵王请罪。只有这样，才能幸免。"缪贤听从了蔺相如的计策，果然获得了赵王的赦免。

春秋时晋国的中行文子逃亡，经过一个县城。侍从说："这里有大人的老朋友，为什么不休息一下，等待后面的车子呢？"文子说："我爱好音乐，这个朋友就送我名琴；我喜爱美玉，这个朋友就送我玉环。这是个只会投合我来求取好处而不会规劝我改过的人。我怕他也会用以前对我的方法去向别人求取好处。"于是迅速离开。后来这个朋友果然扣下文子后面的两部车子献给他的新主子。

蔺相如能在燕王的殷勤中看出祸患，救了缪贤一命；中行文子在落难之时能够推断出"老友"的出卖，避免了被其落井下石的灾难，这让我们悟出一个道理：锦上添花的朋友未必是真朋友，当某位朋友对你，尤其是你正处高位时，刻意投其所好，那他多半是因你的地位而结交你，而不是看重你这个人本身。这类朋友很难在你危难之时施以援手。

东晋的大将军王敦，生前权势熏天，向他卖乖讨好的人遍地都是，其中王舒是最殷勤的一个。而有个叫王彬的太守，独独不买王敦的账，王敦对王彬很是不满，于是两人交恶。后来王敦死后遭到清算，他的家人王含想去投奔王舒。王含的儿子王应则劝他去投奔王彬。王含说："大将军平时同王彬的关系怎么样？你还想去归附他！"王应说："正是因为这样，所以才应当去投奔王彬。江州王彬面对着别人的强势，不趋炎附势，这不是一般人的见识所能比得上的；他看到别人衰败危急的时候，必定产生慈悲怜悯之心。荆州王舒，做事墨守成规，又怎能破格行事呢？"王含没听儿子的话，投奔了王舒。王舒终于把王含父子沉没到江中。而王彬当初听说王应要来投奔自己，便偷偷地准备了船只在江边等候。没有等到王含父子的到来，王彬深深地感到遗憾。

能够雪中送炭的朋友，才是真朋友。危难时，曾被怀疑的朋友往往成为救星，十分"信赖"的朋友却往往背叛你。这是因为人在有权得志的时候，有些小人会看重你的权势而虚伪地溜须拍马，他们不讲原则地百般迎合，而真正的朋友怕你吃亏，则会以诚来告诫你。

任用人才要量其所能

【原典】

任材使能，所以济世。

【张氏注曰】

应变之谓材，可用之谓能。材者，任之而不可使；能者，使之而不可任，此用人之术也。

【王氏点评】

量才用人，事无不办；委使贤能，功无不成；若能任用才能之人，可以济时利务。例如，汉高祖用张良、陈平之计，韩信、英布之能，成立大汉天下。

【译释】

任用人才的时候如果能做到量才适用，那就可以取得大的成就。

清代思想家魏源讲过这样一段话："不知人之短，不知人之长，不知人之长中之短，不知人之短中之长，则不可以选人。"所以，作为人事管理者，在用人上，一定要深知人，并且要善选人。比如，对于遇事爱钻牛角尖者，你不妨安排他去考勤；对于脾气太犟、争强好胜者，你可以安排他去当攻坚突击队队长；对于办事婆婆妈妈、爱"蘑菇"者，你最好让他去抓劳保；对于能言善辩喜聊天者，你可以让他去搞公关接待。

在日常的人事管理当中，如果坚持了这一原则，将使组织发挥出最高效能。

解　读

合适的就是最好的

在现实当中，关于什么是人才，存在一定误解，很多企业曾在人力资源选拔上深陷学历、能力、经验、素质等硬性条件中不能自拔。从初中到高中、中专再到大专、本科，现在动不动就是研究生、博士了。当然，社会上人们学历的普遍提高，反映出教育的发展和全社会人口素质的提高。在社会大环境的影响下，很多企业管理者在选人时开始追求高学历，他们认为学历就等于能力，学历高能力就高。然而，有经验的管理者都知道，事实上并非如此。

其实，学历只能证明一个人过去受教育的程度，并不能说明他就学识渊博，也不能因此就认定他能力非凡。学历与能力之间不一定成正比，有学历不一定有能力，学历低也不一定能力低。也就是说，学历并不代表学识，能力才是最重要的。

有能力而无学历的智者，可以说不胜枚举，如美国著名发明家爱迪生、瑞典大科学家诺贝尔、俄国文学大师高尔基，还有当代集企业家、发明家于一身的 IT 界精英，世界第一首富比尔·盖茨等都是没有高学历的人，但是他们创造的举世公认的非凡成就，是无人能够匹敌的，我们能说他们没有能力吗？

相反，在现实生活中，许多拥有高学历的人，他们却能力平平，一事无成，毫无建树。

很多企业家认为，招聘人才的目的不是把他们的高学历、高素质、丰富经验作为摆设和炫耀，而是希望他们的学历、素质、经验能够为企业所用，给企业带来价值。如果不能实现这个目标，那高学历、高素质、丰富经验与无用便是等同，因此，适合才是最重要的，适合岗位的需要才是最重要的。

让一个手无缚鸡之力的书生上马杀贼，则书生肯定不胜任，但是如果让书生写奏章、作诗赋，则立刻显示出他的专业优势，说不定倚马千言可待。

这样说来，一个人是不是人才，并不是由他自身决定的，而是由选择他的人决定的，看这个选择的人有没有能力将他放在合适的位置上。因此，我们就不难理解为什么一个在企业不怎么突出的人，换个环境就脱胎换骨了。

很多事实都可以证明，学历只是表明了一个人的学习经历。多煲了几个时辰的未必都是靓汤，多读了几年书，未必人人都已修成屠龙正果，个个都是经天纬地之才。在很多单位，"高学历"并没有发挥大作用，更没有带来"高回报"。

学历只是选人的一个因素，并不是选拔人才的全部或者唯一手段。企业在选人时，绝不要戴着有色眼镜，只要他能拿出良好的可行性计划，只要他是有能力的人，无论什么学历都可以用。对那些没有为企业做贡献却拿张文凭就讲条件的人，英明的企业领导者的回答就是"NO"！

打击恶人谗言才能防止混乱

【原典】

殚恶斥谗，所以止乱。

【张氏注曰】

谗言恶行，乱之根也。

【王氏点评】

奸邪当道，逞凶恶而强为；谗佞居官，仗势力以专权；不用忠良，其邦昏乱。仗势力专权，轻灭贤士，家国危亡；若能俦绝邪恶之徒，远去奸谗小辈，自然灾害不生，祸乱不作。

【译释】

震慑阴险之徒，痛斥小人的谗言，这样的领导才能控制局势，避免混乱。

谗言始于小人，任谗言摆布者多无善终。无论在什么时代，小人都是制造混乱的罪魁祸首。

孔子说："世间惟女子与小人难养也，近之则逊，远之则怨。"世上什么人都有，当然小人也比比皆是。小人成事不足，败事有余。如果你这辈子叫小人盯上了，那么肯定就麻烦大了。小人没有什么事好做，因此他可以专心致志地琢磨你，并把这当作专业。

"小人"没有特别的样子，脸上也没写上"小人"二字，有些"小人"甚至还长得帅，有口才也有内才，一副"大将之才"的样子，根本让你想象不到。

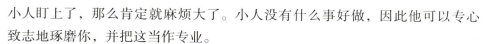

解 读

识破小人的嘴脸才可以拨乱反正

几乎所有的御人之道都要求管理者不拘小节和宽宏大量。的确，这些都是一名成功的管理者所必须具备的重要素质。但你不能幻想着每个人都能像你那样大度。大到一个国家，小到一个企业，任何一个组织都一样，鱼龙混杂，免不了有一些小人之辈。如果管理者一味地宽宏大量，对这伙小人也掉以轻心，那结果只能让你在阴沟里翻船。

一般来讲，小人祸害别人的方法现列举如下，以供你及早识破他们的险恶之处。

栽诬。即把自己的过失转嫁给他人，诬陷他人。武则天得宠于唐高宗李治，被立为昭仪，便暗结内外，潜斥皇后。皇后虽然上了年纪，但皇上还没有废除她的意思。刚好武则天生下一女，皇后怜悯她便去看看，皇后出门后，武则天偷偷掐死女儿，再用被子盖上。皇上来看时昭仪欢笑，打开被子发现女儿已死，武则天装出惊恐万状，啼哭不已。皇上问左右可有人来过，左右说皇后才来过。皇上大怒说："皇后杀死我女儿！"武则天乘机哭诉皇后的罪状。皇后有口难言，无以自明。皇上顿生废除皇后的念头。

造怨。即假借其人怨恨，挑拨其与他人矛盾，假他人之手以去我之政敌。唐高宗时，高力士得宠，王毛仲对之却十分鄙视，稍不如意，便破口大骂。高力士对他颇为不满，屡进谗言。刚好毛仲妻生一男孩，三日后，皇上命高力士代表皇上赐毛仲酒馔、金帛等物，并授予毛仲刚生的孩子五品官。高力士回来后，皇上问："毛仲喜欢吗?"高力士说："毛仲抱着儿子对我说：'我孩子能作三品官！'"皇上大怒说："过去诛杀韦民时，他就心持两端，我都没有追究，今日还拿毛孩怨我！"于是，将王毛仲贬为瀼州别驾。

怵患。即伪造某人之阴谋，挑起人主的猜忌，谓其隐患而加害之。明朝初年刘基（即刘伯温）曾上书说瓯、括之间有块地叫谈洋，南与福建交界，盐盗盛行，社会混乱，要求在这里设巡检司把守，以治其乱。胡惟庸当时以左丞掌省事，他却说谈洋之地有王气，刘基想霸占作为自己的基地，但当时臣民不同意，刘基便请求设立巡检司将臣民赶走。明太祖朱元璋听信谗言，虽然没有怪罪刘基，但内心却颇存疑忌，解除了刘基的职务。之后，胡惟庸当了宰相，刘基气得生病，到家后，病得更重，最后不治而亡。

买毁。即用金钱来收买敌人，使其诋毁上级将领，然后再行反间计。战国时，秦国派王翦与端和共同率兵攻打赵国。赵国派李牧和司马尚抵抗。秦国方面则派人与赵王嬖臣郭开金接触，使郭开金攻击李牧和司马尚，讲他俩的坏话，说他俩打算谋反。赵王知道后，便派赵葱和齐将颜聚去取而代之，李牧拒不听命，赵王便派人将李牧逮捕杀害，同时也废除司马尚的职位。后来，秦国军队大破赵军，赵王也做了俘虏。

阴陷。即暗地教人写匿名信，罗列罪状，揭露当权者及其至亲，以激起当权者的愤怒，然后旁敲侧击，嫁祸于竞争对手。唐时，武三思为离间中宗与张柬之等五王关系，便暗地叫人上奏皇上，诉说皇后秽行于天津桥，请皇上废黜皇后。皇上十分气愤，命御史大夫李承嘉将此事查个水落石出。承嘉奏道："此事乃敬辉、桓彦范、张柬之、袁恕已、崔玄韦教人所为，他们虽称为黜皇后，实际上是要谋反，我建议将他们诛灭九族。"三思还派人暗地做工作，叫侍御史郑音加以宣扬。皇上命司法部门审理。最后，将敬辉、张柬之等五王长期流放边疆。为避免后患，武三思还先后派人刺杀五王。

可见，小人为了自己的目的都是不择手段的。所以，管理者在管理过程中，为了自己和企业的利益，必须小心谨慎，处理好和"小人"的关系。

聪明的管理者之所以能妥善处理和"小人"的关系，主要是因为把握了以下几个原则：

不得罪他们。一般来说，"小人"比"君子"敏感，心里也比较自卑，因此你不要在言语上刺激他们，也不要在利益上得罪他们，尤其不要为了"正义"而去揭发他们，那只会伤害了你自己！自古以来，君子常常斗不过小人，让有力量的人去处理吧！

保持距离。别和小人过度亲近，保持淡淡的上下关系就可以了，但也不要太过疏远，好像不把他们放在眼里似的，否则他们会这样想："你有什么了不起？"于是你就要倒霉了。

小心说话。说些"今天天气很好"的话就可以了，如果谈了别人的隐私，谈了某人的不是，或是发了某些牢骚不平，这些话很可能会变成他们兴风作浪和整你的资料。

不要有利益瓜葛。小人常成群结党，霸占利益，形成势力，如果你功夫还没练到家，就千万不要靠近他们来获得利益，因为你一旦得到利益，他们必会要求相当的回报，甚至黏着你不放，到时你想脱身都不可能！

吃些小亏无妨。"小人"有时也会因无心之过而伤害了你。如果是小亏，就算了，因为你找他们不但讨不到公道，反而会结下更大的仇。所以，原谅他们吧！

忍无可忍且时机成熟时予以铲除。当小人欺你太甚或者在你的组织中已经造成了恶劣的影响，而你也有实力铲除对方，并且有把握不留下后患，那就不要心慈手软了。要记住，以君子之心度小人之腹在任何时候都是行不通的。你唯有正视小人，并干净利落地将之摆平，方能避免阴沟里翻船。

学习古人的经验才能不迷惑

【原典】

推古验今，所以不惑。

【张氏注曰】

因古人之迹，推古人之心，以验方今之事，岂有惑哉？

【王氏点评】

始皇暴虐，行无道而丧国，高祖宽洪，施仁德以兴邦。古时圣君贤相，宜正心修身，能齐家、治国、平天下；今时君臣，若学古人，肯正心修身，也能齐家、治国、平天下。若将眼前公事，比并古时之理，推求成败之由，必无惑乱。

【译释】

用古人的经验指导今天的行为，这样才能明辨是非，远离灾祸。

如果社会充满浮躁的气氛，那么身处其中的人们就很容易迷失自我，恣意妄为。他们目空一切，把先辈们留下的明训忘之脑后，以至于"前车倒了千千辆，后车到此还复然"。这样下去，人们永远都是糊里糊涂地生活，也永远没有进步可言。

解 读

悲剧已经发生不要再重蹈覆辙

功名利禄的诱惑实在是太大了，以至于太多的人在逐权的道路上折戟沉沙，更多的后来人不思悔悟。这样的悲剧不知要到什么时候才能结束。

在这个问题上，一个女人给我们上了很好的一课。

后汉孝明帝的皇后是伏波将军马援的小女儿，十四岁入太子宫为太子妃，明帝即位后册封为皇后，儿子章帝即位后，因为年纪小，马皇后临朝称制，处理国家大事，史称明德马后。

章帝和自己的几个舅舅感情很好，便想依照惯例，封自己的几个舅舅为侯，太后却坚决不同意。

章帝向母亲请求说："从西汉以来，国舅封侯和皇子封王已经是国家的制度，您自持逊让却让儿子背上亏负舅家的名声。"并早在建朝初期，阴、郭两家的国舅都得以封侯为例子。

马太后耐心解释说："我并不是想得谦让的美名，让皇上落个刻薄的名声，而是鉴于西汉那些后族几乎没有不因荣宠过盛而导致灭亡的，阴、郭两家乃是先皇的后族，我也不敢比，先帝在封皇子为王时，国土和赋税收入比建武时期减少了一半，我曾问过先帝为何这样做，先帝说：'我的儿子怎敢和先皇的儿子一样。'此言我一直铭记，然则我的娘家又怎敢和阴、郭这些开国的后族相比。"

这一年大旱，有一名投机官员想趁势讨好皇上和后族，便上奏说天灾乃是因为不封国舅为侯之故。

马太后看后大怒，下诏严词斥责："你不过讨好我而已，怎敢妄言天灾与不封侯有关。汉成帝时，一日之间封王家五人为侯，当时大风拔树，黄雾四塞，这才是天灾示警，乃是后族过盛，乾纲不振之故，终于导致王莽篡汉之祸，从没听说后族谦逊守礼而导致天灾的。"大臣们见太后执意坚决，便没人再敢做这种投机生意了。

章帝总觉得不给舅舅封侯，自己心有愧疚。大臣们碰了钉子不敢说话，便亲自向母后苦苦哀求："舅舅们年纪都大了，身体又多病。万一有所不讳，生前得不到封典，儿子可要抱憾终生了。"

马太后虽然心里不愿意，但实在拗不过儿子，只好同意章帝封自己的兄弟们为侯，但常为此郁郁不乐。

临下诏册封的前一天，马太后把自己的兄弟们召进宫，告诫他们切忌权势过大，自蹈覆亡之祸。

马太后的兄弟们体会到太后的良苦用心，第二天接受封爵后，便坚决辞去在朝中的职务，以列侯归第。

后汉选择皇后大多是开国功臣之家，主要是邓、马、窦、梁四家，而邓、梁、窦之族因权势过盛而遭灭门之祸，只有马氏一族谨守礼节，不敢稍有逾越，得以保全。

明德马皇后能深明古今成败大义，她在位期间，始终压制自己娘家的势力，既不是不爱富贵，更不是不愿意娘家与自己同享富贵，而是深知富贵乃祸患之门，稍有闪失便会有不忍言之大祸，真是明理达义。

东汉的思想家王符曾经有个很精彩的比喻，他说：君主娇宠自己喜爱的贵臣和一般人养育婴儿犯同样的过错，人们喂养婴儿总是担心他吃不饱，尽量多给奶水吃。君主娇宠贵臣也总是嫌给予的权力不够大，财物不够多，所以无限制地赏赐财物，增大权柄，而婴儿因吃得过饱经常生病甚至夭折，贵臣也因权势过盛、财物过多而积成罪恶，经常会招来祸患甚至灭亡。比喻浅显通俗，可谓一语中的。推古验今，所以不惑，"后人到此宜明鉴"。

凡事三思而行

【原典】

先揆后度，所以应卒。

【张氏注曰】

执一尺之度，而天下之长短尽在是矣。仓卒事物之来，而应之无穷者，揆度有数也。

【王氏点评】

料事于未行之先，应机于仓卒之际，先能料量眼前时务，后有定度所行事体。凡百事务，要先算计，料量已定，然后却行，临时必无差错。

【译释】

在做事之前多一些谋划，这样才能处乱不惊，临危不乱。这就是高明的管理和做事之道。

看高手下棋，绝对是一种享受。每一步都走得恰到好处，而且为下一步甚至是下几步如何去走都做好了铺垫。这不是信手拈来的棋路，他们在走每一步时都能精确地算计，整个棋路的发展都在他们心中把握着，这样胜算的机会就大得多。

做事如下棋，一个有作为的人做出每一个行动之时都能精准地预测。他们会预测到这个行动将会带来什么后果，以及如何利用这个后果再采取下一步的行动。拥有了这种能力，对你整个事业的发展将会起到至关重要的作用。

解　读

多算胜，少算不胜

《孙子》中说："多算胜，少算不胜，由此观之，胜负见矣。"这里的"算"是指"算计"，也就是事前有充分的计划。算计多的一方稳操胜券，而算计较少的一方则难免见负。

战术要依情势的变化而定，整个战争的大局，事先必须要有充分的计划，战前的计划多，才会获胜，计划少则不易胜利，这就是计划求胜的道理。

没有把握的战争不可能一直侥幸获胜，终究会碰到难以克服的障碍。因此，在管理的过程中，当我们有什么行动时，最好还是经过精确的算计后，有制胜的把握再动手，也就是有了比较大的"胜算"再行动。

在任何时代任何国家，有资格被尊为"名将"的人，都有个大原则，即不勉强应战，或者发动毫无胜算的战争。如三国时的曹操便是一例。他的作战方式被誉为"军无幸胜"。所谓的"幸胜"，便是侥幸获胜，即依赖敌人的疏忽而获胜。实际上，曹操的制胜手段绝非如此，而是确实掌握相当的胜算，依照作战计划一步一步地进行，稳稳当当地获取胜利。

虽说要经过精确的算计才能胜算，然而管理活动是人与人之间的"战争"，所以不可能有完全的胜算。因为其中包含着许多人为的因素，诸如情感因素在内，所以不可能有完全的胜算，无法确实地掌握。不过，我们可以把握一个原则，即至少要有七成以上的胜算，才可以行事。

而要做到有把握，就必须知彼知己。话虽然很容易理解，实际做起来却颇难。处于现代社会中的管理者，均应以此话来时时提醒自己，无论做何种事均应做好事前的调查工作，切实客观地认清双方的具体情况，才能获胜。

经营管理有时候还是需要运用"不败"的战术来稳固现况。就像打球一样，即使我方遥遥领先，仍需奋力前进，掌握得分的机会。荀子说："无急胜而忘败。"即在胜利的时候，别忘了失败的滋味。有的人在胜利的情况下得意忘形，麻痹大意，结果铸成意想不到的过错。须知"祸兮福之所倚，福兮祸之所伏"，在任何情况下，都要预先设想万一失败的情况，事先准备好应对之策。拿企业经营来讲，一个企业管理者在从事经营时，必须事先做最坏的打算，拟好对策，务必使损失减至最低限度。如此一来，即使失败了也不会有致命的伤害，这一点至关重要。就管理者个人来讲，如果有了心理上的准备，情绪上就会放松，遇到问题也会稳稳当当地解决。

一个优秀的管理者必须拥有思维缜密的习惯，在采取行动之时，把每一步都精确地算计好，至少有七分胜算才可行动做事，这样才能避免在整个大势上出现差错。"一着棋错，满盘皆输"，这句名言管理者不可不记。

懂得权变才能解开很多死结

【原典】

设变致权，所以解结。

【张氏注曰】

有正、有变、有权、有经。方其正，有所不能行，则变而归之于正也；方其经，有所不能用，则权而归之于经也。

【王氏点评】

施设赏罚，在一时之权变；辨别善恶，出一时之聪明。有谋智、权变之人，必能体察善恶，辨别是非。从权行政，通机达变，便可解人所结冤仇。

【译释】

管人做事要懂得随机应变，这样才能化解很多难解之事。不能因为手中有了权力或者因为自己能力比别人强，就顽固不化、一意孤行，这样是没有出路的。

作为道家先哲，老子在为人处世的屈伸方面有这么一个著名的观点——"曲则全，枉则直"。他认为能够经受得住委屈，才能够保护自己的利益；能够弯曲，才能有一展宏图的机会。

老子的这一观点，正是我们为人处世时须时刻牢记的人生大智慧。在人生的舞台上，我们会遇到许许多多的不公与压迫，倘若仅凭一时之气奋起反抗，往往解决不了事情，反而会造成更不利的局面。

大丈夫能屈能伸，没有胜算的时候，就不能去硬拼，只能隐忍，隐忍并不可耻，只要在这段时间内积蓄力量，待形势一变，必能稳操胜券。

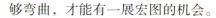

解 读

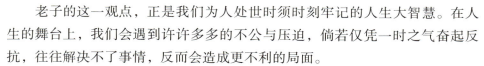

管人管事要善于"变"

自然万物、人类社会无时无刻不在依照自身内在的规律运行。天体有天体的运行轨迹，社会有社会的发展轨迹，生命也有自己的成长轨迹。所以，万事万物不变只是相对的，变才是绝对的。什么都在随着时空的变化而发生变化，不过有的变化大，表象鲜明，有的变化微妙，表象模糊而已。尊重客观规律，进一步说就是尊重变化。顺其自然，就是顺应变化，应时而变。

中国古代思想家、哲学家，无论思想多么局限，但"变"这一客观事实是许多人都意识到并反复论述过的。"社稷无常奉，君臣无常位，自古以然。"朝代更替，一朝天子一朝臣，自然"国无常强，无常弱"，强国和弱国也是"无常"的，在一定条件下，强可以变弱，弱国也可以强盛起来。《孙子兵法》中关于强弱、常势、常形等，也注述得相当精彩，"兵无常势，水无常形。能因乱变化而取胜者谓之神。故五行无常胜，四时无常位，日有短长，月有死生"。金、木、水、火、土五行，春、夏、秋、冬四时，哪有不变之理，连日月星辰都有短长、圆缺，何况其他事物，"万物生生而变化无穷焉"。

"变"是事物发展的规律，"应变"则是管理者能力的表现。现代人们的工作行为往往受多种因素的影响，如情势、心理、关系等。因此，管理者管理下属的工作行为，以及由此调整工作计划、目标和办法都是常见之事。这就需要管理者提高应变能力，做到头脑灵活，及时找对策。

应变能力，是一种根据不断变化的主客观条件，随时调整领导行为的能力，也是确保管理者获得圆满成功的一个先决条件。

如果管理者的思维方法都是沿着既成的模式和程序而进行思维活动，那

就等于把自己的思维限制在狭小的天地里，抑制了自由创造的生机，使之缺乏创造性和灵活性，这与管理者所肩负的时代使命是不适应的。因此，要想提高应变能力，我们在改造常规思维（而不是抛弃）的同时，必须学会非常规性思维。

在一般情况下，按规范办事并没有错。但是，当原有的规范已经不适应变化了的新情况时，仍然图省事，照规范行事，就可能犯大错误，吃大亏。而且，任何规范都是针对一般情况讲的，它不可能包括事物的所有可能性。当出现了特殊情况，需要采取特殊的对策时，就要有冲破规范的勇气。一个称职的管理者，遇事要善于和敢于拿出自己的创见和办法，才能开创新局面。"随人作计终后人，自成一家始逼真。"

具有应变能力的管理者，不例行公事，不因循守旧，不墨守成规，能够从表面"平静"中及时发现新情况、新问题，从中探索新路子，总结新经验。对改革中遇到的新事物、新工作，能够倾听各方面的意见，认真分析，勇于开拓，大胆提出新设想、新方案；对已取得的成绩，不满足、不陶醉，能够在取得成绩的时候不得意忘形，能透过成绩找差距、挖隐患，百尺竿头，更进一步。

一个优秀的管理者，必须对应变管理运用自如。应变是由人的意识所支配的，因此，应变首先是人的思维方式的变化，即思维性应变。一个人必须思路广阔、头脑灵活、敏捷好动、审时静思，方能在变化中取得主动权。

说话到位而无过可以避免灾祸

【原典】

括囊顺会，所以无咎。

【张氏注曰】

君子语默以时，出处以道；括囊而不见其美，顺会而不发其机，所以免咎。

【王氏点评】

口招祸之门，舌乃斩身之刀；若能藏舌缄口，必无伤身之祸患。为官长之人，不合说的却说，招惹怪责；合说的不说，挫了机会。慎理而行，必无灾咎。

【译释】

心中有数，闭口不言，凡事能顺长时机，这样可以远怨无咎。

管好自己的口舌就能避灾免祸，儒家智慧提倡"少言""慎言"，的确有一定的道理，很多时候都存在"祸从口出"的情况，因此把握好说话的时机、场合是很重要的。孔子认为，应该与人交谈沟通的时候却没有这样做，就失去了结交朋友的机会，可能与一个真正有益于自己的朋友失之交臂。还有一个经常犯错误的地方是，说话不看对象，把话对不该说的人说。聪明的人能够看出哪种人才是真正的人才、真正的朋友、真正的英雄，所以，他能做到既不失去结交朋友的机会，也不会对道不同的人浪费言辞，说错话。

解 读

多听，多看，少说

有人把语言形容成刀剑一样，因此愈显得慎言的重要。孔子是一个非常慎言的人，他待人诚恳恭谦，看起来好像不善言辞，但在公开场合里，他又非常能言善辩。所以，孔子一直在陈说一个道理："言忠信，行笃敬，虽蛮貊之邦，行矣！言不忠信，行不笃敬，虽州里行乎哉！"

人的脸孔上，有两个眼睛，两个耳朵，两个鼻孔，却只有一张嘴巴，这奇妙的组合，蕴含着很深的意义，就是告诫人们要多听，多看，少说。

《伊索寓言》中有句名言："世界上最好的东西是舌头，最坏的东西还是舌头。"中国还有句谚语：背后骂我的人怕我，当面夸我的人看不起我。因此，人要懂得"祸从口出"的道理，管住自己的舌头。

范雎在卫国见到秦王，尽管秦王求教再三，他都沉默不语；诸葛亮在荆州，刘琦也是多次请教，诸葛亮同样再三不肯说。最后到了偏僻的一座阁楼上，去了楼梯，范雎和诸葛亮才分别对秦王和刘琦指示今后方向，所以历史上的"去梯言"，就表示慎言的意思。

东晋时代的王献之，一日偕同两个哥哥王徽之、王操之去拜访东晋当代名人谢安。徽之、操之两人放言高论，目空四海，只有献之三言两语，不肯多说。三人告辞以后，有人问谢安，王家三兄弟谁优谁劣？谢安淡淡说道：慎言最好！

有些人喜欢信口雌黄，好谈论是非，说三道四，大放厥词，谬发议论，有时候危言耸听、故弄玄虚、轻口薄言、冷语冰人，这种习惯对于人生是有害无益的，必须注重改变。

坚守信念才能立功

【原典】

橛橛梗梗，所以立功；孜孜淑淑，所以保终。

【张氏注曰】

橛橛者，有所恃而不可摇；梗梗者，有所立而不可挠。孜孜者，勤之又勤；淑淑者，善之又善。立功莫如有守，保终莫如无过也。

【王氏点评】

君不行仁，当要直言、苦谏；国若昏乱，以道摄正、安民。未行法度，先立纪纲；纪纲既立，法度自行。上能匡君、正国，下能恤军、爱民。心无私徇，事理分明，人若处心公正，能为敢做，便可立功成事。

诚意正心，修身之本；克己复礼，养德之先。为官掌法之时，虑国不能治，民不能安；常怀奉政谨慎之心，居安虑危，得宠思辱，便是保终无祸患。

【译释】

坚守自己的信念，不为外界所干扰，这样才能有所作为。孜孜以求，勤恳敬业，这样才能善始善终。

在开放的社会与生活中，人人都有自己远大而宏伟的目标；但无论你所树立的是怎样的理想，信念坚定、不以物移，应该是必须坚持的原则。只有如此，才会使自己的理想实现，不会一直遥遥无期。

解 读

不管别人怎么说只管专心做自己的事

常言道："谁人背后无人说，哪个人前不说人。"人与人相见，三两句话就说起别人来了，这是很平常的事；而且越是有名的人，甚至越是伟大的人物，毁或誉也就越多。一个真正干事业的人，不应轻易相信别人的议论，不要计较别人的毁誉，而是应该专心干自己的事，踏实走自己的路。同时对于别人，也不应当因个人恩怨进行不切实际的诋毁和赞誉。这既是一种做人的道德原则，也是一种处世的方法和策略。

在这方面，汉末时管宁"志于道"的坚定信念，可以给我们带来一些有益的启示。

管宁，字幼安，北海朱虚人，生于延熙元年（158年），卒于正始二年（241年）。

管宁家里很穷，而且他十六岁时就死了父亲，亲戚朋友可怜同情他，赠送了许多财物让他葬父，可是管宁一文不取，只凭借自己的实际财力安葬了父亲。

管宁好学，结交了几个后来很著名的学友，一个叫华歆，一个叫邴原，三个人很要好，又都很出色，所以当时的人把他们比为一条龙，华歆是龙头，邴原是龙腹，管宁是龙尾，他们最尊敬的大学者是当时著名的陈仲弓，陈仲弓的学识行为成了他们的追求目标。他们求学的时候，常常是一边读书，一边劳动。有一天，华歆、管宁两人在园中锄草，说来也巧了，菜地里头竟有一块前人埋藏的黄金，锄着锄着，黄金就被管宁的锄头翻腾出来了。华歆、管宁他们平日读书养性，就是要摒除人性中的贪念，见了意外的财物不能动心，平时也以此相标榜。管宁见了黄金，就把它当作了砖石土块对待，用锄头一拨就扔到一边了。华歆在后边锄，过了一刻也看见了，明知道这东西不该拿，但心里头不忍，还是拿起来看了看才扔掉。过了几天，两人正在屋里读书，外头的街上有达官贵人经过，乘着华丽的车马，敲锣打鼓的，很热闹。管宁还是和没听见一样，继续认真读他的书。华歆却坐不住了，跑到门口观看，对这达官的威仪艳羡不已。车马过去之后，华歆回到屋里，管宁却拿了一把刀子，将两人同坐的席子从中间割开，说："你呀，不配再做我的朋友啦！"

汉末天下大乱之后，人的生命财产都不能保障，中原一带就更没法再待下去了。管宁、邴原还有王烈几个人相约，到比较安全的辽东去避难。当时辽东太守是公孙度，很有统治能力，而且辽东地理位置偏僻，战乱没有波及，是一个理想的避难地。至于管宁几个人，在中原的名气很大，公孙度是知道的，所以对他们的到来非常欢迎，专门腾出驿馆请他们居住。见了公孙度，管宁只谈了谈经典学术，对当时的政治军事局势闭口不谈。拜见过公孙度以后，管宁没有再住驿馆，而是找了一处荒山野谷，自己搭个简易房子、挖个土窑居住。公孙度死后，他儿子公孙康掌了权，野心比他父亲还要大，成天想着海外称王的美事。他想给管宁封个官，让管宁辅佐他，可是慑于管宁的贤名，硬是开不了口。曹操做司空后，下令征辟管宁入朝，公孙康把诏命压下不宣布，管宁当然也不会知道了。中原局势稳定以后，许多流民都返乡了。但管宁依然不动，安居辽东。不久辽东的局势也有了变化，公孙康死后，他弟弟公孙恭继位，这个人身体有病，生性懦弱，没有

统治能力，而公孙康的私生儿子公孙渊偏偏是个雄才，不安于下位。管宁看到辽东快要乱了，这才带着家属乘船回中原。公孙恭亲自送他，赠送了许多礼物，管宁先收了，出发时，连同公孙度、公孙康以前的赠物，全部留下来，一介不取，保持了清白本性。算起来，他在辽东整整生活了三十七年。

船队在海上航行时，遇到风暴，大部分船都沉没了，管宁坐的这只船也很危险，但是管宁从容不迫，好像没发生事情一样。这时，奇迹发生了，夜幕中突然出现了一点亮光，给船只指引方向，到达了一处荒岛，这才转危为安。当时人们发现，岛上没有居民，也没有点火的痕迹，这光是从哪里来的

呢？人们把它解释为奇迹，并说这是管宁的"积善之应"。管宁的回乡，名义上是奉了魏文帝的征辟诏书，实际上是躲避即将到来的辽东之难。但回到故乡以后，魏文帝就下诏封管宁为太中大夫，管宁坚决推辞，说自己老了，实在没什么才能，要求皇帝放过他。可是皇帝偏偏不肯放过他，魏文帝死后，魏明帝又多次征召他，华歆、王朗、陈群等朝中大臣更是反复地推荐管宁，华歆还提出把自己的太尉之位让与管宁。管宁呢，则是一律推辞，到死也没有答应出仕。

当然，要求现代人去像管宁那样做，无论从哪方面说都有些不符合实际。但他那种即使是"务虚"也坚定不移的精神，应值得我们去学习。现代社会物欲横流，无处不在的诱惑常常使我们陷入犹豫和迷失之中，令我们向着目标的努力半途而废。所以，从这个意义上讲，淡泊明志，不以物移，确实是成就一番远大事业的保证。

人贵有志。但"志"对于人来说，不能仅仅作为一个符号和标记。人一旦树立了远大理想和生活目标，就要对它负责；这同时也是对自己负责，在追求事业理想的过程中，坚毅自信、果敢不疑，不随波逐流，不轻信盲从，这些都是必要必需的品质。倘若总在口头上谈理想谈得眉飞色舞，临到阵前却又害怕艰苦，埋怨没有锦衣玉食，那么这种人要么是懦夫，要么是伪君子，不仅不宜与之"论道"，甚至连与之交友都要三思。而对于自身，更要时时自查自省，看自己是否也有类似的毛病，以防影响自己前进的步伐。

本德宗道章第四

懂得权变与操控的基本原则

世事如棋局般简单，又如棋局般复杂。所以无论做人还是成事，懂点权变和操控之术是不多余的，这一方面有助于我们更好地达到目标；另一方面也可以有效地避免灾祸缠身。诚如黄石公所言，在运用权变和操控之术的时候一定要遵循它的基本原则：本德宗道——以德为本，以道为宗。

1

正确地运用智慧、谋略

【原典】

夫志心笃行之术。长莫长于博谋。

【张氏注曰】

谋之欲博。

【王氏点评】

道、德、仁、智存于心；礼、义、廉、耻用于外；人能志心笃行，乃立身成名之本。如伊尹为殷朝大相，受先帝遗诏，辅佐幼主太甲为是。太甲不行仁政，伊尹临朝摄政，将太甲放之桐宫三载，修德行政，改悔旧过；伊尹集众大臣，复立太甲为君，乃行仁道。以此尽忠行政贤明良相，古今少有人；若志诚正心，立国全身之良法。君不仁德、圣明，难以正国、安民；臣无善策、良谋，不能立功行政。齐家、治国无谋不成。攻城破敌，有谋必胜，必有机变。临事谋设，若有机变、谋略，可以为师长。

【译释】

在做人做事的过程中，最大的智慧莫过于对谋略的正确运用了。

所谓"先谋后事者昌，先事后谋者亡"，就是说在事前就做好谋划，在做事的过程中又能恰如其分滴水不漏地运用，这就是高人。

解 读

谋略的运用重在不显山不露水

老子在其《道德经》中特别赞赏这样一类人："上德若谷，大白若辱，广德若不足，建德若偷。"即在平日里很少"显山露水"、抢风光，这类人表面看上去很不显眼，然而他们却能在暗中默默地将事情完成，丝毫不张扬。能做到不显山不露水，并且最终达到自己的目的，这是对谋略家们最基本的要求。

做事太张扬，虽然能够显得自己高人一头，然而却能引来众多人的妒忌，让别人也更关注自己的一举一动（确切地说是更关注我们的失误），这样就会给日后自己的工作带来众多的压力和不便。

清朝皇帝雍正也曾这样认为："但不必露出行迹。稍有不密，更不若明而行之。"雍正不但嘴上这么说，在他的执政生涯中也是如此做的。

在雍正皇帝之前，历代王朝都以宰相统辖六部，权力过重，使皇帝的权威受到了一定影响，如果一个君王有手腕驾驭全局，使宰相为我所用，这当然很好。但如果统领军队的宰相越权行事，时间一长便很容易与皇帝、大臣们产生隔膜和分歧，容易给国家添乱子、造麻烦。

在雍正即位之初，虽然掌管着国家的最高权力，但举凡军国大政，都需经过集体讨论，最后由皇帝宣布执行，不能随心所欲自行其是；权力受到了制约，皇位受到了挑战。雍正设置军机处，正是把自己推向了权力的金字塔顶端。简单地说，就是皇帝统治军机处，军机处又统治百官。

军机处还有一种职能，即充当最高统治者的秘书的角色，类似于情报局，有很强的保密性。军机处的由来，是在雍正七年（1729 年）六月清政府平息准噶尔叛乱时产生的。雍正密授四位大臣统领有关军需事务，严守军报、军饷等军事机密，以致二年有余而不被外界熟知，保持了工作的高效运转和战斗的最终胜利。

雍正对军机处管理得特别严密。他对军政大臣的要求也极为严格，要求他们时刻同自己保持联系，并留在皇帝最近的地方，以便随时召入宫中应付突发事件。军机处也会像飘移的帐篷一样随皇帝的行止而不断改变。皇帝走到哪里，"军机处"就设在哪里，类似于我们现在的现场办公。雍正对工作、对百官的一些看法，以便察言观色，去伪存真地选用人才。在当今，雍正的这些创造，已经渗透到我们的日常工作当中，并产生了不可低估的社会价值。

雍正的第二大特点是对军机处的印信管理得非常严密。印信是机构的符号和象征，是出门办事的护身符和通行证。军机处的印信由礼部负责铸造，并将其藏于军机处以外的地方，派专人负责管理。当需用印信时，必须报告皇上给予批准，然后才能由军机大臣凭牌开启印信，在众人的监视下使用，以便起到相互制约的作用。

设立"军机处"达到了意想不到的效果，以前每办一件事情，或者有关的奏折，要经过各个部门的周转，才能够送达皇上。其中如扯皮、推诿、拖沓的官场陋习使办事效率极为低下，保密性能也差，皇上的口谕无法贯穿始终。而自从设立军机处以来，启动军机大臣，摆脱了官僚机构的独断专行，使雍正的口谕可以畅通无阻地到达每一个职能机构，从而把国家大权牢牢地控制在自己手里。

设立"军机处"，将"生杀之权，操之自朕"的雍正推向了封建专制权力的顶峰。"军机处"由于在皇上的直接监视下开展工作，所以处处谨小慎微，自知自律，奉公守法，树立了一种清廉的官场形象。"军机处"的设置，保证了中央集权的顺利实施，维持了社会的相对稳定和统一，避免了社会的动乱和民族的分裂，推动了社会的繁荣和发展，具有一定的社会积极意义。

无论在雍正的正史和野史的记载中，雍正帝都是一个喜欢秘密行事的皇帝，然而这也正是他高明、智慧的一面，故而在他死后的乾隆年间，才会出现康乾盛世的局面。

无论是做人还是处世，若想取得最大限度的成功，首先不要过分暴露自己的意图和能力。唯有这样，事情办起来才不会出现众多人为的障碍和束缚，办起事来就会达到事半功倍的效果；反之，我们将会受到许多意想不到环节的人为阻挠，事情办起来就很难成功了。

忍辱方能身安

【原典】

安莫安于忍辱。

【张氏注曰】

至道旷夷，何辱之有。

【王氏点评】

心量不宽，难容于众；小事不忍，必生大患。凡人齐家，其间能忍、能耐，和美六亲；治国时分，能忍、能耐，上下无相怨。如能忍廉颇之辱，得全贤义之名。吕布不舍侯成之怨，后有丧国亡身之危。心能忍辱，身必能安；若不忍耐，必有辱身之患。

【译释】

要想做到平安无事，最好的办法莫过于忍辱负重了。

大凡有人的地方，就会有矛盾。世界这么小，你不碰我，我还会碰你，关键是如何看待，如何处理。得饶人处且饶人，相逢一笑泯恩仇。一张笑脸，一句诚恳的道歉，就能化干戈为玉帛，冰释前嫌，何必为区区小事而斤斤计较、耿耿于怀呢？

没有爬不过去的山，也没有蹚不过去的河。忍一时的委屈，可以保全大家的宁静、和谐，并不损失什么，反而还会赢得一个更为宽阔的心灵空间。何乐而不为呢？

解 读

小不忍则乱大谋

"小不忍则乱大谋",这句话在民间极为流行,甚至成为一些人用以告诫自己的座右铭。的确,这句话包含有智慧的因素,有志向、有理想的人,不会斤斤计较个人得失,更不应在小事上纠缠不清,而应有广阔的胸襟,远大的抱负。只有如此,才能成就大事,从而达到自己的目标。

那么,到底要忍什么?

苏轼在《留侯论》中说:"忍小忿而就大谋。"这是忍匹夫之勇,以免莽撞闯祸而败坏大事。

忍小利而图大业。这是"毋见小利。见小利,则大事不成。"

忍辱负重。勾践忍不得会稽之耻,怎能卧薪尝胆,兴越灭吴?韩信受不得胯下之辱,哪能做得了淮阴侯?

因此,在中国传统的观念里,忍耐也是一种美德。这一观点尽管与现代这种竞争社会不合拍,但是,很多学者已经发现,中国传统文化里有些东西并没有过时,相反,其中的学问博大精深,如果运用于现代人的生活,必将使人们受益匪浅。其中,忍耐就大有学问,忍耐包括很多种。当与人发生矛盾的时候,忍耐可以化干戈为玉帛,这种忍耐无疑是一种大智慧。

唐代著名高僧寒山问拾得和尚:"今有人侮我,冷笑我,藐视目我,毁我伤我,嫌我伤我,嫌我恨我,则奈何?"拾得和尚说:"子但忍受之,依他,让他,敬他,避他,苦苦耐他,装聋作哑,漠然置他,冷眼观之,看他如何结局?"这种忍耐里透着的是智慧和勇气。

人生不可能总是风调雨顺,当遇到不如意、不痛快,甚至是灾难时,一个人的忍耐力往往就能发挥出奇制胜的作用。很多时候,因为小地方忍不住,而害了大事,这是得不偿失的。

三国时,诸葛亮辅佐刘备在祁山攻打司马懿,可司马懿就是不出来应战。诸葛亮用尽了一切手段,极尽所能地侮辱司马懿,但司马懿对诸葛亮的侮辱总是置之不理。总之,司马懿就是不出来与诸葛亮交锋。等到诸葛亮的粮食吃完了,不得不退兵回蜀国,战争就这样结束了。诸葛亮六次出兵祁山,每次都是无功而返。司马懿之所以不战而胜，就是因为一个"忍"字。

与别人发生误会时的忍耐，那只是一时的容忍，比较容易做到。难得的是在漫长时间里，忍受着各种各样的折磨，而只为实现心中的理想。这种忍耐力是难能可贵的，但也是做人最应该拥有的一种能力。

非洲一位总统问邓小平同志有什么好经验，他就说了两个字："忍耐。"忍一时风平浪静，退一步海阔天空。忍耐不是目的，是一种策略，但并不是每个人都能做到忍耐。人们常说，"忍"字头上一把刀。这把刀，让你痛，也会让你痛定思痛；这把刀，可以削平你的锐气，也可以雕琢出你的勇气。

有人说，忍耐就是一种妥协。其实，妥协不是简单地让步，而是在知己知彼的基础上达成一种共识。不管是生活，还是工作，妥协都不仅仅为了"家和万事兴""安定团结"，而且还隐藏着一种坚持，这种坚持实际上就是一种坚定的决心。

大庭广众之中，众目睽睽之下，如果互相谩骂攻击，不仅有伤风化，使你斯文扫地，还破坏了社会的文明形象。当然，有时要做到忍，也的确不易。虽然忍耐是让人痛苦的，但结果却是甜蜜的。因此，遇事要冷静，要先考虑一下后果，本着息事宁人的态度去化解矛盾，我们就不至于为了一些鸡毛蒜皮的小事而纠缠不清，更不会使矛盾升级扩大。

人，贵在能屈能伸。伸，很容易，但屈就很难了，这需要有非凡的忍耐力才行。只要这个人真正有智慧、有才干，不管他忍耐多久，终究会有出头之日，而且他的忍耐力反而会更加富有魅力和内涵。人生很多时候都需要忍耐，忍耐误解，忍耐寂寞，忍耐贫穷，忍耐失败。持久的忍耐力体现着一个人能屈能伸的胸怀。人生总有低谷，有巅峰。只有那些在低谷中还能坦然处之的人，才是真正有智慧的人。走过低谷，前面就是海阔的天空。回过头来，那些在低谷里忍耐的日子，那些在苦难中挣扎的日子，那些在寂寞里执着的日子，都会显得弥足珍贵。

忍耐，这是一种宝贵的人生财富！

做事之前先修德

【原典】

先莫先于修德。

【张氏注曰】

外以成物，内以成己，此修德也。

【王氏点评】

齐家、治国，必先修养德行。尽忠行孝，遵仁守义，择善从公，此是德行贤人。

【译释】

无论做人做事，但凡有所成就，首先应该做的是修养自己的德行，努力让自己成为一个道德高尚的人。

成功的标准不止一个，成功的路也不止一条。但要到达成功的终点，就必须有良好的德行修养。古人说：有德有才是圣人，有德无才是君子，无德有才是小人，无德无才是愚人。那些无德有才之人走了狗屎运也有可能一不小心收获些小成就，但那是不可能长久的，最终，他们会因为自己作恶多端而付出代价。

佛家说"境由心生"，也就是说，一个人要想成功，首先要在心里做个"圣人"，要修炼圣人的德行，然后才能在社会上取得成就。

解 读

做大事者品格培养是中心课题

古代人敬重有"德"的之人，尤其是孔子提出的"仁、义、礼、智、信"这五点"德"。良好的品格能带来持久而成功的人际关系。不管是下属，还是合作者，都会把人品作为考察这个领导者的重要标准。

任何一个领导者都应该把品格培养当作自己的中心课题。因为，领导是无法超越来自品格上的限制。很多有杰出才干的领导者，在取得某种层次的成就后就突然崩溃了，这其中有很大一部分原因都与人品有关。那些在事业上有高度成就，却在品格上有缺陷的人，常会在成功的压力下遭遇突然的失败，像"红塔"集团的褚时建、"伊利"乳业集团的郑怀玉都是在金钱面前败下阵来。

品格不是靠嘴说出来的，而是用行动做出来的。领导的品格和所作所为是不可分割的。如果一个领导者的心思和行动经常不一致，那么，他的品格当然就可能隐藏着不为人知的疑点，也就不能获得别人对他的信任了。

企业家冯仑曾经写过一篇文章，大意是说：他去香港，和李嘉诚先生吃了一次饭，感触非常大。"李先生76岁，是华人世界的财富状元，也是大陆商人的偶像。大家可以想象，这样的人会怎么样？一般伟大的人物都会等大家到来坐好，然后才会缓缓过来，讲几句话，如果要吃饭，他一定是坐在主桌，有个名签，我们企业界20多人中相对伟大的人会坐在他边上，其余人坐在其他桌，饭还没有吃完，李先生就应该走了。如果他是这样，我们也不会怪他，因为他是伟大的人。

但是令我非常感动的是，我们进到电梯口，开电梯门的时候，李先生在门口等我们，然后给我们发名片，这已经出乎我们意料——就是李先生的身家和地位已经不用名片了！但是他像做小买卖一样给我们发名片。发名片后我们一个人抽了一个签，这个签就是一个号，就是我们照相站的位置，是随便抽的。我当时想为什么照相还要抽签，后来才知道，这是用心良苦，为了大家都舒服，否则怎么站呢？

抽号照相后又抽个号，说是吃饭的位置，又为大家舒服，最后让李先生说几句话，他说也没有什么讲的，主要是和大家见面，后来大家鼓掌让他讲，他就说我把生活当中的一些体会与大家分享吧。然后看着几个外宾，用英语讲了几句，又用粤语讲了几句，把全场的人都照顾到了。他讲的是'建立自我，追求无我'，就是让自己强大起来要建立自我，追求无我，把自己融入到生活和社会当中，不要给大家压力，让大家感觉不到你的存在，来接纳你、喜欢你、欢迎你。之后，我们就吃饭。我抽到的号正好是挨着他隔一个人的位子，我以为可以就近聊天了，但吃了一会儿，李先生起来了，说抱歉我要到那个桌子坐一会儿。后来，我发现他们安排李先生在每一个桌子坐15分钟，总共4桌，每桌都只坐15分钟，正好一小时。临走的时候他说一定要与大家告别握手，每个人都要握到，包括边上的服务人员，然后又把大家送到电梯口，直到电梯关上才走。"

尽管事情看起来有些琐碎，但谁都能感觉到李嘉诚先生伟大的品格，也正是这种优秀的品格才使他坐到华人首富的位置上。

任何一个组织想要成功，组织的领导者必须树立起正确的行为规范和优秀的品格，并使之成为组织文化的一部分，当这种文化深入到组织的每个角落时，组织成员自然会被这种文化所感染，那又何愁领导不好这个组织呢？

也许有人觉得，有些人道德品质不好，个人修养难以恭维，身边不是同样有许多朋友吗？其实这种所谓"朋友"并非真朋友，而是"伪朋友"。别人与他交往不是冲着他的人品人格去的，而是奔着他的权势去的，是为了相互利用以达到个人目的，充其量只是"势利之交"。一旦其丧失了权力地位，没有了利用价值，那些所谓的"挚友"也就会弃他而去。所以说，要想收获真正的友谊，拥有真正的朋友，最终要靠良好的个人思想道德修养，只有用高尚道德修养赢得的友谊和感情才是真诚的，才会历久弥坚。

心诚好善一生常乐

【原典】

乐莫乐于好善，神莫神于至诚。

【张氏注曰】

无所不通之谓神。人之神与天地参，而不能神于天地者，以其不至诚也。

【王氏点评】

疏远奸邪，勿为恶事；亲近忠良，择善而行。子胥治国，惟善为宝；东平王治家，为善最乐。心若公正，身不行恶；人能去恶从善，永远无害终身之乐。复次，志诚于天地，常行恭敬之心；志诚于君王，当以竭力尽忠。志诚于父母，朝暮谨身行孝；志诚于朋友，必须谦让。如此志诚，自然心合神明。

【译释】

人生最大的快乐莫过于乐善好施，最明智的生活之道莫过于诚心待人。

善良是人性光辉中最美丽、最暖人的一缕。没有善良、没有人与人之间真正发自肺腑的温暖与关爱，就不可能有精神上的富有。我们居住的星球，犹如一艘漂泊于惊涛骇浪中的航船，团结对于全人类的生存是至关重要的，为了人类未来的航船不至于在惊涛骇浪中颠覆，使我们成为"地球之舟"合格的船员，我们应该成为勇敢的、坚定的人，更要有一颗善良的心。

《三字经》讲道："人之初，性本善。"由此可见，人生来都是善良的，只是由于后天环境的影响，有些人不得已而误入歧途，直至后来变得十分凶残。不管怎么说，我们应该做一个善良的人，真诚待人，与人为善，善终有善报。

解 读

用恩惠换取恩惠

在现实生活中，每个人每天都面临着天堂或地狱的生活。当我们懂得付出、帮助、爱、分享，我们就生活在天堂；若只为自己，自私自利，损人利己，实质就等于生活在地狱里。地狱和天堂就在自己的心里。帮助别人的时候，同时也就是在帮助自己。

有一个人想看看地狱和天堂的差别。他先来到地狱，地狱的人正在吃饭，但奇怪的是，一个个面黄肌瘦，饿得嗷嗷直叫。原来他们使用的筷子有一米多长，虽然争先恐后夹着食物往各自嘴里送，但因筷子比手长，谁也吃不着。

"地狱真悲惨啊！"这个人想。

然后，他又来到天堂。天堂的人也在吃饭，一个个红光满面，充满欢声笑语。原来，天堂的人使用的也是一米多长的筷子，不同之处在于——他们在互相喂对方！

天堂和地狱拥有同样的食物，相同的食具，相同的环境，但结果却大不相同！天堂与地狱的天壤之别，仅在于做人的"一念"之差；因心态不同，就造成了极不相同的结果。

1977 年的《向导》杂志报道了一则故事：

有一个人遭遇暴风雪，迷失了方向。由于他的穿着装备无法抵御暴风雪，以致手脚开始僵硬。他知道自己时间不多了。

结果他遇到了一个和他遭遇相同的人，几乎冻死在路边。他立刻脱下湿手套，跪在那人身边，按摩他的手脚，那人渐渐地有了反应。最后两人合力找到了避难处。他救别人其实也救了自己。他原本手脚僵硬麻木，就是因为替对方按摩而缓了过来。

西晋时，廷尉顾荣应邀赴宴。席间上来一道烤肉，侍者在布菜时，直咽口水。顾荣心中不忍，就把自己的那一份让给了侍者。同桌的人笑他有点呆气，他却认为，整天看着烤肉却吃不到，是很难受的，因而对自己的做法毫无悔意。

此后过了许多年，西晋发生了"八王之乱"。宗室汝南王司马亮、楚王司马玮、赵王司马伦、齐王司马冏、长沙王司马颙、成都王司马颖、河涧王司马颙、东海王司马越八王为争权夺利而相互厮杀，国家一片混乱，民不聊生。这时远在边陲的匈奴首领刘渊发现了上天赐予的大好时机，派兵东下，灭掉了西晋。

这场灾难发生在永嘉年间（307～312年），后来，"永嘉"一词就成了一个伤心的象征。永嘉年间的确令人心伤，异族的入侵，引起汉民族极大的恐慌，人们纷纷抛家舍业，扶老携幼地加入向南方逃亡的难民队伍。相比之下，长江以南的东南地区成了一片乐土。滔滔江水隔开了燃烧于江北广大土地上的战火，北方难民也纷纷奔南而去。

顾荣本是江南吴人，自然毫不犹豫地率领全家加入逃亡的难民之中。世道混乱，兵匪横行，逃亡的路上自是险象环生。但顾荣每每身处危急之时，总有人来舍命相救。渡过长江之后，顾荣找到救命恩人表示感谢。问起来历，原来这人就是当年那个接受烤肉的侍者。这令顾荣感慨不已。

爱默生曾说："此生最美妙的报偿就是，凡真心帮助他人的人，没有不帮助自己的。"这真是一句大实话。

现实生活中，有些人信奉"人不为己，天诛地灭"的信条。他们的自私本性暴露无遗，他们一味地希望能"人人为我"，却不愿去践行"我为人人"这个前提条件。结果呢，必然导致他们在社会中没有安全感和关爱感。其实，假如人人都能够心怀他人，互相信任，

互相帮助，即使它的前提是功利性的，那么最终也会惠及自身的。因为处在一个好环境之中，远比处于一个恶劣环境中能得到更多的精神、物质上的双重实惠。

看透事物的本质

【原典】

明莫明于体物。

【张氏注曰】

《记》云："清明在躬，志气如神。"如是，则万物之来，其能逃吾之照乎！

【王氏点评】

行善、为恶在于心，意识是明，非出乎聪明。贤能之人，先可照鉴自己心上是非、善恶。若能分辨自己所行，善恶明白，然后可以体察、辨明世间成败、兴衰之道理。复次，谨身节用，常足有余；所有衣食，量家之有无，随丰俭用。若能守分，不贪、不夺，自然身清名洁。

【译释】

若说明智，莫过于明辨事物的是非，看透事物的本质。

如果被事物的表面所迷惑，就有可能把握不准是非，看不透祸福得失，以至于像没头苍蝇似的恣意妄为，那么结果肯定是自寻烦恼，自找苦吃。

老子有句话说得好：大成若缺，其用不弊。大盈若冲，其用无穷。意思是说：最完美的事物看起来好像总是残缺不全的，但它的地位和所起的作用永远不可忽视。最完美、最充盈的东西，看起来好像空洞无物不真实，但它的价值是不可限量、无穷无尽的。

老子的智慧就在这里，他总能以独到的眼光看到事物的本来面目。事物的价值取决于它的本质，如果我们的目光只停留于表面，必然会错过许多值得我们去拥有、去抓住的东西。

解 读

不要被得失、祸福的表面所迷惑

在老子的眼里，世间没有任何事物是绝对的、孤立存在的，同一个事物也都会以不同的面目呈现出来，就看你用什么样的眼光去对待。天堂或许就在地狱的隔壁，苦难也可成为一笔宝贵的财富，表面上看起来是祸，没准转瞬间就成了福。

古时，塞外有一个老翁不小心丢了一匹马，邻居们都认为是件坏事，替他惋惜。塞翁却说："你们怎么知道这不是件好事呢？"众人听了之后大笑，认为塞翁丢马后急疯了。几天以后，塞翁丢的马又自己跑了回来，而且还带回来一匹马。邻居们见了都非常羡慕，纷纷前来祝贺这件从天而降的大好事。塞翁却板着脸说："你们怎么知道这不是件坏事呢？"大家听了又哈哈大笑，都认为塞翁是被好事乐疯了，连好事坏事都分不出来。果然不出所料，过了几天，塞翁的儿子骑新来的马去玩，一不小心把腿摔断了。众人都劝塞翁不要太难过，塞翁却笑着说："你们怎么知道这不是件好事呢？"邻居们都糊涂了，不知塞翁是什么意思。事过不久，发生战争，所有身体好的年轻人都被拉去当了兵，派到最危险的第一线去打仗，而塞翁的儿子因为腿摔断了未被征用，在家乡过着安定幸福的生活。

这就是老子的《道德经》所宣扬的辩证思想。基于这种辩证关系，我们可以明白，即使是表面看起来很吃亏的事，也会带来意想不到的好处。生活中此类事常见，有时看似吃亏的事反而是获得更大利益的前提和资本。

生活中的聪明人善于从吃亏当中学到智慧。"吃亏是福"也是一种哲理，其前提有两个，一个是"知足"，另一个就是"安分"。"知足"则会对一切都感到满意，对所得到的一切充满感激之情；"安分"则使人从来不奢望那些根本就不可能得到的或者根本就不存在的东西。没有妄想，也就不会有邪念。表面上看，"吃亏是福"以及"知足""安分"会有不思进取之嫌，但是，这些思想确实能够教导人们成为对自己有清醒认识的人。

人非圣贤，谁都无法抛开七情六欲，但是，要成就大业，在选择面前，就得分清轻重缓急，放眼长远，把握事物本来的发展方向。我国历史上刘邦与项羽在称雄争霸、建立功业上就表现出了不同的态度，也得到了不同的结果。苏东坡在评判楚汉之争时就说，项羽之所以会败，就因为他不能忍，不愿意吃亏，白白浪费自己百战百胜的勇猛；汉高祖刘邦之所以能胜就在于他能忍，懂得吃亏，养精蓄锐，等待时机，直攻项羽弊端，最后夺取胜利。

两王平日的为人处世之不同自不待说，楚汉战争中，刘邦的实力远不如项羽，当项羽听说刘邦已先入关时，怒火冲天，决心要将刘邦的兵力消灭掉。当时项羽40万兵马驻扎在鸿门，刘邦10万兵马驻扎在灞上，双方只隔40里，兵力悬殊，刘邦危在旦夕。在这种情况下，刘邦先是请张良陪同去见项羽的叔叔项伯，再三表示自己没有反对项羽的意思，并与之结成儿女亲家，请项伯在项羽面前说句好话。然后，第二天一早，又带着随从、拿着礼物到鸿门去拜见项羽，低声下气地赔礼道歉，化解了项羽的怨气，缓和了他们之间的关系。表面上看，刘邦忍气吞声，项羽挣足了面子，实际上刘邦以小忍换来自己和军队的安全，赢得了发展和壮大力量的时间。刘邦对不利条件的隐忍，面对暂时失利的坚韧不拔，反映了他对敌斗争的谋略，也体现了他巨大的心理承受能力。

刘邦正是把眼光放远，靠着吃一些眼前亏的技巧，赢得了最后的胜利。有人说刘邦是一忍得天下，相信这种智慧不是有勇无谋的人可以修炼成的。

这就是老子辩证的眼光，看事情不能只看表面。眼前的亏从另一个角度看，就是日后的福。

知足是福多欲是苦

【原典】

吉莫吉于知足,苦莫苦于多愿。

【张氏注曰】

知足之吉,吉之又吉。圣人之道,泊然无欲。其于物也,来则应之,去则无系,未尝有愿也。古之多愿者,莫如秦皇、汉武。国则愿富,兵则愿疆;功则愿高,名则愿贵;宫室则愿华丽,姬嫔则愿美艳;四夷则愿服,神仙则愿致。然而,国愈贫,兵愈弱;功愈卑,名愈钝;卒至于所求不获而遗恨狼狈者,多愿之所苦也。夫治国者,固不可多愿。至于贤人养身之方,所守其可以不约乎!

【王氏点评】

好狂图者,必伤其身;能知足者,不遭祸患。死生由命,富贵在天。若知足,有吉庆之福,无凶忧之祸。心所贪爱,不得其物;意在所谋,不遂其愿。二件不能称意,自苦于心。

【译释】

知足者可保一生平安,知足者幸福常伴左右。人世间的痛苦多半是由欲望太多而不知道及时地遏制引起的。

我们常说:知足者常乐。这不仅仅是一句谚语,也是一种值得所有人铭记在心的人生态度。只可惜很多人只是把这句话挂在嘴边而已,所谓"知足"总是被无情的物质主义浪潮所淹没。

解 读

随遇而安天地宽

人应当能够承受物质生活对人的身心所产生的影响。现实中的"俗人"往往因穷困而潦倒，但聪明的智者，却能随遇而安或穷益志坚，不受任何影响地充分享受人生，并且能做出一番不平凡的事业来。

苏东坡对人生的旷达态度在历史上是出了名的。

宋神宗熙宁七年秋天，苏东坡由杭州通判被调任密州知州。我国自古就有"上有天堂，下有苏杭"的说法，北宋时期杭州早已是繁华富足、交通便利的好地方。密州属古鲁地，交通、居处、环境都没法儿和杭州相比。

苏东坡说他刚到密州的时候，连年收成不好，到处都是盗贼，吃的东西十分欠缺，苏东坡及其家人还时常以枸杞、菊花等野菜做口粮。人们都认为苏东坡先生过得肯定不快活。

谁知苏东坡在这里过了一年后，长胖了，甚至过去的白头发有的也变黑了。这奥妙在哪里呢？苏东坡说："我很喜欢这里淳厚的民风，而这里的官员百姓也都乐于接受我的管理。于是我有闲情自己整理花园，清扫庭院，修整破漏的房屋；在我家园子的北面，有一个旧亭台，稍加修补后，我时常登高望远，放任自己的思绪，做无穷遐想。往南面眺望，是马耳山和常山，隐隐约约，若近若远，大概是有隐君子吧！向东看是卢山，这里是秦时的隐士卢敖得道成仙的地方；往西望是穆陵关，隐隐约约像城郭一样，师尚父、齐桓公这些古人好像都还存在；向北可俯瞰潍水河，想起淮阴侯韩信过去在这里的辉煌业绩，又想到他的悲惨命运，不免慨然叹息。这个亭台既高又安静，夏天凉爽，冬天暖和，一年四季，早早晚晚，我时常登临这个地方。自己摘园子里的蔬菜瓜果，捕池塘里的鱼儿，酿高粱酒，煮糙米饭吃，真是乐在其中。"

其实，一个人的思想，一旦升华到追求崇高理想上去，能够放宽心境，不为物累，心地无私、无欲，随时随地去享受人生，也就苦亦乐、穷亦乐、困亦乐、危亦乐了！这是没有身历其境的人所难以理解的。真正有修养、高品位的人，他们活得快乐，但所乐也并非那种贫苦生活，而是一种不受物役的"知天""乐天"的精神境界。

7

做不到心平气和就会痛苦和悲伤

【原典】

悲莫悲于精散，病莫病于无常。

【张氏注曰】

道之所生之谓一，纯一之谓精，精之所发之谓神。其潜于无也，则无生无死，无先无后，无阴无阳，无动无静。其舍于神也，则为明、为哲、为智、为识。血气之品，无不禀受。正用之，则聚而不散；邪用之，则散而不聚。目淫于色，则精散于色矣；耳淫于声，则精散于声矣。口淫于味，则精散于味矣；鼻淫于臭，则精散于臭矣。散之不已，岂能久乎？天地所以能长久者，以其有常也；人而无常，不其病乎？

【王氏点评】

心者，身之主；精者，人之本。心若昏乱，身不能安；精若耗散，神不能清。心若昏乱，身不能清爽；精神耗散，忧悲灾患自然而生。万物有成败之理，人生有兴衰之数；若不随时保养，必生患病。人之有生，必当有死。天理循环，世间万物岂能免于无常？

【译释】

世间最令人悲伤和痛苦的事莫过于心烦意乱、精神涣散，最大的病患莫过于内心不平静而导致喜怒无常。

我们的痛苦烦恼似乎永远也没有尽头，一下成功，一下失败，时而悲伤，时而喜乐；在生活里我们东突西窜，越陷越深，找不到一条出路。而黄石公告诉我们，道就是道，不生不灭，欲望太多的人就无法看透迷茫的前途，而平心静气者，却能够灵敏活泼地勇往直前，这才合乎天地所具有的德行。

解读

欲望太多内心就难以平静

有一则寓言：

有位书生准备进京赶考，路过鱼塘时正巧渔夫钓了一条大鱼。便问渔夫是如何钓到大鱼的。渔夫得意地说，这当然需要一些技巧。"当我发现它时，我就决心要钓到它。但刚开始，因鱼饵太小，它根本不理我。于是，我就把鱼饵换成一只小乳猪，没想到这方法果然奏效，没一会儿，大鱼就上钩了。"

书生听后，感叹地说："鱼啊，鱼啊，塘里小鱼小虾这么多，让你一辈子都吃不完，你却挡不住诱惑，偏要去吃渔夫送上门的大饵，可说是因贪欲而死啊！"

欲望与生俱来。生命开始之时，欲望随之诞生。饿了要吃饭，冷了要穿衣，这是人的本能。仅从生命科学而言，人类绵延生息不绝，可以说欲望是生命的动力。生命停止，欲望则消失。同时，人的欲望的满足，又是生命消耗的过程。

从某种意义上讲，有效地节制欲望，是构建和升华生命，延伸和拓展生命长度的必由之路。

这就不得不让我们想起了性情淡泊、道法自然的庄子。

有一天，秋高气爽，太阳已爬上半空，庄子还长卧未醒。忽然，门外车马滚滚，喧嚣非凡，随后有人轻轻叩门。

原来是楚威王久仰庄周大名，欲将他招进宫中，辅佐自己完成雄霸天下的事业。

楚威王便派了几位大夫充当使者，抬着猪羊美酒，携带黄金千两，驾着驷马高车，郑重其事地来请庄周去楚国当卿相。

半个时辰过后，庄子才睡眼惺忪开门出来。

使者拱手作揖，说明来意，呈上礼单。

不料庄子连礼单瞟也不瞟一眼，仰天大笑，说了一套令众使者大跌眼镜的话：

"免了！千金是重利，卿相是尊位，请转告威王，感谢他的厚爱。"

"诸位难道没有看见过君王祭祀天地时充作牺牲的那头牛吗？想当初，它在田野里自由自在；一旦作为祭品被选入宫中，给予很好的照料，生活条件是好多了，可是这牛想不当祭品，还有可能吗？还来得及吗？"

"去朝廷做官，与这头牛有什么差别呢？天下的君主，在他势单力孤、天下未定时，往往招揽海内英才，礼贤下士。一旦夺得天下，便为所欲为，视人民如草芥，视功臣为敌手，真所谓'飞鸟尽，良弓藏；狡兔死，走狗烹'。"

"你们说，去做官又有什么好结果？放着大自然的清风明月、荷色菊香不去观赏消受，偏偏费尽心机去争名夺利，岂不是太无聊了吗？"

使者见庄子对于世情功名的洞察如此深刻，也不好再说什么，只得快快告退。

其中一位使者还如临当头一棒，看破数十年做官迷梦，决定回朝后上奏威王告老还乡。

庄周仍然过着无忧无虑的生活。登山临水，笑傲烟霞，寻访故迹，契合自然，抒发感情，盘膝静坐，冥思苦想，在贫穷中享受人生的快乐和尊严。

老子说得好："见欲而止为德。"邪生于无禁，欲生于无度。清代陈伯崖写的对联中有这样一句"人到无求品自高"。笔者很赞成这一观点。这里说的"无求"，不是对学问的漫不经心和对事业的不求进取，而是告诫人们要摆脱功名利禄的羁绊和低级趣味的困扰，去迎接新的、高尚的事业。

有所不求才能有所求，无求与自强是不可分割的。这正是这句对联所反映的辩证法思想。人生在世，不能离开名利等。但对这些身外之物，必须有一个清醒的认识，保持一定的警觉。一个人只有抛开私心杂念，砸掉套在脚上的镣铐，心地才能宽阔，步履才能轻松，才能卓有成效地干一番事业。

提倡"人到无求品自高"，不是让人们去过那种清贫的生活，而是为了清除社会上的腐败现象，以使那些追名逐利者保持政治上的清醒和思想道德上的纯洁。

内心的踏实来自于长久努力奋斗的沉淀。欲望是无止境的，人们为满足欲望想出了许多手段，赌博、诈骗、抢劫，还有出卖灵魂肉体。欲望满足的结果并非能心静。

无欲则静，多数人不能做到如出家高僧。在这样一个商品经济社会里，清心寡欲也变得很难。付出不图回报，但必有回报，尽管并非得如所付。尽心尽力地劳动也许不能暴富，总比出卖灵魂肉体来得踏实。

人在心理上追求个一定的平衡，欲望过少缺乏动力，欲望太多心烦意乱，你所要做的就是把握你的心，不要让多余的不着边际的欲心杂念扰乱你生命的脚步。

切不可贪图不义之富贵

【原典】

短莫短于苟得，幽莫幽于贪鄙。

【张氏注曰】

以不义得之，必以不义失之；未有苟得而能长也。以身殉物，过莫甚焉。

【王氏点评】

贫贱人之所嫌，富贵人之所好。贤人君子不取非义之财，不为非理之事；强取不义之财，安身养命岂能长久？美玉、黄金，人之所重；世间万物，各有其主，倚力、恃势，心生贪爱，利己损人，巧计狂图，是为幽暗。

【译释】

人生最浅薄最无耻的事，莫过于通过见不得人的手段取得不义之功名利禄，最大的幽险莫过于贪得无厌、不知羞鄙。

贪图私利，是人的本性；避害趋利，是人的本能。这是无可厚非的。虽自私自利，避害趋利，但并不危害社会、危害他人，实不足为奇。为吃穿而奔波，为富裕而奋斗，为地位而努力，为改变环境而拼搏，只要手段正当，没有危害他人，有何不可？

可怕的是，世界上总有那么万分之一二的恶人、坏人、贪官、污吏，他们不是一般意义上的自私自利，唯利是图，而是横行乡里，鱼肉百姓，无恶不作，危害他人，危害社会。这样的人是可耻之人，他们的所作所为可耻至极。

解 读

不义之富贵于我如浮云

子曰："饭疏食，饮水，曲肱而枕之，乐亦在其中矣。不义而富且贵，于我如浮云。"

孔子说："吃粗粮，喝白水，弯起胳膊当枕头，这其中也充满生活的乐趣。用不义的手段取得富贵，对我来说，就像天上的浮云一样。"

孔子的这句名言，影响甚巨，不仅内化成了有道君子的人格精神，同时也在很大程度上影响了人们在现实生活中的具体方法和策略。这在西汉名臣疏广的治家方略中可见一斑。

疏广，字仲翁，西汉东海兰陵（今山东枣庄东南）人。他博览多通，尤精《春秋》，先在家乡开馆授课。由于学问渊深，四方学者不远千里而至。朝廷得知后，征调他去都城长安，任以博士太中大夫。公元前 71 年，宣帝拜请他充当东宫皇太子的老师，为太子少傅，不久转迁为太子太傅。他的侄儿疏受，也以才华过人被征为太子家令，旋又升为太子少傅。从此，叔侄二人名显当朝，极受荣宠。

疏广是一位识大体、知进退的人。他对太子的辅导极其认真，教之以《论语》、《孝经》，晓之以礼义廉耻，希望太子日后担当起治国平天下的重任。当太子十二岁时，他以年老体衰为由，奏请朝廷辞官回家。临行前，宣帝赏赐黄金二十斤，皇太子赠以黄金五十斤。其他公卿大臣，也分别馈送财物，并特意在京城的东郭门外设宴为他饯行。站在大道两旁观看的人们，见送行的车子便有数百辆，都感叹地称他为"贤大夫"。疏广真可谓是家私丰足、荣归故里。

但是，说也奇怪，疏广回到家乡以后，竟绝口不提购置良田美宅。而是将所得财物赈济乡党宗族，宴请过去的故旧亲朋。不仅如此，他还几次询问余剩钱财的数目，意思是要把这些财物都花得一文不剩。疏广的儿孙们很着急，可又不敢言语，只好私下请了几个平时与疏广要好的老人，希望他们能劝说疏广，及时建造房舍和购买田地，使子孙后代也有个依靠。几位老人觉得这些意见是对的，便在相聚时从中规劝疏广，要他多为儿孙们着想，置办家产。

疏广笑着说："你们以为我是个老糊涂，不把子孙后代的事情惦挂在心吗？我的想法是：家里本来还有房舍和土地，只要子孙们勤劳节俭，努力经营，精打细算，维持普通人家的穿衣吃饭是不成问题的。"老人们还疑惑不解，疏广接着说："如果现在忙于为子孙后代买地盖房，子孙们饭来张口，衣来伸手，不愁吃，不愁穿，反而会使儿孙们懒惰懈怠，不求上进。一个人要是腰缠万贯，家中富足，贤能的容易丧失志向，愚笨的则变得更加蠢陋。再说，钱多了还容易招人怨恨，我过去忙于国事，对子孙的教育不够，如今不为儿孙们置办产业，正是希望他们能够自力更生，克勤克俭，这也是爱护和教育儿孙的一个办法啊！"老人们终于被说服，再也不为他的子孙们去说情了。

疏广对待子孙后代，务在劳其筋骨，苦其心志，以使他们成为好逸恶劳的纨绔子弟，同时也使他们自觉地远离"不义"的富贵，表面看来似乎不近情理，但其用心是何其良苦，又何其明智！

人生在世，难免沉沉浮浮，时起时落，关键的是，倘若能够领悟生活的真谛，享受一点一滴的生活所给予的快乐，就可以了解人生的意义所在。虽然，任何人都不喜欢或满足于吃粗粮、喝白水，但相对于用不义的卑劣手段去攫取所谓的"富贵"，君子则宁愿安贫乐道，以此来换取良心上的轻松和精神上的舒畅。

傲慢自大者容易变成孤家寡人

【原典】

孤莫孤于自恃。

【张氏注曰】

桀纣自恃其才，智伯自恃其疆，项羽自恃其勇，高莽自恃其智，元载、卢杞自恃其狡。自恃，则气骄于外而善不入耳；不闻善则孤而无助，及其败，天下争从而亡之。

【王氏点评】

自逞己能，不为善政，良言傍若无知，所行恣情纵意，倚着些小聪明，终无德行，必是傲慢于人。人说好言，执蔽不肯听从；好言语不听，好事不为，虽有千金、万众，不能信用，则如独行一般，智寡身孤，德残自恃。

【译释】

自恃有才，就狂妄傲物，目空一切，这样的人最容易成为孤家寡人。

世间的才子们最容易犯的一个错误就是恃才傲物。多喝了点墨水就以为可以王侯将相了，就以为天下无敌了，并且听不进别人的意见和善意的忠告，一意孤行。黄石公的意思是，这样的人不仅孤陋寡闻，而且也只能以孤芳自赏、孤苦伶仃收场。

解　读

自以为是贻误大事

现在有些人，经常自以为是，对周围人的批评根本听不进，认为别人是在侮辱自己，或者瞧不起自己，或者明明知道错了也不改正，这和历史上扁鹊见的蔡桓公很相似。

战国时候，齐国有一个神医名叫秦越人。因为他治病的本领特别高，人们都管他叫"扁鹊"（传说扁鹊是上古时代一位有名的医生）。他原来的名字，反倒没有多少人知道了。

有一天，扁鹊去看蔡桓公。他瞧了瞧蔡桓公的脸色，说："您有病，病在皮肤里，要是不早治，恐怕要加重起来的。"

蔡桓公听了，很不高兴地说："别瞎说，我什么病也没有！"扁鹊走了以后，蔡桓公笑着对左右的官员说："医生总是喜欢挑毛病，明明你没有病，他偏说你有病，好显示他的医术高明！"

过了五天，扁鹊又去看蔡桓公。他看了看蔡桓公的脸色，说："您的病已经发展到肌肉里了，再不治，会更加厉害的！"蔡桓公没有理他，他只好走了。

又过了五天，扁鹊又去看蔡桓公。他皱着眉头对蔡桓公说："您的病已经蔓延到肠胃里去了，再不治，就危险啦！"蔡桓公还是不理他，他只好又走了。

又过了五天，扁鹊又去看蔡桓公。这回他一见蔡桓公，扭头就走。桓公觉得挺奇怪，马上派人把他追回来，问他："为什么这一回你一句话不说就走呢？"

扁鹊回答说："病在皮肤里，用热水一焐，就可以治好；病在肌肉里，扎扎针，就可以治好；病在肠胃里，吃几副汤药，也可以治好；病在骨髓里，那就难办了。现在，大王的病已经深入到骨髓里了，您想治，我也没有办法了！"蔡桓公听了，还是不大相信，只是笑了笑，就叫扁鹊走了。

又过了五天，蔡桓公果然浑身骨头痛。这时候，他才相信扁鹊的话是对的，可是已经晚了。过了几天，蔡桓公就死了。

后来，人们从这个故事中得出了一句成语，叫作"讳疾忌医"，意思是说：明明有病还不肯承认，不愿意医治。用来说明一个人有了过错，别人给他指出来，他还不承认，只落得自己没有好结果。

然而，与此相反的是，历史上有些人不仅虚心接受别人的意见，而且还经常自我监督，自我批评。

明代有个叫高汝白的人，他中了进士以后，曾培养他的叔父写信督促他说："你尽管考中了进士，我并不为此高兴，反而因此担忧。此后你可能会逐渐放松对自己的要求，所以我希望你每天将自己的行为举止用笔记在本子上，然后寄给我。"高汝白叹息着给叔父回信说："我一直在您老身边长大，难道您还不了解我，而担心我会放纵自己？"过后他试着问了一个伴随在他身边的老家的人，自己有没有改变。老家的人说："比起往日是逐渐有所不同。"他这才开始警觉起来，于是，用一个本子把自己每天的言行记录下来，进行检查，发现自己的缺点多得写不完。他很害怕，从此激励自己努力学习，修养品德，逐渐地改掉本子上记录的缺点，后来，高汝白成为一个著名的品行高尚的人，官至提学（主管教育的官吏）。

清朝有一位叫徐文靖的人，也是用类似的方法督促自己每天朝好的方面努力。徐文靖仿效古人：用两个瓶子分别放置黄豆和黑豆，每当做了一件好事时，他便念道："说了一句好话，做了一件好事。"于是投进一粒黄豆。要是办坏了一件事，便投进一粒黑豆。开始是黄豆少，黑豆多，日积月累，豆子已黄黑各半，久而久之，黄的就多于黑的了。

能够做到胸怀坦荡地接受别人指出的错误和正确的批评，并且有意识地来约束自己，自觉地达到自己制定的标准，一步一个脚印，持之以恒地照这样做，做人做事就会达到圆满的境界。而讳疾忌医，到头来只会贻误大事。

用人切忌疑心太重

【原典】

危莫危于任疑。

【张氏注曰】

汉疑韩信而任之，而信几叛；唐疑李怀光而任之，而怀光遂逆。

【王氏点评】

上疑于下，必无重用之心；下惧于上，事不能行其政；心既疑人，勾当休委。若是委用，心不相托；上下相疑，事业难成，犹有危亡之患。

【译释】

最危险的事莫过于任用人才的时候却存有疑心。

"用人不疑，疑人不用"，是古人留给后人的一句良言。然而话说回来，用人者又有多少完全不疑的呢？可以说，很少有人能真正放心地把事关自己前途的重要工作交与他人去做。三国时的马谡因在攻打孟获之时向诸葛亮提出了"攻心"之策，从而赢得了诸葛亮的信任。但后来再派马谡镇守街亭之时，诸葛亮派了王平作为马谡的助手。王平名为助手，实为诸葛亮的眼线，他要随时将马谡的用兵情况向诸葛亮汇报。诸葛亮用人尚且如此小心谨慎，更何况不如他的后人呢？

解 读

用人不疑疑人不用

实际上，"用人不疑"仔细分析起来应该包含两方面的内容：第一是真的知人而不疑，由于太了解一个人了，所以不必怀疑；第二是以不疑的态度或表现去对待下属。事实上，任何一位管理者，在用人的过程中，很少能够做到真正的不疑，他们始终都在观察手下的人才，时刻抱一份警惕之心，一旦发现员工有不轨行为或动向，立即先发制人。但用人不疑还是有它的用武之地的，它可以显示出管理者对下属的信任，从而提高其工作的热情。因此，管理者在这个问题上，尽量朝着不疑人的方向努力，让对方知道你不听信谗言，不乱生怀疑，让他本人和周围的人觉得你"用人不疑"就可以了。

冯异是刘秀手下的一员大将，他不仅英勇善战，而且忠心耿耿，品德高尚。当刘秀转战河北时，屡遭困厄。一次行军在饶阳德伦河一带，弹尽粮绝，饥寒交迫，是冯异送上仅有的豆粥麦饭，才使刘秀摆脱困境；还是他首先建议刘秀称帝的。后来，各将领每每相聚各自夸耀功劳时，他总是独避大树之下。因此，人们称他为"大树将军"。

冯异长期转战于河北、关中，深得民心，成为刘秀政权的西北屏障。这自然招致了同僚的嫉妒，一个名叫宋嵩的使臣先后四次上书诋毁冯异，说他控制关中，擅杀官吏，威权至重，万民归心，当地百姓都称他为"咸阳王"，且有反叛的迹象。

冯异对自己久握兵权，远离朝廷，也不大自安，恐被刘秀猜忌，于是一再上书，请求回到洛阳。刘秀对冯异虽然也不大放心，可西北地区却又实在少不了冯异这样一个人，也就只能暂时维持现状。

一次，冯异率军征讨外虏，领军几十万所向披靡，声名远扬，震动朝野内外。得胜回朝后，刘秀召见众将，对军功显赫的将领都一一进行加官晋爵、赐田封赏，唯独对大将军无封无赏。满朝文武百官无不迷惑，对此议论纷纷。

刘秀对这些议论并不理睬，等了几天即下召命让冯异率众将仍回西北驻守。一路上，冯异心中思绪如麻，翻江倒海，不知皇上心中何意，心想：如果皇上不信任自己，嫌自己军权太重，那么我已必死无疑了！可是他却又派自己回西北驻守统领重军，说明还是相信自己的嘛！但是，自己手下众将都有封赏，而对自己却提都不提，这让我以后如何领导众将呢？……我乃朝廷第一大将，与皇上是患难之交、生死兄弟，执掌重兵，他刘家江山有一半是我打的，皇上的命还是我救的呢，没有我冯异，有他刘秀的今天吗？像我这样的功臣估计皇上轻易也不敢动。

冯异刚回到西北军中大帐，皇上派的使者竟随后赶到了，冯异纳闷：刚从京师回来，有多少事说不了，还有什么事呢？使者交给冯异一只盒子，众将不解，都不知道里面装的是什么。冯异打开一看，全是信件，再一阅读内容，全是冯异在率兵出征期间，朝廷内宋嵩等臣写给皇帝的奏章，说冯异拥兵自重，控制关中，乱杀权重，企图造反。直看得冯异汗流浃背、长吁短叹。

冯异心想，皇上没有听信别人的话，不但没杀我，又把这些信交给我，继续让我统兵，看来还是信任我的，还有什么比皇上的信任更高的赏赐呢？以后得好好干呀。于是，冯异连忙上书自陈忠心。刘秀回书道："将军之于我，从公义上讲是君臣，从私患上讲如父子兄弟，我还会对你猜忌吗？你又何必担心呢？"

刘秀真是驭人有术、手腕高明。他的这种处理方式，既可解释为对冯异深信不疑，又能暗示朝廷早有准备，既是拉拢又是震慑，一箭双雕。

事实上，刘秀当时也在心里猜测，冯异到底是不是反叛呢？但刘秀的高明之处就在于，他能够静下心来，表现出对冯异十二分的信任，在事情没有搞清楚之前，永远对部下抱有诚意。何况，刘秀深知，在当时的情况下，即使冯异真的反了，自己不但拿他没办法，而且还可能有亡国的危险。与其这样，还不如让冯异觉得自己信任他，或许事情就不会那么糟了。后来的结果表明，刘秀的决定是正确的。

当然，"表面上"的用人不疑需要运用一套隐蔽的监督手段，这样才会在员工充分感到你的信任、热情百倍地去工作的同时又不敢轻举妄动。

自私自利招致败局

【原典】

败莫败于多私。

【张氏注曰】

赏不以功，罚不以罪；喜佞恶直，党亲远疏；小则结匹夫之怨，大则激天下之怒，此多私之所败也。

【王氏点评】

不行公正之事，贪爱不义之财；欺公枉法，私求财利。后有累己、败身之祸。

【译释】

很多失败的事其根源就在于当事人的自私自利。

人的自私本性决定了人的行为，大多数人所作所为必然是从自己的利益出发。但一部分人因权势或际遇而觉得自己可以无所顾忌地去追逐私利，进而走向骄奢，以致最终因私心无度而引火烧身；但有一些堪称君子的人，无论何时都能自律有度。他们不仅一生平安顺达，而且还能够创建功业，留下美名。

解 读

私欲太盛者逃不过败身之祸

齐襄公二十八年，齐国的权臣庆封到吴国，聚集他的家族居住下来，聚敛财物比原来更富有。当时的子服惠伯对叔孙穆子说："上天大概是让淫邪的人发财，这回庆封是又富了。"穆子说："善人发财叫作赏，淫邪的人发财叫作祸患，上天将要使他遭殃。"昭公四年，庆封被楚国人杀了。以前他的父亲庆克曾诬陷鲍庄，当时庆封谋划攻打子雅、子尾，事情被发现后，子尾刺杀了庆封的儿子舍，庆封逃到吴国。这里说的子雅、子尾是齐国的公子。同一年，齐国崔姓叛乱，子雅等公子都失散了，等到庆氏灭亡后，齐王又召回了这些公子，他们都回到各自的领地。乱事结束后齐王赏给晏子邶殿的 60 个乡邑，他不接受。

子尾说："富有是人人都想得到的，你为什么偏偏不要呢？"晏子回答说："庆氏的城市多得能够满足他的欲望，而他还贪而不忍，所以灭亡了；我的城池不足以满足自己过分的欲望。不要邶殿并不是拒绝富有，而是怕失去富贵。而且富贵就像布帛有边幅，应该有所控制，使它不致落失人手。"这是说富人不能随意增加财富，否则将自取灭亡。

人富了，就容易产生骄横之心，富而不骄的人，天下很少有，富者要忍富，不能因比别人富，去欺压别人。

对于贫寒清苦的生活，有些人以为苦，而不少名士、隐士则有他们独到的见解，从中也可以看到他们把忍受清贫的生活当成一种修身养性，当成战胜人性中贪欲的一种方法。他们不以此为苦，反以此为乐。

与之相反，让自己人性中最阴暗的一面不加抑制地放纵的人，往往都像庆封一样，最终身败名裂。但偏偏这样的人层出不穷。

东汉外戚梁冀，官至大将军，掌权 20 年。他强占无数民田，洛阳近郊，到处都有他的花园和别墅。后来被抄家时，家财达 30 多亿，相当于那时全国一年租税收入的一半。另一个大宦官侯览，前后霸占民宅 380 所。他的住宅，"高楼池苑，堂阁相望"，雕梁画栋，类似皇宫。西晋大臣石崇和国舅王恺斗富。王恺用麦糖洗锅，石崇就用白蜡当柴烧。王恺用紫色丝绸做成长 40 里的步障，石崇就用织锦花缎做出更华丽的步障50里。结果，梁冀、石崇、侯览都在"八王之乱"中被处死了。

四川人安重霸，在简州做刺史，贪得无厌，不知满足。州里有个姓邓的油客，家中富有，爱好下棋。安重霸想贪他的财物，就把姓邓的传来下棋。只许他站着下，每次落一子，就要他退到窗口边，等安重霸思考好了，再让他过来，这样一天也没下几十个子。这样姓邓的站立得又饿又累，疲倦不堪。第二天再传他去下棋。有人对他说："太守本意不是下棋，你为何不送东西给他？"于是姓邓的送上三个金锭以后，再不叫他去下棋了。这种人的行为看起来让人觉得好笑，不可思议，但他们的结果往往"不好笑"，也往往在人们的意料之中。安重霸最后身首异处、他所聚敛的家财一分也没带走。这种放纵私欲，聚敛财富，恃权骄奢的人，其实是在进行一场人生的冒险游戏。最终于人于己，皆为不利，并且没有任何积极的意义。

"人是自私的动物"，这句话没错。任何人都必须承认自己和他人的自私性，也必须承认为自己谋求利益的合理合法性。但这些都必须是有限度的，在古代，"度"是人性容忍的底线，在今天，"度"就是法律的范围。否则，一旦人的私欲决堤泛滥，以致侵害到别人，甚至严重触犯法度，那么，必然会遭到怨恨和惩处。古往今来因私欲太盛而招致祸患的例子，不胜枚举。这种教训是值得人们在现实中引以为戒的。

遵义章第五

用错方法会陷自己于被动境地

　　"义"不仅是一个人修养的内在体现，在黄石公看来，更是一种做人做事的方法和准则。那么，怎样去做才算"义"呢？最基本的一点就是：在达到自己目的的同时，绝对不能给他人带来伤害，无论是精神上的还是肉体上的。如果用了错误的方式去做事，违背了"义"的准则，那么结果就会使自己陷于被动的境地。

1

对下属也要留一手

【原典】

以明示下者暗。

【张氏注曰】

圣贤之道，内明外晦。惟不足于明者，以明示下，乃其所以也。

【王氏点评】

才学虽高，不能修于德行；逞己聪明，恣意行于奸狡，能责人之小过，不改自己之狂为，岂不暗者哉？

【译释】

在部下面前显示高明，一定会遭到愚弄。

"话到嘴边留半句，不可全抛一片心"，为人处世如此，对待下属也是如此，不要让他们过早地知道自己有多么强大，要懂得隐藏。

老子在《道德经》中说"兵强则灭，木强则折"，其原因就是因为锋芒过露。他认为"强大处下"，而"柔弱处上"——为人处世应该善于隐匿自己的锋芒，才能让自己永远不居"下风"。

能成大事的人在做一件大事之前，都将真实的自己置身于暗处（将才能、智慧隐藏起来），为了观察明亮处其他人的行动，自己保持静默从而细心观察别人的动作。这样所有人的内外情形就都真实地展现在自己眼前，这件事自然能成。

解读

隐藏实力以图一鸣惊人

古代就有许多人深知隐藏实力的处世做事之道。楚庄王的"不鸣则已，一鸣惊人"的举动，正是悟透了这一智慧而为的。

春秋战国时期，楚庄王即位伊始，便受到内外的瞩目，因为他的祖父、父亲两代国王都很有作为。楚国上下希望他能继承父、祖遗志，开疆拓土，使楚国更加强盛；而邻近的小国则是战战兢兢，危不自安，甚至连中原的大国秦、晋也都密切注意楚国的动向。

然而出人意料的是，楚庄王即位后，根本不理国政，每日里不是在宫中听音乐，饮美酒，与妃妾们寻欢作乐，便是率领卫士于深山大泽打猎，一副标准的荒淫无度的国王形象。

楚国的大臣们自然不甘心楚国前两代国王奋斗的成果就此毁灭，纷纷入宫劝谏，楚庄王置之不理，我行我素。后来听得烦了，干脆在王宫外立一道牌子，上写：敢入谏者死。严令之下，楚国的大臣们大概觉得还是保命要紧，真的没人敢再劝谏了。

楚庄王日以继夜，荒淫不已，一连持续了三年。国王不理朝政，下面自然乱作一团：权臣们借机树党争权，谄谀小人们则逢迎拍马，捞取官职，贪官们更是浑水摸鱼，中饱私囊。楚国的政治一下子陷入了混乱无序的状态，而忠臣贤良只有扼腕叹息的份儿了。

楚国的大夫伍举实在忍不住了。他决定入宫进谏，不过他也不愿意拿自己的头往刀刃上撞，于是想出了一个巧妙的方法。

他入宫见到楚王时，楚庄王正左搂郑姬，右拥越女，一边喝着美酒，一边听乐师们奏乐。见到伍举，楚庄王问道："大夫是想喝美酒，还是要听音乐？"

伍举笑道："臣既不想喝酒，也不想听音乐，而是听人们说大王智慧过人，所以想请大王猜个谜语。"

楚庄王知道伍举是要借机进谏，但既然伍举没明说，自己也不点破。伍举便说道："在楚国的一座高山上，停落一只大鸟，它羽毛五彩缤纷，异常华丽，可是三年来它既不鸣叫，也不飞走，臣实在不明白其中的原因。"

楚庄王沉思片刻，说道："这不是一只平凡的鸟，它三年不鸣，是在积蓄自己的力量；三年不飞，是等待看清方向。这只鸟不鸣则已，一鸣惊人；不飞则已，一飞冲天。你去吧，你的意思我都明白了。"

伍举听完楚庄王的解释后异常兴奋，他出宫后告诉自己的好友，同是楚国大夫的苏从，他说国王是很有头脑的人，他是在等待时机，而绝不是一个沉溺酒色的荒淫君主，看来楚国还是大有希望。

几个月过去了，楚庄王不但没有丝毫改变，反而更加荒淫无度，苏从感到受了骗，他全无顾忌，舍身直闯王宫，直言进谏："您身为国王，不理国政，只知道享受声色犬马之乐，却不知道乐在眼前，忧在不远，不久就会民众叛于内，敌国攻于外，楚国离灭亡不远了。"

楚庄王勃然大怒，拔出长剑，指着苏从的鼻尖，厉声叱道："大夫不知道寡人的禁令吗？难道你不怕死吗？"

苏从凛然正色道："假如我的死能让君王悔悟，能让楚国富强，我的死就是值得的。"

楚庄王看了苏从半晌，忽然扔下长剑，双手抱住苏从，感慨道："我等的就是大夫这样忠于国家，不怕死的栋梁。"他挥手斥退歌男舞女，与苏从谈论起楚国的政务了。苏从这才惊异地发现：国王对国家上下了解得比自己还要多。

楚庄王随后发布一系列政令，把那些权臣政客、诡谀小人、贪官和不称职的官员该杀的杀，该罢职的罢职；把那些包括伍举、苏从在内的忠于国家、有才能、刚直不阿的人提拔上来。一番调整重组后，楚国的政治从贪浊混乱变得清明而富有活力。

楚庄王待国内基础巩固后，不仅继续开疆拓土，平定了周围附属小国的背叛，而且挺进中原，夺得了霸主地位，成为历史上著名的"春秋五霸"之一。

楚庄王即位时，楚国的情况表面上看来不错，但实际上却有隐忧——在当时，国内权臣夺利，小人充斥，群臣良莠不齐，忠奸难辨。他就故意收敛自己的锋芒，将真实的自己隐匿起来，装扮成一个荒淫君主的形象，这样不仅解除了周围国家对自己的戒心，更消除了群臣的顾忌，让他们尽情施展自己的手段，露出自己的庐山真面目。在苦等三年，摸清了所有的情况后，猝然施展霹雳手段，将楚国政治振刷一新，这才是真正的人生智慧。

将自己藏起来，并非让我们一声不响默默无闻。而是让自己在这种不被关注的情况下，去发现那些隐藏在表面现象之中的本质问题，然后再实行具体的措施，达到"一鸣惊人"的效果。这就是一种"柔弱处上"的人生哲学。

2

知错就改迷途知返

【原典】

有过不知者蔽，迷而不返者惑。

【张氏注曰】

圣人无过可知；贤人之过，造形而悟；有过不知，其愚蔽甚矣！迷于酒者，不知其伐吾性也。迷于色者，不知其伐吾命也。迷于利者，不知其伐吾志也。人本无迷，惑者自迷之矣！

【王氏点评】

不行仁义，及为邪恶之非；身有大过，不能自知而不改。如隋炀帝不仁无道，杀坏忠良，苦害万民为是，执迷心意不省，天下荒乱，身丧国亡之患。日月虽明，云雾遮而不见；君子虽贤，物欲迷而所暗。君子之道，知而必改；小人之非，迷无所知。若不点检自己所行之善恶，鉴察平日所行之是非，必然昏乱、迷惑。

【译释】

有过错而不能自知的人，一定会受到蒙蔽，走入迷途而不知返回正道的人，一定是神志惑乱。

孔子在处理过失和改过的关系方面，强调改过，他把道德修养过程也看作是改过迁善的过程。孔子说："丘有幸，苟有过，人必知之。"他承认自己犯有过错，并认为过错被别人所了解，是自己的有幸。他反对有人对过错采取不承认的态度，"小人之过也必文"，文过饰非，把过错掩盖起来，这是不对的。他还说，"君子之过也，如日月之食焉。过也，人皆见之，更也，人皆仰之。"他认为君子的过错，好比日蚀和月蚀；他有过错，人人都看得见，他改正了，人人都仰望他尊敬他。孔子提出"过则勿惮改"的要求，还说："过而不改，是谓过矣，不善不能改，是吾忧也。"

要正确对待自己的过错，也要正确对待别人的过错，要容许别人犯错误，对别人过去的错误采取谅解的态度。孔子提出的"既往不咎"，就是对已经过去的事不要责备了，着重看现在的表现。

黄石公要人知过、改过的思想，涉及人犯错误的必然性以及人如何对待自己的错误和改正错误的问题，还涉及如何对待别人的批评和如何对待别人的错误的问题，这些思想与经验，对我们今天仍有启发意义。

解　读

犯错不要紧只要能改过

我们经常会犯一些低级错误，我们也常常因此失去很多宝贵的东西。但我们可以抽出时间总结过去，只是不要再追悔过去，因为眼前的路还是要走的。

陶渊明说："实迷途其未远，觉今是而昨非。"我们今天觉得昨天犯了错误，说明在错误的道路上走得还不算远，一切都还来得及。如果到快要进棺材时才发现自己错了，只能用自己的经历去警示后人了。如果有错而不去改正，就如孔子所说："过而不改，是谓过矣！"

每个人都会犯错误，人就是在犯错误和不断改正错误的过程中成长起来的。对错误的理解和认识不同，对待错误的态度也会不同，当然结果也会大相径庭。普通人会犯错误，受人尊敬的君子也会犯错误，但千万不要用新的错误去掩盖旧的错误。

伴随人生的很多事情要有序地、平行运行，如学习、工作、恋爱、结婚、养育子女、赡养老人、结交朋友、帮助亲友，还有为社会尽应尽的义务等。每一项事情在人生中都有一个合理的时间和空间，人有时候犯错误就是将这些问题弄错了顺序、用错了时间和空间。一般意义上的错误就是越位和错位，更大意义上的错误就是把事情的比例搞错了。有些重要的事情既不能错位也不能越位，如果你在应当学习的时间谈恋爱，你是越位；如果你在结婚以后再去谈情说爱你一定是错位。例如，在该学习的时候去谈恋爱本是一般性的错误，如果你用90％的精力去学习，用10％的精力去谈情说爱，还不至于妨碍你今后的发展；反过来，用90％的精力去谈情说爱，用10％的精力去学习，你肯定就犯了大错误。

世上没有不犯错误的人，工作中也会出现这样的缺点或那样的问题，这是在所难免的，毕竟"人非圣贤，孰能无过"，更何况即便是圣人也会有犯错误的时候。因此一个人有这样的不足或那样的错误，是正常的，这些并不可怕，可怕的是自己没有意识到，又没有人及时指出，犯错还不知道；可怕的是讳疾忌医，不认真解决问题，而是遮掩问题。事实上，人们往往最疏于防范的是"小恶"，一些错误言行在微小、萌芽状态时不易被人重视，结果从量变到质变，"问题不大"的错误使人越滑越远，"小洞不补，大洞吃苦"，致使积重难返，深陷泥潭而不能自拔。

谨防祸从口出

【原典】

以言取怨者祸。

【张氏注曰】

行而言之，则机在我，而祸在人；言而不行，则机在人，而祸在我。

【王氏点评】

守法奉公，理合自宜；职居官位，名正言顺。合谏不谏，合说不说，难以成功。若事不干己，别人善恶休议论；不合说，若强说，招惹怨怪，必伤其身。

【译释】

出言不逊而招致怨恨，其给自己带来的祸害也是在所难免的。

语言是交流思想感情的工具，没有语言，也就没有人类的发展。人们在交往中，没有语言做桥梁，就无法沟通，也就一事无成。但是语言能成事，也能坏事，所以古人认为凡事少说为妙。不是不说话，而是该说的要说，不该说的不说，要考虑好了再说，否则一言有失，即酿大祸。忍言慎语，首先便是要戒伤人的恶语，荀子说："伤人之言，深于矛戟。"意思是说，伤害别人的语言，比用尖锐的长矛和战戟刺伤人的肉体还要厉害。戒伤人之恶言，是改善人际关系，与别人和睦相处的重要法则。

解 读

说话莫伤人心

说话伤人心莫过于当众揭人短。

短处，人人都有，有的可能自己心里也很清楚，可是由别人嘴里说出来就让人不舒服。俗话说：打人不打脸，骂人不揭短。没有一个人愿意让别人攻击自己的短处。若不分青红皂白，一味说对方的短处，很容易引发唇枪舌剑，两败俱伤。

"当着矬子不说矮话"，是告诫人们在说话时不要伤他人自尊的意思。人生在世，各有所长，各有所短。若以己之长，较人之短，则会目中无人；若以己之短，较人之长，则会失去自信。这也是说话时尤其要注意的一点。

令出如山　执法必严

【原典】

令与心乖者废，后令缪前者毁。

【张氏注曰】

心以出令，令以心行。号令不一，心无信而事毁弃矣！

【王氏点评】

掌兵领众，治国安民，施设威权，出一时之号令。口出之言，心不随行，人不委信，难成大事，后必废亡。号令行于威权，赏罚明于功罪，号令既定，众皆信惧，赏罚从公，无不悦服。所行号令，前后不一，自相违毁，人不听信，功业难成。

【译释】

颁布法令不可随心所欲，号令不一，后令与前令自相矛盾，让下属无所适从，这样下去，事业会荒废，已有的成就也会毁掉。

法，律也，范也，乃指人们社会活动的行为准则。峻法，即指法律的严厉，法律的威严。治国不能不讲法，人人遵纪守法是实现国泰民安的重要基础。

梁启超在总结历史的经验后指出："立法善者，中人之性可以贤，中人之才可以智。不善者反是，塞其耳目使之愚，缚其手足而驱之为不肖，故一旦有事，而无一人可以为用也。"也就是说，立法完善与否，直接影响官吏和百姓的素质，进而影响到国运的兴衰。

法是统一天下人行动的准绳，是维护社会公正和安定的工具，所以，一国之君在执法时，也应该是"我喜可抑，我忿可窒，我法不可离也。骨肉可刑，亲戚可灭，至法不可阙也"。意思是：个人的喜好，怨恨可以抑制、平息，而国家的大法不可背离。骨肉可以处罚，亲戚可以诛灭，但国家大法不可损害。

解 读

下令不可随意 执行一定严格

立法的好坏，执行的好坏，与当政者是有密切关系的。

如果有好的法律但不能得到贯彻执行，那与无法也是一样的。法律的作用，不只是惩处那些已经犯罪的人，同时对未犯罪者也是一种预防和教育。严于执法体现了法律的正义和威严，而预防和教育则体现了法律的仁德。"有法必依，违法必究"说起来容易，做起来难。难在哪里？一是权与法的关系难以摆正，二是情与法的矛盾难以处理。这两个问题是实行法的两只"拦路虎"。只要狠心处理违法者，法律是不难得到贯彻执行的。

宋太宗时期，有个叫陈利用的人，倚仗其是皇帝的红人，胡作非为，杀人害命。宰相赵普不顾皇帝的讲情、干预，硬是将陈利用处死。明朝开国皇帝朱元璋的女婿犯罪以后，被朱元璋赐死。从以上两例看出，在实行法治的过程中，尽责执法是绝不可含糊的。

商场如战场，管企业也如同治军。治军讲究为将者一言九鼎，让士兵感到军令如山，没有讨价还价的余地，这才是一个大将所应有的魄力。在企业中，管理者就是将军，一定要拿出将军的魄力去向员工传达自己的意识，做到下令不随便，令出要如山。

在企业管理中，需要注意的是，该命令时不可犹豫，而不该命令时也不能随便下令。作为一名领导，最忌讳的就是滥发命令。随意施令将会大大损害你的领导威信。这也是命令，那也是命令，不分青红皂白，不辨明暗是非，结果只会使你的属下产生反感，他们就会把你的命令看轻，甚至不屑一顾，不遵照执行，如此，你的威信就一落千丈。

现代的西方电影当中就时常出现随意滥发命令的老板形象。他们那些不假思索的粗鲁做法，给很多的人造成了一些不好的影响。有些管理者觉得那样很气派，所以就竞相模仿，结果可想而知，误入歧途。

有这样一种说法：领导权越大，地位越高的人，越是不会随意地发号施令。情况可能就是这样的，因为大领导们知道自己命令的重要性，是不可滥施的，而有些职权并不是很大的小领导们，好像是为了过足领导的瘾，到处乱发命令，指挥别人做这做那，要求别人遵照执行，在他所领导的小范围内出尽了风头。这样的领导是"兔子尾巴长不了"，不会得到下属的尊敬的。

作为一名管理者，如果习惯于随意滥下命令，那将会造成许多不好的后果。只会使用命令来领导别人的人，绝不会成为一名杰出的管理者。这种随便滥用命令的管理者将会失去属下的民心，得不到属下的支持和拥护，注定会失败。

当你下达命令之后，可能还会有些人故意不听号令，他们或许是性情乖戾的员工，或者是与你同期进企业的同事，也可能是比你年长的员工。这时，不管是什么人，你都必须毫不犹豫地拿他"开刀"，否则有令不行将是常有的事！

另外，在工作中也要注意，总有一些员工心怀叵测，在你下命令时故意装作不明不白。对付这些人，你必须始终抱着一个原则：令出如山，不可动摇！只有这样，你才能在下属当中树立起领导应有的绝对权威！

当然，在现实生活中，并非一切都很顺利，有些时候也会遇到阻碍而无法达到预期的工作目标。比如，没有按你的命令达到预期的营业额，经费超出预算，拿不到预约的原料，无法在约定期限内交货，无法回收成本，等等；或许你也可能听过员工的埋怨："这很难办呢！""请再多宽限几天。""我已经尽力了。"处理此类问题的基本原则是，你不可轻易地与员工妥协。虽然达成目标并非易事，然而若每次皆延迟进度，重新修正，最后任务的内容就变得含混不清。此时你需要坚定地重复你的命令，并大声地激励对方："不要净说些丧气的话，努力去做看看！"

在这样鼓励与责备共存的命令面前，大多数员工都会奉命行事，并在工作中发挥最大的潜力，让你的命令真正地得到贯彻实施。对于那些拒不从令的员工，你只能动用"军法"处置，记住，他们挑战的不仅仅是你的命令，更是你的权威。

树立权威是一门大学问

【原典】

怒而无威者犯。

【张氏注曰】

文王不大声以色，四国畏之。故孔子曰：不怒而威于斧钺。

【王氏点评】

心若公正，其怒无私，事不轻为，其为难犯。为官之人，掌管法度、纲纪，不合喜休喜，不合怒休怒，喜怒不常，心无主宰；威权不立，人无惧怕之心，虽怒无威，终须违犯。

【译释】

只知道发怒，而不知道如何树立权威，一定会受到下属的侵犯。这种做法违反了管人用人最基本的法则。

领导与下属之间是一种权力差别的关系，权力是维系这种关系的基础。对于领导与下属来说，权力也是一个敏感的问题。权力就意味着权威，领导必须树立这种权威，下属也得在这个权威笼罩下的空间中支配自己的各项活动。这就形成了一个矛盾，其焦点在领导与下属间移动，而支配权在领导一方。所以，为了更有效地运用权力，对于权威的理解和树立是很关键的。

树立权威不全在"威"

员工最喜欢什么样的管理者？从人之常性角度而言，当然是那些平易近人、心慈手软的上司，或者是关心员工需求、秉公办事的领导。

员工工作时的自由度很高，到领钱的时候又收获颇丰，这样的头儿谁不喜欢？但客观地说，管理者不是幼儿园的阿姨，不能仅仅去讨员工的欢心，更重要的是，要为企业创效益，这才是管理者最大的职责。如果你一味地求慈寻义，只会宠出员工们的怠慢之心，致使整个企业人浮于事，企业的生存与发展又从何谈起？有句古语叫作"慈不掌兵，义不守财"，说的就是这个意思。

《孙子兵法》有言："厚而不能使，爱而不能令，乱而不能治，譬如骄子，不可用也。"可见，掌兵不是不能有仁爱之心，而是不宜仁慈过度。如果当严不严、心慈手软，姑息迁就、失之于宽，乃至"不能使"、"不能令"，当然就不能掌兵。

《左传》记载：孙武去见吴王阖闾，与他谈论带兵打仗之事，说得头头是道。吴王心想，"纸上谈兵管什么用，让我来考考他。"便出了个难题，让孙武替他训练姬妃宫女。孙武挑选了一百个宫女，让吴王的两个宠姬担任队长。

孙武将列队练兵的要领讲得清清楚楚，但正式喊口令时，这些女人笑作一堆，乱作一团，谁也不听他的。孙武再次讲解了要领，并要两个队长以身作则。但他一喊口令，宫女们还是满不在乎，两个当队长的宠姬更是笑弯了腰。孙武严厉地说道，"这里是演武场，不是王宫；你们现在是军人，不是宫女；我的口令就是军令，不是玩笑。你们不按口令训练，两个队长带头不听指挥，这就是公然违反军法，理当斩首！"说完，便叫武士将两个宠姬杀了。

场上顿时肃静，宫女们吓得都不敢出声，当孙武再喊口令时，她们步调整齐，动作规范，真正成了训练有素的军人。

在企业中，孙武所遇到的这种情况也屡见不鲜。管理者也应该像孙武一样，用一些有力的手段来压住企业自由散漫的风气，让员工对你的权威不敢小视，这样才能有效地管好员工，管好企业。

6

用人者不可当众辱人

【原典】

好众辱人者殃，戮辱所任者危。

【张氏注曰】

己欲沽直名而置人于有过之地，取殃之道也！人之云亡，危亦随之。

【王氏点评】

言虽忠直伤人主，怨事不干己，多管有怪；不干自己勾当，他人闲事休管。逞著聪明，口能舌辩，伦人善恶，说人过失，揭人短处，对众羞辱；心生怪怨，人若怪怨，恐伤人之祸殃。人有大过，加以重刑；后若任用，必生危亡。有罪之人，责罚之后，若再委用，心生疑惧。如韩信有十件大功，汉王封为齐王，信怀忧惧，身不自安；心有异志，高祖生疑，不免未央之患；高祖先谋，危于信矣。

【译释】

喜欢当众责备侮辱他人的人早晚要遭殃，苛求责难委以重任的人更加危险。

用人之道最忌讳的是激起下属的怨恨，而有些不高明的领导者却偏偏喜欢在这个问题上和下属过不去，动不动就当众指责他们，有一点小过错就大做文章，这样的领导者迟早要遭殃的。

解 读

少一些斥责多一些宽容

孔子说："凡事多责备自己而少责备别人，就可以避开怨恨了。"做人要宽容一点，要允许别人犯错误，宽容自会得到回报。尤其是做领导的，如果能宽恕下属的一些小错误，下属往往会加倍努力，做得更好，并寻找机会证明自己的能力。

春秋时，楚庄王有一次和群臣宴饮，当时是晚上，大殿里点着灯，正当大家喝得酣畅之际，突然一阵风把灯烛吹灭了。这时，庄王身边的美姬"啊"地叫了一声，庄王问："怎么回事啊？"美姬对庄王说："大王，刚才有人非礼我。那人趁着烛灭，牵拉我的衣襟。我扯断了他帽子上的系缨，现在还拿着，赶快点灯，抓住这个断缨的人。"

庄王听了，说："是我赏赐大家喝酒，酒喝多了，有人难免会做些出格的事，没啥大不了的。"于是命令左右的人说："今天大家和我一起喝酒，如果不扯断系缨，说明他没有尽兴。"群臣一百多人马上都扯断了系缨而热情高昂地饮酒，尽欢而散。

过了三年，楚国与晋国打仗，有一位将军常常冲在前边，勇猛无敌。战斗胜利后，庄王感到惊奇，忍不住问他："我平时对你并没有特别的恩惠，你打仗时为何这样卖力呢？"他回答说："我就是那天夜里被扯断了系缨的人。"

还有一个故事。春秋时秦穆公的一匹良马被岐下三百多个乡下人偷着宰杀吃了。秦国的官吏捕捉到他们，打算严加惩处。秦穆公说："我不能因为一匹牲畜就使三百多人受到伤害。听说吃了良马肉，如果不喝酒，对身体会有害。赏他们酒喝，然后全放了吧。"

后来，秦国和晋国在韩原交战。这三百多人闻讯后都奔赴战场帮助秦军。正巧穆公的战车陷入重围，形势十分险恶。这些乡下人便高举武器，争先恐后地冲上去与晋军死战，以报答穆公的食马之德。晋军的包围被冲散，穆公终于脱险。

汉代的丙吉任丞相时，他的一个驾车小吏喜欢饮酒，有一次他随丙吉外出，竟然醉得吐在丙吉的车上。丙吉属下的主吏报告说，应该把这种人撵走。丙吉听到这种意见后说："如果以喝醉酒的过失就把人撵出去，那么让这样的人到何处安身？暂且容忍他这一次的过失吧，毕竟只是把车上的垫子弄脏了而已。"

这个驾车小吏来自边疆，对边塞在紧急情况下的报警事务比较熟悉。他有一天外出，正好遇见驿站的骑兵手持红白两色的袋子飞驰而来，便知道是边郡报警的公文到了。到了城中，这个驾车小吏就尾随着驿站骑兵到公车署（汉代京都负责接待臣民上书、征召和边郡使者入朝的机构）打探详情，了解到敌虏入侵云中、代郡两地，急忙回来求见丙吉，向他报告了有关情况，并且说："恐怕敌虏所入侵地区的地方官员因年迈病弱，反应不灵，不能胜任军事行动了。建议您预先了解一下有关官吏的档案材料，以备皇上询问。"丙吉认为他讲得很有道理，就让管档案的官吏把有关材料详细报来。

不久，皇上下诏召见丞相和御史，询问敌虏入侵地区的主管官员的情况。丙吉一一做了回答。而御史大夫陡然之间不知详情，无法应对，因此受到皇上的斥责。丙吉显得非常忠于职守，时时详察边地军政情形，实际上这是得益于驾车小吏！

容忍他人的过失，对方会以自己的一技之长来感谢；而责备只会让人徒增怨恨。被宽容者往往把感恩之情压在心底，一旦能让其发挥长处时，他必定竭尽所能地报答。由此看来，那些刻意寻求他人过错、动辄对人大声责骂的人，岂不是太愚蠢了吗？

关于立身处世的道理，自古以来的圣贤都认为，要严以律己，宽以待人。严以律己，可以不断提高自己的修养水平；宽以待人，则不但可以赢得尊敬和友谊，还能尽量不得罪人，不为将来埋下隐患。凡事多为别人设身处地地想一想，从而不对犯了可原谅的错的人责备，既能使对方知错而改，又会对你心怀感激，欲以回报。这实在是一种为人处世的大智慧。

7

对你所敬仰之人不可怠慢

【原典】

慢其所敬者凶。

【张氏注曰】

以长幼而言，则齿也；以朝廷而言，则爵也；以贤愚而言，则德也。三者皆可敬，而外敬则齿也、爵也，内敬则德也。

【王氏点评】

心生喜庆，常行敬重之礼；意若憎嫌，必有疏慢之情。常恭敬事上，怠慢之后，必有疑怪之心。聪明之人，见怠慢模样，疑怪动静，便可回避，免遭凶险之祸。

【详释】

聪明者绝不会怠慢身边的人，特别是自己有所敬仰的人，因为他们知道，这样做于己于人都没有什么好处。

逢庙烧香，见佛磕头，这是在古代很流行的处世准则。一方面，这是出于礼数，出于自己德行的修养；另一方面，因为你不知道哪片云彩会下雨，万一冒犯了深藏不露的人，那么你就等着后悔去吧。

解 读

领导者要时时给别人以"礼贤下士"的感觉

三国时代人才辈出。人们谈论三国时常说："曹操挟天子以令诸侯，占了天时；孙权雄踞江东，占了地利；刘备既无天时也无地利，靠的是人和。"

确实如此。论个人才干，刘备并非一流人物。他的才能极其平常，但却成就了一番大事业。他靠的不是个人才干，而是得益于众多的成名人物聚集在他周围，如诸葛亮、庞统、徐庶、关羽、张飞、赵云、马超、黄忠等。刘备靠这些人的力量而崛起并雄霸一方，建立了蜀国，成为了千古风流人物。

"远得人心，近得民望"，是刘备成功的一个重要方面。他所表现出来的个人品德具有非凡的感召力，如果没有这种潜在的道德形象与道德感染力，刘备不可能创立蜀国。

刘备善于知人，能够礼贤下士，对人才能推心置腹，始终信任。这是他能够团结众多人才的重要保证。

刘备在遇到诸葛亮之前，一直屈身守分，以待天进。他自打参加镇压黄巾军以来，一直没有自己固定的地盘，没有多少兵力，更没有政治势力，总是辗转于他人门下，先后跟从公孙瓒、陶谦、曹操、袁绍、刘表等人，四处奔波劳碌，一无所成。

刘备暂依刘表时，得遇司马徽。司马徽问刘备："吾久闻明公大名，何故至今犹落魄不偶耶？"刘备说："命途多塞，所以至此。"司马徽说："不是这样。只是因为将军左右不得其人。"随后，司马徽向刘备举荐诸葛亮。于是刘备决定亲自去请。

刘备同关羽、张飞来到隆中，直奔卧龙岗，找到几间茅房。刘备下马敲门，一位小书童出来答话。刘备说："刘备前来拜见卧龙先生。"小书童说："先生不在家，一早就出门了。"刘备问："往哪儿了？"小书童说："踪迹不定，我不知道他上哪儿。"刘备再问："什么时候回来？"小书童不耐烦了："我不知道。"刘备只得请小书童转告诸葛亮，率关、张离开卧龙岗。

几天后，刘备派人打听到诸葛亮已回，便决定再次拜访。这天寒风刺骨，下着大雪。张飞不耐烦了，不愿意去见诸葛亮。刘备耐心解释："我正要让诸葛亮和天下众人知道我殷勤之心。"三人顶风冒雪，来到卧龙岗，可惜诸葛亮外出会友去了。刘备只得快快而返。

又过了些日子，刘备决定三访诸葛亮，关羽、张飞反对，刘备耐心解释，他们才同意一起去拜访诸葛亮。

诸葛亮被刘备的诚意所打动，迎接刘备进屋，询问刘备多次来访的意图。刘备说："汉朝衰败，奸臣窃取政权。我不自量力，但只想为天下伸张正义，完成统一大业，恢复汉朝统治。过去我因智谋短浅，无所成就。希望你启迪我，筹划大业。"诸葛亮随即说出具有决定历史进程的一段话。他首先分析了曹操和孙权的情况。接着，他又分析荆州刘表和益州刘璋的情况。最后，他又针对刘备说："你是皇帝的后代，信义扬于天下，你可以借助这些优势广泛招集众多的贤人名士，要思贤如渴，如果你能占据荆州、益州，在要地设防、西和诸戎、南抚彝、越，外结孙权、内修政治，一旦局势变化，你可命令一位上将率领荆州的部队向宛城进军，你亲自率大军出秦川，到那时，百姓谁不携食捧酒迎接你呢？如果真能这样，统一全国的大业就能成功。衰败的汉朝就可以复兴了。这就是我为你谋划的计策，望你采纳。"一席话说得刘备茅塞顿开。诸葛亮这一番话确立了三分天下的定势，确立了刘备的政治前景与纲领。

刘备得诸葛亮就似鱼儿得水。从此，诸葛亮鞠躬尽瘁，死而后已：博望烧屯、火烧新野、屡败曹操、舌战群儒、联孙抗曹、取得赤壁大捷、奠定三国鼎立局势……为蜀国立下汗马功劳。刘备也从此始终敬爱信任诸葛亮，临死前，把太子刘禅托付给诸葛亮。

可以说，在极大程度上，刘备礼贤下士的做法，无形之中起到了一种"形象"的作用。如果刘备不礼贤下士，不三顾茅庐，不请出诸葛亮，不但四处奔劳、一无所成，空余惆怅悲叹，而且后来也不会有那么多人才投到他的门下。

管人的最终目的是要把事情做好，为此，应该把各有所长的贤能人士请到自己的身边，给各种各样的贤才能人以必要的尊重，要能放下自己的架子，以谦卑的姿态为这些人"服务"。一旦你礼贤下士的高大形象树立起来，你所感召的不仅是这一个对象，还有得知此事的其他贤才。这样，把事业做大做强也就有了保证。

8

明辨忠奸善恶

【原典】

貌合心离者孤，亲谗远忠者亡。

【张氏注曰】

谗者，善揣摩人主之意而中之；而忠者，推逆人主之过而谏之。谗者合意多悦，而忠者逆意多怨；此子胥杀而吴亡，屈原放而楚灭是也。

【王氏点评】

赏罚不分功罪，用人不择贤愚；相会其间，虽有恭敬模样，终无内敬之心。私意于人，必起离怨；身孤力寡，不相扶助，事难成就。亲近奸邪，其国昏乱；远离忠良，不能成事。如楚平王，听信费无忌谗言，纳子妻无祥公主为后，不听上大夫伍奢苦谏，纵意狂为。亲近奸邪，疏远忠良，必有丧国、亡家之患。

【译释】

表面上对你恭恭敬敬，而私底下却对你怀恨在心，这些人对你来说是很危险的。如果你不明忠奸，亲近这些表里不一的小人，却远离甚至残害真正忠于你的人，那么，结果很有可能就是灭亡。

亲谗远忠带来的后果是不堪设想的，这样的教训也是举不胜举。可很多领导者仍然会犯这样的错误，多少小人仍然逍遥自在，多少有能力又忠心耿耿的仁人义士却不得好下场，这样的领导者是不会有善终的。

解　读

任用忠臣一定要坚定不移

　　忠臣往往被谗言所害，比如大家熟知的岳飞毁于秦桧之手，这是最高领导者的愚昧，也是其无法挽回的损失。在这里，我们不想说秦桧是多么无耻，因为已经说得太多了。我们只想告诫领导者们，多学习那些英明的当权者，在任用贤良之人时，一定要坚定不移，不要被谗言左右，不要再让悲剧重演。

　　战国时期，魏国国君魏文侯准备发兵攻打中山国（地在今河北唐县、定县一带）。有人向魏王推荐一位名叫乐羊的人，说他文武双全，领兵有方。可是也有人说乐羊的儿子乐舒正在中山国做大官，恐乐羊不肯下手。后来，魏文侯了解到乐羊曾拒绝儿子奉中山国君之命发出的邀请，并劝儿子"弃暗投明"。于是，魏文侯决定启用乐羊，让他带兵征伐中山国。乐羊率兵攻击中山国的都城，而后围而不攻。

　　几个月过去了，魏国的大臣们议论纷纷，可魏文侯充耳不闻，只是不断派人去慰问乐羊。又过了一个月，乐羊见时机成熟了便下令攻城，一举成功。乐羊带兵凯旋，魏王亲自为他接风洗尘。宴会之后，魏王送给乐羊一只箱子，让其带回家再打开。乐羊回家后打开箱子，见里面全是在攻打中山国期间一些大臣诽谤自己的奏章。乐羊十分感动，从此君臣之间更加相互信任了。

　　可以说，在魏文侯决定启用并授予乐羊兵权之后，在乐羊久围中山国都城而不攻、许多大臣煽风点火的情况下也曾经起过疑心。但是他却能够分析利害，用谨慎的思维判断并打消了心中的顾虑、一如既往地支持乐羊。因此带来了积极的结果——不仅收获了中山国，更重要的是赢得了乐羊这样一位有才能之人的心。

　　当然，现代历史上也不乏这样的人，美国前总统尼克松就是其中一个。

　　尼克松没有当上总统之前曾经与洛克菲勒两次竞争共和党总统候选人，在提名的角逐中，基辛格都是全力支持洛克菲勒而公开反对尼克松的。但是当尼克松当选总统后，不计前嫌、任人唯贤，提名基辛格担任国家安全顾问这一要职，基辛格成为其得力助手。为打开中美关系的大门，基辛格作出了不可磨灭的贡献。也是尼克松这个名字，永远地留在了中国的历史记忆之中。

贪恋女色使人昏庸

【原典】

近色远贤者昏，女谒公行者乱。

【张氏注曰】

如太平公主，韦庶人之祸是也。

【王氏点评】

重色轻贤，必有伤危之患；好奢纵欲，难免败亡之乱。如纣王宠妲己，不重忠良，苦虐（雪楷义）万民。贤臣比干、箕子、微子，数次苦谏不肯；听信怪恨谏说，比干剖腹、剜心，箕子入宫为奴，微子佯狂于市。损害忠良，疏远贤相，为事昏迷不改，致使国亡。后妃之亲，不可加于权势；内外相连，不行公正。如汉平帝，权势归于王莽，国事不委大臣。王莽乃平帝之皇丈，倚势挟权，谋害忠良，杀君篡位，侵夺天下。此为女谒公行者，招祸乱之患。

【译释】

贪恋女色而远离贤明之人，是极其愚昏的行为，让女人参与朝政更是祸乱的根源。

自古红颜多祸水，其祸并不在于女色本身，而在于当权者对女色的贪恋。贪念一起，则利令智昏，找不着北，遂即任由人摆布，结果江山难保，更要搭上身家性命。大道理谁都明白，关键就看当事者在面临诱惑时怎么做了。

解　读

色不可贪　贪者必败

　　明朝的大政治家张居正，在他所著的《权谋残卷》中说：近色而远贤臣，智者所不为也。

　　贪色之徒多是碌碌无为之愚蠢之辈，忠奸不分，庸贤不辨，凡能讨自己欢心，奉送美色者就重用之，除此之外一切都不重要。这样的人江山难保，事业也不会长久。

　　明武宗朱厚照，是明孝宗的长子，生性荒淫好色。在职期间，他曾让宦官依照京师店铺在宫中设店，让太监扮作老板、百姓，武宗则扮作富商，在其中取乐。碰到争议就叫宦官充当市正调解。在酒店中又有所谓当垆妇，供武宗淫乐。他还在西华门侧修建享乐用的豹房，日夜居于其中，命教坊乐工陪侍左右，纵情享乐。此后，武宗连宫殿也不去了。那些教坊乐工因此得到皇帝的宠幸，不可一世。

　　明武宗十分信任武将江彬，开始是由于江彬作战英勇。

　　在一次平定反叛的战斗中，江彬中了三箭，有一箭是从耳朵后面穿出，但江彬拔出箭来，继续战斗。

　　而江彬为了进一步得到皇帝的喜欢，就刻意让武宗微服出访。当然这样做的目的不是要让皇帝了解民间疾苦，而是引他到教坊寻欢作乐。

　　武宗从小长在深宫，宫里规矩太多，一直觉得没有意思。现在到了民间，感到真是风情万种，就沉迷其中，哪里还顾得上朝政。

　　江彬对皇帝说："宣府乐工中，有很多美女。不如到那里走走，既可以了解边境的情况，还可以寻寻开心，何必闷在深宫中。"

　　皇帝听了很高兴。他们就微服远行经昌平，到居庸关，传令开关。巡关御史张钦拒不奉命，持宝剑坐在关门下，说："敢言开关者斩。"

　　武宗不得已，只好返回昌平。几天后，张钦出巡白羊口，武宗急忙下令，让谷大用代替张钦，乘机出关，九月间到达宣府。

　　他们如同鱼入大海，每天出入教坊，和女人们混在一起。江彬在宣府为武宗营建镇国府第，将豹房所储珍宝和巡游途中收取的妇女纳入府中。武宗每次夜行，看见高屋大房，就驰入索取宴饮，或搜取美女。武宗日夜在府第淫乐，称为"家里"。

延绥总兵马昂被罢了官，听说皇帝来了，就把一个妹妹献给了武宗。这个妹妹不光长得漂亮，还会唱歌，骑马射箭也样样精通。武宗十分高兴。有个叫毕春的官员，妻子很美，怀了孕，还是被马昂带着江彬夺了来，皇帝一见着迷，马上就封马昂为右都督。武宗变得越来越荒淫了。一天，他到马昂的家中，要马昂把妾献给他，马昂没有答应，武宗就大怒而起。马昂害怕了，就巴结太监张忠进，请他斡旋，把自己的妾杜氏献了出来，又献

上美女四人，皇帝这才转怒为喜，升了马昂的官。

太原晋府乐工杨腾的妻子，是乐师刘良的女儿，姣美善歌，武宗见了，十分喜欢，就把她带回了宫中，称"美人"，饮食起居一定和她在一起。左右有的触怒皇上，都来托刘女，一笑而解。连江彬这样的亲信大臣，也称她为"刘娘娘"。

皇太后死的时候，武宗前去拜祭，江彬一路上抢了不少女人，竟然装了几十车，跟随皇帝，供他淫乐。

靠着和皇帝的这层关系，江彬在朝中气焰熏天，没有人能动得了他。后来由于这个昏庸的皇帝贪婪成性，社会矛盾激化，激起民众大规模的反抗，爆发了刘六、刘七农民起义；统治集团内部，朱宸濠起兵反叛，加速了明王朝的衰落。

武宗在位十六年，只活了三十一岁。

若不是因为江彬这样的宠臣兼知己，明武宗的下场就可能不会这么糟糕。

但历史不会重演，好色宠奸之人永远不会有好的下场。因为有天理在上，因为有民心做镜，所以不要对美色有任何贪婪非分之想，贪之则悔恨终生。

私心重者不可委以重任

【原典】

私人以官者浮。

【张氏注曰】

浅浮者，不足以胜名器，如牛仙客为宰相之类是也。

【王氏点评】

心里爱喜的人，多赏则物不可任；于官位委用之时，误国废事，虚浮不重，事业难成。

【译释】

自私自利的浅浮之辈是不足以被委以重任的。

老子在《道德经》中这样说过："夫唯无知，是以不我知"，他认为凡事都不能为了私利私欲而去刻意追求，而应该遵循自然法则而为，否则即便我们去刻意求私，也必不能得到满意的结果。

解 读

私心一定要加以约束

古语说："人不为己，天诛地灭。"一个人有私心是在所难免的。有的时候，你的私利或许不会妨碍他人，但在大多数情况下，对私利的无尽追逐会有害于他人，遭怨也就难免了。争取合适的私利是可以理解的，但一定要以"义"为准则，不仅要满足自己适度的生存要求，还要顾及他人的存在。对大多数人来说，完全抛弃私利是不大可能的，但是，完完全全、毫无顾忌、不择手段地追逐私利也是很不可取的。

世间之人，从古至今，从中到外，十之八九都存在一定程度的私心，只有十之一二除外，这除外的人，就成了伟人、巨人、善人，流芳百世，永垂不朽。那十之八九的人，就成为世间过客，一晃即过，成为速朽。

人的自私自利，是人的本性；人的避害趋利，是人的本能。这是无可厚非的。自私自利，避害趋利，并不危害社会、危害他人，甚或还有利于社会的进步和发展。为吃穿而奔波，为富裕而奋斗，为地位而努力，为改变环境而拼搏，为改变命运而卖命，只要手段正当，没有危害他人，有何不可？

可怕的是，世界之上，总有那么万分之一二的恶人、坏人、贪官、污吏，他们不是一般意义上的自私自利，唯利是图，而是横行乡里，鱼肉百姓，无恶不作，危害他人，危害社会。

追逐个人利益也是人类得以生存的主要基础之一。孔子并不反对这个观点，他的理想社会并不是由禁欲主义者组成。但是，孔子也敏锐地看出，如果每个人都以一己私利为基点来行事，就会产生灾难性的恶果。正是在此意义上，孔子主张："依照私利而行的人，必定会多受埋怨和怨恨。"

人生来有向往幸福、追求富贵的权利，而为了自己的权利去侵犯他人的权利就变成了罪恶。人性中有一种恶就叫作贪婪，而这贪婪就是自私自利的源泉。

因为这种自私自利，他们把他人的一切踏在了脚下，作为通向利益的桥。迫害、谋杀、诬陷……为了这种目的，他们几乎不择手段。

由此可见，虽然自私自利是人的原罪之一，应得到宽恕，但也必须加以约束。它是一种动物本能，和其他动物欲一样，如果走了极端，失了平衡，就会产生与造物目的相反的效果，反而给自身带来毁灭。载舟之水亦可覆舟。

名不副实、傲气冲天者必无善终

【原典】

凌下取胜者侵，名不胜实者耗。

【张氏注曰】

陆贽曰："名近于虚，于教为重；利近于实，于义为轻。"然则，实者所以致名，名者所以符实。名实相资，则不耗匮矣。

【王氏点评】

恃己之勇，妄取强胜之名；轻欺于人，必受凶危之害。心量不宽，事业难成；功利自取，人心不伏。霸王不用贤能，倚自强能之势，赢了汉王七十二阵，后中韩信埋伏之计，败于九里山前，丧于乌江岸上。此是强势相争，凌下取胜，反受侵夺之患。心实奸狡，假仁义而取虚名；内务贪饕，外恭勤而惑于众。朦胧上下，钓誉沽名；虽有名禄，不能久远；名不胜实，后必败亡。

【译释】

靠欺负弱者取胜不会有好名声，名不副实、骄矜傲慢不过是自欺欺人罢了。

老子的"不自矜，故长"，就是告诫人们一定要戒除傲气，才能进步、成功。

傲气，一是盛气凌人，傲慢自负，自我感觉良好，也许某一方面高人一等，优人一招，先人一步，或者并无过人之处，只是虚张声势，故弄玄虚罢了。不管属于哪一种类型的都是过高地评价自己，蔑视别人，习惯仰面朝天，居高临下，盛气凌人，若问此人为何这般德性，是自负，自以为了不起，自高自大，盈气于内，形态于表，大有老子天下第一的气势，不可一世的表现用来傲视别人。因此，傲气会使人陷入困境，进而导致失败，这方面的教训简直太多，也太深刻了。

一个"傲"字可毁掉一生英明

杨修为什么会招来杀身之祸？还不是他自恃才高、傲气太盛，他的傲气惹恼了曹操，日积月累，最终因"鸡肋"命丧黄泉。

闯王李自成率大军驰骋疆场，转战东西，其气势之浩大如排山倒海，不可遏止，可为什么最终也会惨遭失败呢？还不是因为傲气。闯王率大军进驻北京城后，张灯结彩，天天过年，结果傲气磨钝了起义军的锐气，使起义功败垂成，给后人留下了无尽的遗憾。

有傲气的人大都从个人着眼，一切从个人出发，张扬自己无视他人，以一己之私傲视万物于脚下，这时的傲气就成为羁绊个人发展、破坏群体关系的一剂毒药，它所导致的是一种唯我独尊、目空一切、自高自大的自恋情结，同时相行而生的是一种排斥他人、拒绝合作、蔑视群体、崇尚个人的排他情结，从而形成一种自恋自娱的狭隘的个人空间。

与此同时，自傲也是令人失败的根源所在。《三国演义》中的《关云长大意失荆州》一节与其说是关羽大意，还不如说是关羽的自傲更确切。

吕蒙正是抓住了关羽的这个"傲"，才故意称病让陆逊顶替位置迷惑关羽的。结果关羽果然中计，撤走了防守东吴一方的兵马、降低了对东吴兵马的预防，才使得吕蒙偷袭成功，丢掉了赖以保身的荆州，落了个败走麦城、兵败被杀的悲惨结局。

意大利哲学家阿奎那将"骄傲"列为人的七宗罪之首，而毛泽东同志也曾专门撰文强调中国共产党人需"戒骄戒躁"，都是从一定意义上说明骄傲的思想万万要不得。因此，我们也只有遵循老子"不自矜，故长"的智慧，摒除傲气，才能使自己进步，在人生的舞台上更加成功。

国画大师徐悲鸿先生曾有句名言："人不可有傲气，但不能无傲骨。"前半句很明确地告诫了我们：人不可恃才傲物、孤芳自赏——看自己一朵花，看别人豆腐渣，而应该尊重别人，不要认为别人都不如自己，那样根本无法提高自己，只能在自傲自负中一天天堕落下去。

厚己薄人不得人心

【原典】

略己而责人者不治，自厚而薄人者弃废。

【张氏注曰】

圣人常善救人而无弃人；常善救物而无弃物。自厚者，自满也。非仲尼所谓："躬自厚之厚也。"自厚而薄人，则人才将弃废矣。

【王氏点评】

功归自己，罪责他人；上无公正之明，下无信、惧之意。赞己不能为能，毁人之善为不善。功归自己，众不能治；罪责于人，事业难成。功名自取，财利己用；疏慢贤能，不任忠良，事岂能行？如吕布受困于下邳，谋将陈宫谏曰："外有大兵，内无粮草；黄河泛涨，倘若城陷，如之奈何？"吕布言曰："吾马力负千斤过水如过平地，与妻貂蝉同骑渡河有何忧哉？"侧有手将侯成听言之后，盗吕布马投于关公军士，皆散。吕布被曹操所擒，斩于白门。此是只顾自己，不顾众人，不能成功，后有丧国、败身之患。

【译释】

事情失败了只知道责备他人而不从自己身上找原因，这样的人厚己薄人，不得人心，是不足以担当重任的。

有了功劳全是自己的，有什么过失全是别人的，这样的领导没有哪个下属会喜欢。长此以往，大家都会离其而去，就算他有再大的本事，孤家寡人，孤军奋战，还能成就什么事业？

解　读

巧用"罪己术"可有效收揽人心

领导者主动承认错误、承担责任是明智而勇敢的表现，这样做不但能融洽人际关系、创造和谐氛围，而且能提高自己的威望、增进下属的信任。当然，只简单地被动认错还不够，最好能进行一定的自我批评，适时地采取一些"罪己"措施。

"罪己术"是古代帝王通过怪罪和责罚自己以取悦民众，从而达到缓和矛盾，凝聚人心的一种管人权谋术。它折射出我国古代政治文化传统的特点。

罪己的最常见的形式是"罪己诏"。"罪己诏"是古代帝王反省罪己的御用文书。论其起源，当从禹、汤开始。此后，周成王、秦穆公、汉武帝、唐德宗、宋徽宗、清世祖，都曾经颁发过罪己诏。罪己诏大多是在阶级矛盾异常尖锐、国家处在危难之时颁发的，目的是消除民怨、笼络民心，具有一定的欺骗性。但是，其中也在一定程度上包含着帝王对自身过错和失败的反省忏悔。因此，我们还是可以从中得到一点启示："禹、汤罪己，其兴也勃焉；桀、纣罪人，其亡也忽焉。"

像古代的一些帝王学习，向公众发布"罪己诏"的企业家也不在少数。

2006年6月底，TCL掌舵人李东生发表了《鹰的重生》一文。以鹰的自我蜕变作类比，阐述TCL集团要通过新一轮的创新浴火重生的决心。1997年，沈阳飞龙总裁姜伟公开发表了《总裁的20大失误》，反思自己以及企业管理层的错误，将认错进行得轰轰烈烈。

当然，罪己术的运用形式不仅仅限于所谓的"罪己诏"，采取灵活一点的方式，可以起到同样的作用，既维护了纪律，又使得自己不受惩罚。

建安三年，曹操率兵东征。此时正是农历五月，麦子收割季节。由于连年战火，许多田地都荒芜了。曹操正行军时，随着一阵阵轻风，飘来了一股股新麦的清香。原来，在队伍的前面出现了一大片黄澄澄的麦地。农夫们正忙着收割。

一看到粮食，曹操顿时产生了一种特殊的感情。他想，老百姓们辛辛苦苦大半年，眼看果实到手，倘若这大片庄稼被我的人马一路踏过，多么可惜啊，自己的军队在老百姓心中也会留下不好的印象。战争时期，人心向背和粮草都十分重要！于是，曹操立刻传令："凡是踩踏麦田者，罪当斩首！"传令兵立即将曹操的命令传达三军。

全军上下，人人都小心翼翼，因为他们深知曹操的为人，不要因为踩踏一撮麦子而丢失了性命。所以，士兵们行走时，都离麦田远远的，骑兵们害怕马一时失蹄狂奔乱窜，也都纷纷下马，用手牵着马走。队伍在麦田边缓缓地向前移动着。

正在忙于收割的黎民百姓们，对这支纪律严明、秋毫无犯的军队投去了感激的目光。不少人说道："老天保佑你打胜仗！老天保佑曹将军！"

曹操见到这种场面，内心里不亚于打了一个大胜仗那样高兴。他坐在马背上，被眼前的场面所陶醉，想不到一句号令，就赢来了老百姓对他这么高的赞誉。

事情往往就是这样凑巧，正当曹操得意忘形之时，"嗖"的一声，一只大野兔从麦田里窜了出来，穿过路面，跑到了另一块田里。曹操此时正坐在马背上得意，他的马匹被这么一惊，犹如脱了缰的野马，一下子窜进麦田几丈远，差点把曹操给摔下马来。等到曹操回过神来勒紧缰绳时，一大片庄稼已被踩坏了。

面对眼前这一意外的突发事件，大家都惊呆了。曹操虽然久经沙场，但面对此景也一时无措。曹操感到事情很是棘手，于是，大声地说："我定的军规，我自己违犯了，请主簿（秘书）给我定罪吧！"

曹操，反应真是敏捷，他明明知道自己犯了死罪，但他却不说，而是让主簿去解这道难题，把球扔给了下属。这样，他就可以为自己的解脱找一个台阶。

主簿听了曹操的话后，心有灵犀一点通，便大声对曹操及大家说道："依照《春秋》之义，为尊得讳，法不加重。将军不必介意此等小事。"旁边的一些军士也跟着附和道："主簿说得对。"

曹操听了，心里当然十分舒服，但他还是一本正经地说："军令是我制定的，怎么能被我自己破坏呢？"接着，又像是自言自语地感叹道："唉，谁让我是主帅呢！我一死，也就没人带你们去打仗了，皇上那里也交不了差呀！"众人忙说："是呀，是呀，请将军以社稷为重啊！"

曹操见大家已经彻底地倒向他了，便说："这样吧，我割下自己的头发来代替我的头颅吧！"于是，拔剑割下一缕头发，交给传令兵告示三军。

这次事件，也是"权术之王"的一次精彩表演。曹操并不假借客观原因为自己开脱，而是用自己之发来严明军纪，以达到使民心归服的目的。这样的权谋术无论从主观意图看，还是从客观效果看，都是好的，也强化了曹操"言必信，行必果"且严于律己的主帅形象。曹操这样做，既维护了他制定的军令，同时又给老百姓及下属留下一个良好的印象，还保住了他的脑袋，可谓一石三鸟。

我们从曹操身上可以学到，领导要维护自己的形象就必须坚持原则，即做领导的首先要遵纪守法；如有意外情况发生则需在不破坏原则的前提下，灵活地去处理。

别因为一点过失就彻底否定人的才能

【原典】

以过弃功者损。

【张氏注曰】

措置失宜，群情隔息；阿谀并进，私徇并行。

【王氏点评】

曾立功业，委之重权；勿以责于小过，恐有惟失；抚之以政，切莫弃于大功，以小弃大。否则，验功恕过，则可求其小过而弃大功，人心不服，必损其身。

【译释】

曾经功勋卓著，因为一次小小的过失，就把所有的功业都抹去，从此弃之不用，这是在以小弃大，必导致人心不服，是用人的大忌。

尚贤用贤是我们优秀的民族传统。孔子的治国方略是"先有司，赦小过，举贤才。"

"赦小过"，就是宽容别人的小过失，以换取人心，体现胸襟，实施感恩。但对待小过不是视而不见，而是间接提醒却不深究。部属犯了错，既要让其知道你能明察，又让他感激你不计较的恩德，不失为治病救人之举。

"赦小过"的主要作用就在于调动一切积极因素，团结一切可以团结的力量。当然，这也包括那些曾经犯过错误但愿意改正的人。俗话说："金无足赤，人无完人。"如果你事事求全责备，就好像眼睛里揉沙子那样，紧抓住别人的缺点和错误不放，下属一定会认为你心胸狭窄。因此，做领导的一定要原谅部下的小过失。

解 读

任用人才必须不拘一格

管仲是我国古代著名的治国贤才，他本是齐桓公的对手公子小白的师傅。但齐桓公不计前嫌仍然重用管仲，终于把齐国治理得强盛起来。管仲的到来，使得齐桓公十分注重有才干的人，他深知人才对于一个国家的重要性。他想，齐国只有一个管仲还远远不够，还需要有更多像管仲这样的人才才行。

一个领导者如果真心求贤，就必须有诚意，礼贤下士，以宽广的胸怀接纳人才，不管他以前做过什么。

刘备三请诸葛亮出山相助就足以让一些现代的领导者效法。诸葛亮胸怀伟略，卧居隆中，声明远播。刘备和曹操几乎同时听说了诸葛亮的大名。据野史记载，曹操比刘备更早一步来请诸葛亮，但最后却是刘备得偿所愿，而曹操却失之交臂，其原因就是：刘备能够礼贤下士，三顾茅庐，而曹操却只派出莽将夏侯以势相逼，以祸相胁。

曹操幕下谋士如云，猛将如雨，但最终也没有在其有生之年一统天下；刘备将寡兵微，地少人稀，却能维持局面几十年而不倒，其主要差别就在于：曹操心胸狭窄，生性多疑，不能公平地任用人才，他手下几乎都是曹氏家族和夏氏家族的人；刘备一直能平等地对待和恰当地使用荆襄、巴蜀两大集团中的精英分子。

清末名臣曾国藩颇具容人之量，很会用人所长。其幕府之中，人才济济，文武兼备。当时，李鸿章是一个好喝懒做之徒，几乎所有的人都对他深恶痛绝，必欲驱之而后快。但唯有曾国藩独具慧眼，充分发挥了他的才能。李鸿章眼光敏锐，见地深刻，看问题常能一针见血。曾国藩启用他后，一方面时加责骂，挫其傲气；另一方面则法外开恩，还往往主动去和他讨论战略战术。曾国藩的一番苦心，终于造就了一个近代史上的大人物。

还有左宗棠，他是"大清王朝"的"中兴三杰"之一。左宗棠虽然很有才华，但他为人非常傲慢，曾经因此而得罪了很多人。曾国藩爱才心切，执意栽培他，总是给他最大的发展空间，使他有机会从浙江、福建一直打到新疆、甘肃，最终成为一代名臣。

清世宗说："赦小过，举贤才，为政之体当如是也。"又说："知识短浅之过，朕自然宽恕，加之教训，但必须知过必改……"意思是，"赦小过，举贤才"是为政的主要方面之一，由于知识缺乏而犯的过失，自然会受到宽恕，只是要加以教育训导，使之知过就改。也就是说，对于犯小过的人，"宜教而勿逐"。不仅要赦免一个人的小过，而且要帮助教育他改正，这才是真正爱护人才的做法。

在使用人才时，要识大体、看主流，苛求小过，有时无异于打击人的积极性，而"赦小过"，实质上是一种最起码的激励方式，是对一个人社会价值的最根本的肯定和认可。

别让问题出在内部

【原典】

群下外异者沦。

【张氏注曰】

人人异心，求不沦亡，不可得也。

【王氏点评】

君以名禄进其人，臣以忠正报其主。有才不加其官，能守诚者，不赐其禄；恩德爱于外权，怨结于内；群下心离，必然败乱。

【译释】

部下人心涣散，同床异梦，甚至钩心斗角、自相残杀，这样的局面不沦亡才怪。

成就一番伟业，其根基就在于大家同心同德，协力并进，这样才能化零为整，爆发出强大的战斗力。如果在对手攻击之前，自己内部先出了问题，内讧四起，互不信任，这无疑是自杀的行为，最后还不是便宜了对手？

解　读

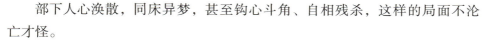

攘外必先安内

孙权在整个《三国演义》之中可谓是一个最低调的霸主，然而他并非平庸的霸主。他的管理才能丝毫不亚于足智多谋的曹操，甚至要强于没有诸葛亮撑腰的刘备。只是由于他的低调，没有过多地被人们所重视，才会被人们误认为他一生仅靠"内问张昭、外问周瑜"而活着。

只要我们细心观察，就不难发现孙权其实是一位管理学的高手。尤其是在处理甘宁与凌统的内部矛盾问题上的态度及方法。

起初，孙权继承了父、兄的基业之后，为了独占长江沿岸的地理优势，于是率兵到江夏去抢黄祖的地盘儿。结果事与愿违，不但没有成功，部将凌操也被黄祖手下的甘宁射死了。

后来，当孙权听说甘宁因与黄祖发生矛盾，欲投奔自己又恐江东记旧日之恨，犹豫不决之时，孙权主动将甘宁招至了帐下，并对他说："兴霸来此，大获我心，岂有记恨之理？"于是甘宁受到了重用，甘宁也在破黄祖的战役中立了大功。

事隔多年，凌操的儿子凌统也效力在孙权营中，常常想向甘宁报杀父之仇。在一次宴会上，他拔剑直砍甘宁，二人刀枪相对，孙权急忙劝住，并耐心地对凌统讲："今既为一家人，岂可复理旧仇？万事皆看吾面。"孙权自知这件事并不简单，于是又做了人事调动：一是安排甘宁领兵去夏口镇守，以避凌统；二是加封凌统为都尉，以慰其心。这才使内部安定了下来。

然而当孙权决定要合兵围攻曹操的皖城时，甘宁与凌统又在阵前发生冲突，孙权闻讯顾不得危险，急忙骑马前去劝解，二人矛盾才得以暂时平定。

而后在一次出战中，凌统因马伤跌落地下，在曹将即将刺杀他的关键时刻，吴军阵中发出一箭射伤曹将，救了凌统性命。凌统回阵拜谢孙权。孙权则抓住关键时刻说出了这样一句话："放箭救你者，甘宁也。"凌统闻知此讯，遂与甘宁结为生死之交。此后的数次联手也是胜多败少，为孙权能够稳守江东立下了无数战功。

试想，倘若孙权不说这句话，甘宁是永远也不会说的，因为他知道即便是自己说了，凌统也不会领自己的情。而此时孙权站出来化解矛盾是最合适不过的了，这一个矛盾的化解，可以说孙权心头就少了一块儿心病，而凌统与甘宁的威力也能发挥出来了（一个不用总惦记报仇，另一个也不用总惦记被报复了），正好验证了"攘外必先安内"这句话。

宋朝赵普在给宋太宗的奏折上提出了这句话——"中国既安，群夷自服。是故夫欲攘外者，必先安内。"其实这句话对于一个家庭、一个企业来说，都是有其现实意义的——内部因素才是解决问题的关键，只有解决好它，才能将问题彻底解决。

倘若家庭中的成员都能够相敬如宾、互相体谅，这个家庭肯定是和谐的；企业中如果没有过多的"内耗"，这个企业也必定是壮大的。从这方面理解，"攘外必先安内"才是正确的。

零售帝国沃尔玛创始人山姆·沃尔顿就是一个很好的例子，他能够利用有效的沟通很好地处理企业内部员工的冲突，发挥他们的潜在力量。

在沃尔顿看来，企业管理中最重要的莫过于企业成员之间的沟通。沃尔顿总是不遗余力地与员工进行沟通——他会对各个地方的沃尔玛连锁店进行不定期的视察，并与员工们保持沟通。这使他成为深受大家敬爱的领导，同时这也使他获得了大量的第一手信息。一方面，他通过沟通发现问题，同时也乘此机会挖掘人才。

他常在视察完某家店面之后，给业务执行副总经理打电话说："让某某人去管一家商店吧，他能胜任。"业务经理若是对此人的经验等方面表示出一些疑虑，沃尔顿就会说："给他一家商店吧，让我们瞧瞧他怎么做。"因为在沟通中他已经了解了这个人的能力。

沃尔顿也绝不能容忍班子成员不尊重普通员工。如果在与员工的沟通中得知有这种现象，在经过调查确认之后，沃尔顿就会立即召集领导班子开会解决这种问题。因此，有效沟通对沃尔玛公司的发展产生积极的效应。

沃尔玛解决内部矛盾的方法是沟通，而孙权解决内部矛盾的方法却是不失时机地调解。不管他们运用的方法如何，总之他们的目的是一样的，那就是通过安定"内部"达到发展自己的目的。不可否认的是，倘若他们不能很好地处理内部问题，内部矛盾所产生的内耗就足以将他们击垮。

人才不可用而不任

【原典】

既用不任者疏。

【张氏注曰】

用贤不任，则失士心。此管仲所谓："害霸也。"

【王氏点评】

用人辅国行政，必与赏罚、威权；有职无权，不能立功、行政。用而不任，难以掌法、施行；事不能行，言不能进，自然上下相疏。

【译释】

名义上是任用贤才，但是把他们招来以后却不予重用，这样做的后果很有可能是众叛亲离。

身为掌权者，在用人的问题上应该明白，对于那些良才贤士，要么不用，要用就要尽其所能，让他们充分施展才华。在决策的过程中，即使有些人的意见或建议和自己相冲突，也不能在不加考虑的情况下断然否定。给他们创造一个宽松的环境，让他们随时都能参与到决策管理中来，这才是用人的王道。

解读

优秀的领导应该学会积极采纳下属的意见

听不到意见，领导者就难以尽职。某些人不明白这个道理，对于别人提出的意见总是步步设防，似乎接受意见就是承认自己无知，暴露自己的不足。还有些更为武断的管理人员则干脆"拒忠告于门外"。在做出任何答复时都摆出一副傲慢的神态，似乎自己无所不知。如果你斗胆对他们提出意见，他们会摇头、皱眉并打断你。

但当组织机构有所变动，或者更高一级的领导上任时，那些抵制忠告的管理人员通常会遭到应得的惩罚。

在实际工作中，领导和下属也会发生意见相左，如果领导能够正确面对下属的反对意见，从谏如流，坦率针对意见与下属进行沟通，那么，不管最后的结果谁对谁错，领导获得的利益无疑是最大的。

领导与下属间的异议往往是针对一个问题，下属发表了意见，而领导不同意；或者是领导发表的意见，下属不同意。至于谁的意见最终是正确的，自有实践来检验。但是，在沟通过程中，领导必须为自己的行为负责。因为如果你不能接受下属的反对意见，就会得到一个不从谏如流的评价，如果你无条件地接受意见，你也会给下属留下一个没有主见的印象，不但失去了自己的威信，而且再也无法得到下属的尊重。因此，如何面对下属的反对意见，你还要三思后行。

正确地面对下属的意见，领导的心态调整最重要，下属绝对不是针对你个人提出意见的，他肯定是抱着对工作、企业负责的精神，尽管由于客观原因，他的意见不一定正确，但是他的勇气非常值得赞许。你只要想到这些，就绝对不会有反对的意见了。

对于下属首先发表意见的，领导比较好处理，因为下属首先暴露了他的观点，主动权已经回到了领导手中，你可以选择提问的方式，选择他意见的弱点或漏洞追问下去，也许没过多久，下属就主动放弃自己的观点，这时，你可以提出自己的观点，下属就非常容易接受了。

对于领导首先提出自己的观点，下属不同意的情况，领导就处于比较被动的地位，这时你千万不可引导下属围绕你的观点进行辩论，如果你思考不严密，或者准备不是非常充分，你的回答中一旦出现漏洞，你将会威信扫地，最后不得不放弃自己的观点。所以，面对这种情况，一定要将产生问题争议的焦点集中在对方的观点上，要对方发表自己的见解，针对对方的弱点盘问下去，争辩的结果一定可以水落石出。

还有一种情况，如果下属的意见非常严谨，你又一时不能驳倒对方，那么不必急于对问题做出一个结论，你可以给自己留下回旋的余地，回答说："你的观点很好，我们需要继续讨论"，"你拿出一个文字的意见，咱们可以更方便地加以讨论"。之后再另寻时间进行讨论，也为你保全了面子。

但是，领导应该对下属的意见进行积极考虑，多从下属的角度考虑问题，虽然最终的决定权在于你，但你一定不能因为面子的问题缺乏认错的勇气，最终丧失了企业的利益。当自己的意见经过实践检验是错误的，你不要害怕承认自己的错误，尤其是在下属面前，更不能指责下属没有坚持自己的主见。这样做的结果不但不会挽回你的面子，而且更加暴露了你的面子心态。因为错误本身已经是最好的证明了，已经使你的威望下降了，这时如果你能主动承认自己的错误，而且对上次提出意见的下属给予表扬或奖励，或许你的威信还可以重新建立起来。

16

轻诺寡信必招人怨恨

【原典】

行赏吝色者沮，多许少与者怨，既迎而拒者乖。

【张氏注曰】

色有靳吝，有功者沮，项羽之刓印是也。失其本望，刘璋迎刘备而反拒之者是也。

【王氏点评】

嘉言美色，抚感其劳；高名重爵，劝赏其功。赏人其间，口无知感之言，面有怪恨之怒。然加以厚爵，终无喜乐之心，必起怨离之志。心不诚实，人无敬信之意；言语虚诈，必招怪恨之怨。欢喜其间，多许人之财物，后悔悭吝；却行少与，返招怪恨；再后言语，人不听信。

【译释】

行赏的时候吝啬钱财，必会招致下属的不满。许诺得多，兑现得少，必让人怨恨。表面上欢迎，私底下拒之千里，这样的人乖张不可信。

为了激励下属的士气，慷慨许诺，可是一到论功行赏的时候，却出尔反尔、一毛不拔，对原先的许诺概不兑现，这样一来，手下的人必然感到沮丧。项羽失败的原因就在这里，他的将领屡建战功，可是他把刻好的印拿在手里转来转去，磨得棱角都没了，也舍不得给人；后来人才全伤心地跑到刘邦那里去了，自己落了个乌江自刎的下场。

老子说：夫轻诺必寡信，多易必多难。随便作出承诺的领导者，必然很难保持信用。把事情看得太容易的，往往会遇到很多困难。无论对任何一件事许诺的时候，都必须慎重地掂量：无论大的许诺、小的许诺、眼前的许诺、将来的许诺，都是这样。因为轻率地许诺，你就要面对失信的风险，而失信恰恰是御人之道的最大忌讳。

解读

不要轻易许诺，一旦许诺就要努力兑现

作出许诺之前，首先，得掂量它对人有无意义，价值几何，凡对人没有意义和价值的许诺，你决不可发出。其次，你得掂量有无时间、精力和才能实现你的诺言，如果没有足够把握时你决不可作出许诺。你还得多方估计，实现你的许诺是否还需要其他条件的辅助，你是否具备那些条件，凡没有把握实现时，你最好不要作出许诺。

当然，如果你嫌这样太瞻前顾后，太谨小慎微，不妨作出一些大胆的许诺。只是你在作出许诺的同时，必须告诉对方可能出现的各种麻烦和不能实现的可能性，亦即不要把话说得太绝对，以让人家事先有思想准备，一旦未能实现，不至于过分地对你失去信任。

在感觉自己做不到时，最好不要轻率地向别人许诺，这样做的好处是：别人只能表示遗憾，并不会认为你说话不算数，因而不会对你产生不信任感；在很多情况下，事情和形势已经变化了，你做不到但并没有许诺，事后你也不会受窘。

在你已经许诺了以后，你就应该认真地对待，努力地去实现它。

一个小小的承诺，比如"我今晚9点钟回家"。在你完全可以做到的情况下决不要掉以轻心，你已许诺9点钟回家，这时你的同事邀你出去玩，时间可能要拖到10点，你该怎样做呢？应该婉言谢绝朋友的好意相邀，按时回家。

虽然这是一件小事，但它足以让你诚实的形象光芒闪烁。

你在许诺时如果未留任何余地，那就想方设法地实现它，也不要寻找任何不能兑现的理由。说话未能做到，许诺未能兑现，即使你把理由说得头头是道，极为充分，人们也不会十分相信的，也许口头上暂时理解你、宽恕你，可是内心深处无疑萌发了一丝不信任你的念头。若第二次、第三次仍然如此，对方再也不会谅解你、相信你了，你便失去了信誉。

三国时吴国大夫鲁肃在诸葛孔明的如簧之舌煽动下，一时错乱，轻率地许诺作保把荆州借给了刘备。岂知这一许诺，使得东吴伤透了脑筋。围绕荆

州，吴蜀你争我夺，东吴是"赔了夫人又折兵"，气死了周瑜，为难了鲁肃。

轻诺别人，不仅会给自己带来不守信的声誉，更会招致许多麻烦。而且有时还会严重地伤害别人。

甘茂在秦国为相，秦王却偏爱公孙衍。秦王有一次对公孙衍说："我准备让你做相国。"

甘茂手下的官吏在路上听到这个消息后，就去禀告甘茂。甘茂因此进宫拜见秦王说："大王得了贤相，斗胆给大王贺喜。"

秦王说："我把国家托付给你，哪里又得到贤相呢？"甘茂说："大王将要立公孙衍为相。"

秦王说："你从哪里听来的？"

甘茂回答说："公孙衍告诉我的。"

秦王窘迫非常，于是就驱逐了公孙衍。

秦王轻诺公孙衍，事后又不兑现自己的诺言，结果成了失信于人的君主，同时也伤害了一直忠心耿耿的良臣甘茂。要做到不轻诺，除了要有自知之明之外，还必须养成对客观情况做比较深入和细致了解的习惯。要做到谨慎许诺，一旦许诺，就要做到。这样才能成为守信、诚实、靠得住的人。

《左传》记载，晋文公时，晋军围攻原这个地方，在围攻之前，晋文公让军队准备三天的粮食，并宣布："如果三天攻城不下，就要退兵。"

三天过去了，原地守军仍不投降，晋文公便命令撤退。这时，从城中逃出来的人说："城里的人再过一天就要投降了。"

晋文公旁边的人也劝说道："我们再坚持一天吧！"

晋文公说："信义，是国家的财富，是保护百姓的法宝。得到了原而失去了信，我们以后还能向百姓承诺什么呢？我可不愿做这种得不偿失的蠢事。"

晋军退兵后，原的守军和百姓便纷纷议论道："文公是这样讲究信义的人，我们为什么不投降呢？"于是打开城门，向晋军投降。

晋文公凭着信义，获得了不战而胜的战果。

三国时，孔明在祁山布阵与魏军作战。长期的拉锯战，使士兵疲惫不堪，孔明为了休养兵力，安排每次把五分之一的士兵送返蜀地。

战争越来越激烈。一些将领为兵力不足而感到不安，便向孔明进言说："魏军的兵力远远超过我们的估计，以现在的兵力来看，恐怕难以获胜，恳请将这次返乡的士兵延缓一个月遣送，以确保兵力。"孔明说："我率军的一个基本原则是：凡是与部下约好的事情必定要遵守。"

于是，依然如期遣返。士兵们听到这个消息后，都自动返回战场，英勇作战，结果大败敌军。

在这次战争中，孔明凭着信义，唤起了士兵的勇气和斗志，取得了胜利。

所以，为自己的每一个诺言负责，看似迂腐、愚笨，但其收益远大于付出。言出必行、一诺千金的良好习惯，能使你在困难的时候得到真正的帮助，会使你在孤独的时候感受到友情的温暖，因为你信守诺言，你的诚实可靠的形象推销了自己，你便会在生意上、婚姻上、家庭上获得成功。从这一点上说，为诺言负责的人是一个真正的人生智者与赢家。

一旦失信于人，你也就丢失了为人的起码品质。所以不要轻易许诺，要知道你的许诺价值千金。

诚心施舍不要期望报答

【原典】

薄施厚望者不报。

【张氏注曰】

天地不仁，以万物为刍狗；圣人不仁，以百姓为刍狗。覆之、载之，含之、育之，岂责其报也。

【王氏点评】

恩未结于人心，财利不散于众。虽有所赐，微少、轻薄，不能厚恩、深惠，人无报效之心。

【译释】

给予别人很少，却希望得到厚报的一定会大失所望。

老子曾说过一段话，大意是：施恩不要心里老想着让人报答，接受了别人的恩惠却要时时记在心上，这样才会少烦恼，少恩怨。许多人怨恨人情淡薄，好心不得好报，甚至做了好事反而成了冤家，原因就在于做了点好事，就天天盼望着人家报答，否则就怨恨不已，恶言恶语。他们不明白，施而不报是常情，薄施厚望则有失天理。

解 读

不要把善意的付出当作交易

善意的付出不是交易，不应期待相等的回报。不要斤斤计较，付出便要付得心甘情愿。要让别人感激，不是要人感到内疚。其实老天爷很公平，有付出一定有回报，只是回报不一定达到我们的预期。因此无所求的心态才最健康。

人类的天性容易忘记感激别人，所以，如果我们施一点点恩惠都希望别人感激的话，那结果一定会使我们大为头痛。

亚里士多德说："理想的人，以施惠于人为乐，但却会因别人施惠于他而感到羞愧。因为能表现仁慈就是高人一等，而接受别人的恩惠，却代表低人一等。"不管怎样，如果我们想得到快乐，我们就不要总想着等别人报答，而只享受施与的快乐。

如果为他人付出时还心想：他应该感激我，我应该得到回报；他应该感到内疚。那根本不算是付出，那是交换条件。

生活中，每个人都是在一边付出一边索取，可奇怪的是大多数人都认为自己付出的太多而获得的回报却太少。这样想的人无异于自寻烦恼，其实仔细想一下，在施恩于人时，在帮助别人时，你不是已经从这一善举中得到快乐，储蓄了感情吗？你已经有了收获，又何必为别人是否回报这份恩情而计较呢？

施恩望报既是在苛求自己，也是在苛求他人，生活中就是这样，你可能会付出很多，但永远不要企图付出就该得到很多回报！

你可以广结朋友，也不妨对朋友用心善待，但绝不可以苛求朋友给你同样回报。善待朋友是一件纯粹的快乐的事，其意义也常在如此。如果苛求回报，快乐就会大打折扣，而且失望也同时隐伏。毕竟，你待他人好与他人待你好是两码事，就像给予与被给予是两码事一样。

所以，善待别人、帮助别人时，你尽可以为这种善举欢欣，但却不要有太功利的想法，因为助人本身就是一种快乐，爱人就是在爱己。

对于一个身陷困境的穷人，一枚铜板的帮助可能会使他握着这枚铜板忍一下极度的饥饿和困苦，或许还能干一番事业，闯出自己富有的天下。

对于一个执迷不悟的浪子，一次促膝交心的帮助可能会使他建立做人的尊严和自信，或许在悬崖勒马之后奔驰于希望的原野，成为一名勇士。

就是在平和的日子里，对一个正直的举动送去一缕可信的眼神，这一眼神无形中就是正义强大的动力。对一种新颖的见解报以一阵赞同的掌声，这一掌声无意中就是对革新思想的巨大支持。

就是对一个陌生人很随意的一次帮助，可能就会使那个陌生人突然悟到善良的难得和真情的可贵。说不定他在有人遭到难处时，很快从自己曾经被人帮助的回忆中汲取勇气和仁慈。

其实，人在旅途，既需要别人的帮助，又需要帮助别人。从这个意义上说，帮人就是积善。

也许没有比帮助这一善举更能体现一个人宽广的胸怀和慷慨的气度了。不要小看对一个失意的人说一句暖心的话，对一个将倒的人轻轻扶一把，对一个无望的人赋予一份真挚的信任。也许自己什么都没失去，而对一个需要帮助的人来说，也许就是醒悟，就是支持，就是宽慰。相反，不肯帮助人，总是太看重自己丝丝缕缕的得失。因为担心别人不回报自己，就漠视别人的困境，这样的人不仅可能堕落成一个无情的人，而且还会沦落为一个可悲的人。因为他的心除了只能容下一个可怜的自己，整个世界都无须关注和关心，其实，他也在一步步堵死自己所有可能的路，同时也在拒绝所有可能的帮助。

有恩于人，也不必有什么优越感，更不要时刻盘算着我能得到什么，功利的想法只会抵消这笔人情！

18

富贵不可忘乎所以

【原典】

贵而忘贱者不久。

【张氏注曰】

道足于己者，贵贱不足以为荣辱；贵亦固有，贱亦固有。唯小人骤而处贵则忘其贱，此所以不久也。

【王氏点评】

身居富贵之地，恣逞骄傲狂心；忘其贫贱之时，专享目前之贵。心生骄奢，忘于艰难，岂能长久！

【译释】

富贵了，有权了，就翻脸不认人，这样的人是不会长久的，这是一种典型的小人得志心态。他们不明白，贵贱荣辱，是时运机遇造成的，并不是他们真的比别人高明多少。倘若因此而目空一切，骄奢淫逸，即便荣华富贵，也转眼成泡影。

解 读

正确地对待富贵和金钱

人们为什么越有钱了，反而越感到贫穷了呢？

过去，一般人的生活只以邻居家的生活水平为标准，但现在许多消费者却把一些他们并不认识的陌生人当作攀比的对象。这正是美国经济学家玛丽亚·鲁比所说的：过度消费、低迷消费、新生代消费。她还说，当一个人试图与比其自身所属的经济阶层更高的人群相比时，他便很可能会被消费债务缠身而无法自拔。我们喜欢与人交谈的内容就是自己如何花钱，以此来炫耀财富。这样十分容易地就把我们的视线投向一些其实并不需要却能满足自己奢华追求的东西。

那么，怎样才能减少消费呢？首先必须意识到周围的消费陷阱与诱惑，控制自己的消费欲望；其次是不要浏览货架，与做生意的朋友少来往；最后，就是尽可能与人合买贵重之物，如与亲朋好友交换运动器材等。

有这样一则笑话：一个大款属于暴发户，他坐着名牌车，戴着名牌表，穿着名牌衣，登着名牌鞋。总之，凡是能炫耀的地方，全都是名牌货。一天，他驾车外出，发生恶性交通事故。当救护人员费了九牛二虎之力，把他从车厢里救出来时，他一看到被撞毁的豪华轿车，便号啕大哭："哎呀！我的'宝马'呀，我的'宝马'呀！"这时，一名救护人员发现大款的胳膊已被撞断了，便生气地对他说："就知道哭你的车，快看看你的胳膊吧！"那大款看了一眼胳膊没有说什么，接着又大哭起来："哎呀，我的'劳力士'呀！我的'劳力士'呀！"

物质上的充足代替不了精神上的空虚。除了可以炫耀的财富之外，没有风度，没有学识，没有理想，没有修养，真是"穷"得只剩下了钱。一个视金钱比生命还重要的人，与其说他拥有财富，还不如说他是财富的奴隶。

在先富起来的一些人中，摆阔、炫富、纵欲被称为"潇洒人生"，美女、别墅、宠物成为最高的目标。

一位南方"大款"用3万元一桌的宴席招待一位北方的"大亨"，没想到竟遭到嘲笑，随后北方的"大亨"用5万元一桌回请，而南方这位"大款"竟"啪"的一声打开密码箱，甩出40万元说：今天这桌就这个数！

在大连的一家歌厅，一个富翁宣布：包下当晚所有的"点歌费"。另一位大款立即声明：买下全市当天所有的鲜花，我点不成歌，你也别想献花。

卡耐基曾经说过："一个人在富有中死去，是一种耻辱。"卡耐基于1901年出售产业，得2.5亿美元，退休后全心投入慈善事业，捐款建立了卡耐基音乐厅和遍布全美的3000个图书馆。《卡耐基传》的作者曾风趣地说："他致力于捐款事业的努力程度很可能超过他谋利的时候。"

时代华纳公司的老板泰德·特纳曾作出一个惊人的决定：他要以一年捐资1亿美元的进度，分期10年捐资10亿美元给联合国慈善事业机构。在一个鸡尾酒会上，泰德宣布他的这一决定时说了这样一句话："我在此提请全球顶尖富豪们注意，他们应该听听我的关于将金钱给予出去的理论，世上没有一件事比有意义的付出更快乐。"

人无论多么富有，他总有一个度，像有些"款爷"，逞勇斗富，为富不仁，注定他们不会长久。须知有一句话叫作"三十年河东，三十年河西"，还有句俗语说得好："多行不义必自毙。"

用人不可计较前嫌

【原典】

念旧恶而弃新功者凶。

【张氏注曰】

切齿于睚眦之怨，眷眷于一饭之恩者，匹夫之量。有志于天下者，虽仇必用，以其才也；虽怨必录，以其功也。汉高祖侯雍齿，录功也；唐太宗相魏郑公（征），用才也。

【王氏点评】

赏功行政，虽仇必用；罚罪施刑，虽亲不赦。如齐桓公用管仲，弃旧仇，而重其才；唐太宗相魏征，舍前恨，而用其能；旧有小过，新立大功。因恨不录者凶。

【译释】

对于别人的旧恶念念不忘，而忘记其所立新功的，这种做法很凶险。

汉高祖不计较与雍齿有私仇，仍然封他为什方侯；唐太宗不在意魏征曾是李建成的老师，仍然任命他为宰相，这都是成大事者的气量和风度。那种念念不忘谁瞪了自己一眼，谁骂过自己一句，非要以眼还眼、以牙还牙方解心头之恨的做法，是十足的小人行径。

不计前嫌用人所长

在帝王专制时代，君臣之间无民主可言，不懂得广开言路的君王无异于自塞两耳蒙蔽双眼。李世民是历史上一位不可多得的明君，正是他的兼听纳言，开创了贞观时期君臣之间互相依赖、互相信任、互相支持的清明政治之风，在短短一二十年间将大唐推向昌盛繁荣。

即位以后，李世民逐步建立起了以自己为核心的最高决策集团，汇集了当时最杰出的人才，以充满朝气和进取精神的政治面貌，开始励精图治，为开创贞观之治的昌盛局面奠定了良好的基础。

李世民深知：为政之要，唯在得人，用非其才，必难致治。于是李世民首先采取了求贤纳才、知人善任的用人政策，不拘一格地广泛吸纳人才。他把举贤荐能、广招人才视为刻不容缓的事情，对那些推荐人才不积极的大臣，则加以严厉批评。

有很长一段时间，宰相封德彝没有推荐一个人。李世民于是就责问他，封德彝却回答说是天下没有贤才可以推荐。

李世民不禁气愤地批评封德彝说："用人就如同使用器物一样，只要各取所长，自然就不乏贤才奇士。你不善知人，怎能说世上没有贤能之才呢？"

李世民不仅让大臣们推荐选拔人才，他自己也处处留心和访求有才之士，一旦发现即破格提拔重用。只要是有才之士，李世民不计较资历地位和亲疏恩怨，都能够兼收并用，充分发挥他们的才能。

贞观三年（公元629年），在一次上朝的时候，中郎将常何所提出的20多件事，全都符合朝政的情况。然而，常何是武将出身，不通经文，应该是不可能有这么高明的见解的，这不禁让李世民既高兴又奇怪。

经过询问，李世民这才知道，常何所提交的议论其实都是他家中的食客马周代写的。于是李世民立即将马周召进宫，和他一番详谈之后，发现马周的确是个人才，不仅机智敏捷、深识事端，而且处事公允，敢于直言，当即就任命他为门下省官员，对他大加重赏，后来又任其为监察御史、中书舍人，直至中书侍郎、中书令等要职。

"玄武门之变"后，李世民不计较恩怨，大胆重用东宫集团的重要谋臣魏征、王珪、韦挺等人，其中最杰出的当数魏征。

魏征原来是太子李建成的重要谋士，"玄武门之变"后，李世民推崇他的才能，委之以宰相重任。他前后共向李世民进谏了200多次，大多都被采纳了，这对贞观前期的政治产生了重要的影响。

魏征为人正直，敢于直言，凡是正确的意见，不但要说，而且要坚持到底，即使李世民大发雷霆，魏征也坦然处之、神色不移，毫不退缩。

魏征死后，太宗十分痛心，无限感慨地说："用铜作镜子，可以端正衣冠；用历史作镜子，可以知道国家兴衰的道理；用人作镜子，可以看到自己的过错。现在魏征去世了，使我失去了一面很好的镜子。"

李世民以独特的政治家风度，积极推行科举制度，大力奖拔人才。因此，在唐初人才荟集，群英满堂，为开创贞观时期的大好局面，发挥了积极作用。

《列子·杨朱篇》中也写道："要办大事的人，不计较小事；成就大功的人，不考虑琐碎。"

但现实生活中，仍有些管理者因为个人的恩怨而排斥有德有才之人。而优秀的管理者，在选用人才时，总是优先考虑这个人能做什么、做得多好，而不是考虑个人私利。

所以他们在用人时，并不总是盯住员工的过去和缺点，他们能够对无关紧要的细枝末节视而不见，专注于员工的特长，并且最大限度地发挥它。

用人不当功败垂成

【原典】

用人不正者殆，疆用人者不畜，为人择官者乱。

【张氏注曰】

曹操疆用关羽，而终归刘备，此不畜也。能清廉立纪纲者，不在官之大小，处事必行公道。

【王氏点评】

官选贤能之士，竭力治国安民；重委奸邪，不能奉公行政。中正者，无官其邦；昏乱、谗佞者当权，其国危亡。贤能不遇其时，岂就虚名？虽领其职位，不谋其政。如曹操爱关公之能，官封寿亭侯，赏以重禄；终心不服，后归先主。

【译释】

一个领导者如果用人不当，在用人的过程中又不够灵活，这是很容易导致混乱和失败的。

得人才者得天下，若要成事，人才固然重要，但前提是找对人、用对人，如果用错了人又不能及时改正，那后果就很严重了。

有的领导任人不唯贤，不看能力，不看贡献，却喜欢用自己的喜好作为标准，只要长得标致，或者能说会道，就可以给予高级的职位。这样的领导绝不是合格的领导，不客气地说，就是典型的糊涂官。

173

解 读

用人不当，后患无穷

历史上，因错误识人用人而铸成大错的例子不在少数。无论是何种原因，他们的教训都是值得吸取的。

前秦帝国的皇帝苻坚，任用平民出身的王猛为相，统一了中国的北方，是颇有作为的一代帝王。淝水之战失败后，前秦帝国迅速瓦解，他被后秦帝国的姚苌所杀，结束了其轰轰烈烈的一生。

苻坚是个心地善良、胸襟开阔的人，他对人从不猜忌，即便是那些投降或被俘的帝王将相，他也以礼相待，从不杀戮。甚至如鲜卑亲王慕容垂，羌部落酋长姚苌，他还引为知己，授予高官和赋予很大的权柄。

王猛生前曾劝谏苻坚说："皇上与人为善，也不能不分敌我。国家的死敌不是晋帝国，而是杂处在国内的鲜卑人和羌人。更让臣担心的是，他们的首领都在朝中身居要职，有的更握有兵权，一旦有变，国家就危险了。"

苻坚坚信只要诚心待人，对方一定能诚心待我，有此观念，他并未把王猛之言放在心上。王猛死后，他对这些人更是信任不二，宠爱日隆。

淝水之战后，苻坚逃到洛阳，那些尚未到达淝水的大军也闻风溃散。鲜卑籍大将慕容垂见有机可乘，遂起反叛之心。他借口黄河以北人心浮动，自请苻坚派他前去宣慰镇抚。苻坚对他毫无防范，不仅痛快地答应了他的请求，还亲自向他致谢。慕容垂渡过黄河后，立即号召前燕帝国的鲜卑遗民复国，建立了后燕帝国。

其后，迁到关中的鲜卑人，又在慕容泓的领导下，建立了西燕帝国。苻坚命他的儿子和羌籍大将姚苌征讨西燕，结果大败，苻坚的儿子阵亡，姚苌畏罪逃到北方，后又叛变，建立了后秦帝国。

鲜卑人和羌人的反叛，使前秦帝国陷入了灭顶之灾。不久，首都长安被困，苻坚突围西行，在五将山被后秦兵生擒，送到后秦皇帝姚苌的手上。

苻坚至此，仍怀有生的希望。姚苌二十年前犯罪当诛，在绑赴刑场即将处斩时，时为亲王的苻坚见他英武不凡，遂动了恻隐之心，将其救下。有此大恩，苻坚深信姚苌自会感恩图报放他一马。

万万没想到，姚苌先是向他索取传国御玺，继而百般污辱。苻坚万念俱灰，大骂姚苌忘恩负义，姚苌不待苻坚多言，就把他活活缢死。

苻坚犯错误的根源，在于他心地过于善良，在当时十分复杂的情况下，仍轻易相信别人并委以重任。这种品质对于个人，无疑是那种值得去结交做朋友的人；但作为一个治国者，这反而成为一种致命的弱点。识人难，用人更难。避免这类错误，关键在于"防"，可惜的是，苻坚从来没有给自己在这方面筑起防线。

一个人是否应该被看重，重要的当然是看他内在的道德品质和学识修养，至于外在的容貌、装饰以及言谈举止等，其实都是次要的。无论是选才用人还是结亲交友，有见识者当然要以此为标准。当然，能够"质"与"文"俱佳更好，但是，切记不可因"文"而废"质"。否则，一旦被外表迷惑，得到一个华而不实的废物，甚至是一个仅仅外面光的"驴粪蛋"，不但无益，反而有害。

所以说，认识评定一个人，不能只看表面，人的许多外在情感都是装出来的，尤其是当处于复杂的环境中时，人心更是难测。所以，无论是普通人还是为政者，都必须深入观察，真正看透一个人的内心，谨防误识、误交、误用。暂时难以认清的，不妨冷淡处之。否则，将会给自己造成不利，给大局造成损失。

为人做官要处理好自己的"强"和"弱"

【原典】

失其所强者弱。

【张氏注曰】

有以德强者，有以人强者，有以势强者，有以兵强者。尧舜有德而强，桀纣无德而弱；汤武得人而强，幽厉失人而弱。周得诸侯之势而强，失诸侯之势而弱；唐得府兵而强，失府兵而弱。其于人也，善为强，恶为弱；其于身也，性为强，情为弱。

【王氏点评】

轻欺贤人，必无重用之心；傲慢忠良，人岂尽其才智？汉王得张良陈平者强，霸王失良平者弱。

【译释】

失去自己的优势，力量必然削弱。

国家若要强盛，必须有众多贤臣良才的辅佐；家庭若要强盛，必须多出贤良孝义的子弟。至于一个人的强胜，则不外乎北宫黝、孟施舍、曾子三种情形。孟子能够集思广益，使自己慷慨自得，和曾子自我反省而屈伸有度是等同的，只有亲身实践由曾子、孟子的经验和孔子告诉仲由强胜的道理，自身的强胜才可保持久长。此外斗智斗力的强胜，则有因为强胜而迅速兴旺，也有因强胜而彻底惨败。古时人如李斯、曹操、董卓、杨素之流，他们的智力都卓绝一世，而他们灾祸失败也超乎寻常，后来也有一些人都自知胆力超群，却都不能保持强势到最后。所以我们在自己弱的地方，需修正时，求得强胜就好；而在比别人强的地方，谋求更大的强胜就不好。个人如果专门在胜人之处逞强，那么是否真能强到底，都不能预料。即使终身强横乡里安稳度日，这也是有道德的君子们不屑提起的。

解读

做官宜"明"宜"强"

做官不仅要"明","强"也是不可或缺的。"强"当然不是一味地逞强，最好的做法是"明""强"结合。所以，为官之人第一件事就是培养自己处事不烦、不急不躁的风格。头脑清醒才能沉着冷静，沉着冷静才能稳住部下，稳住部下才能作出决断。不然的话，心急似火，性烈如马，只会使事态的发展更加混乱。

因此，"明强"之法，仍讲究修炼自己，尤其在遇到困难时，要能够审时度势，深谋远虑，决不求一时之功，决不轻举妄动。求"强"是可以的，但在逞能斗狠上求强就不是明智之举了。

逞强斗狠，说到底就是要获得超越感和优越感，从而谋求他人对自己的肯定、服从或尊敬，然而这种优越感的获得往往以压抑他人、伤害他人为代价。在某一时间，某一场合或某一范围内，你确实征服了他人，但在另一时间，另一场合或另一范围内，你又征服不了他人，而且你的这种征服必然激起他人持久的抵抗；倘若你征服的人越多，那么你所激起的反抗也就越大。最后陷入孤立的境地，你发现路越走越窄，越走越难。所以逞强斗狠最终会失败。

清朝名臣曾国藩一生刚强，他自述道："吾家祖父教人，也以'懦弱无刚'四字为大耻。"又说："至于'倔强'二字，却不可少。功业文章，皆须有此二字贯注其中，否则柔靡不能成一事。孟子所谓'至刚'，孔子所谓'贞固'，皆从'倔强'二字做出。吾兄弟皆受母德居多，其好处亦正在倔强。"他上承家训，进而总结了自己的经历，深刻地认为："凡事非气不举，非刚不济。"这种倔强的性格，使曾国藩虽屡次颠跌，却依然充满刚毅，勇往直前。

咸丰九年十月十四日，他作一联以自箴：养活一团春意思；撑起两根穷骨头。这正是他这种倔强性格的写照。

至于强毅之气，决不可无。然强毅与刚愎有别。古语云：自胜之谓强。曰强制，曰强恕，曰强为善，皆自胜之义也。……舍此而求以客气胜人，是刚愎而已矣。二者相似，而其流相去霄壤，不可不察，不可不谨。

自胜，也得克己，所以，刚强也是一种克己之学。克己，必须从两个方面同时下手，即"刚柔互用"，不可偏废。曾国藩说："太柔则靡，太刚则折。刚并非就是暴虐，强矫而已；柔并非卑弱，谦退而已。"

为使"刚"得恰到好处，"柔"得也恰到好处，曾国藩强调刚柔均须建立在"明"的基础之上。他说："担当大事，全在'明强'二字。"他致书诸弟说："'强'字原是美德，我以前寄信也说'明强'二字断不可少。第'强'字须从'明'字做出，然后始终不可屈挠。若全不明白，一味横蛮，待他人折之以至理，用后果证明它，又重新俯首输服，则前强而后弱，这就是京师说的瞎闹。我也并非不要强之人，特以耳目太短，见事不能明透，故不肯轻于一发耳。"又说："修身齐家，亦须以'明强'为本。"

不明而强，于己则偏执任性，迷途难返，于人则滥用权威，逞势恃力，终归都是害人害己。什么是"明"？就是要明于事，明于理，明于人，明于己。欲强，必须明；欲柔，同样必须明。否则，虽欲强而不能强到恰当处，虽欲柔而不能柔到恰当处。一味刚强，必然会碰得头破血流；一味柔弱，遇事虑而不决，决而不行，待人则有理不争，争而不力，也是不能成功立业的。

所以，曾国藩认为，"强"有两种："斗智斗力之'强'，则有因'强'而大兴，亦有因'强'而大败。古来如李斯、曹操、董卓、杨素，其智力皆横绝一世，而其祸败亦迥异寻常。近世如陆、何、肃、陈亦皆予知自雄，而俱不保其终"。"惟曾、孟与孔子告仲由之'强'，大概能持久恒常。"《孟子·公孙丑上》载："昔者曾子谓子襄曰：'子好勇乎？吾尝闻大勇于夫子矣：自反而不缩，虽褐宽博，吾不怕焉；自反而缩，虽千万人，吾往矣！"曾国藩所追求的，正是这种"自反而缩"的"强"。孔颖达注："缩，直也。"指正确的道理。反躬自问，为维护正确的道理而勇往直前，这才是真正的"强"。故曾国藩说："吾辈在自修处求'强'则可，在胜人处求'强'则不可。"一味逞强，终必败露；炼就意志刚强不拔，就可能有所成就。

然而如果一个人在自修处求强呢？此时你追求的不再是对他人的优越，而是自我超越，当然也就不会形成对他人的威胁或者伤害，也就不会存在征服与反抗的持久的矛盾，因为你所要征服的不是别人，而是你自己。你在不断修正自我，完善自我。所有的反抗都来自你的内部，是旧我对新我的反抗；

这一反抗有时会刺激你更强烈地征服自我，恶行得以消除，善举得以光大，你就在这征服与反抗中不断前进。到一定时候，你就因为自修而完美和强大，这种强大就是曾子、孟子和孔子告知仲由的强大。是君子所要尽力珍惜、保持和追求的。

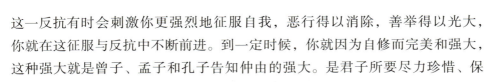

22

阴计外泄肯定会失败

【原典】

决策于不仁者险，阴计外泄者败。

【张氏注曰】

不仁之人，幸灾乐祸。

【王氏点评】

不仁之人，智无远见；高明若与共谋，必有危亡之险。如唐明皇不用张九龄为相，命杨国忠、李林甫当国。有贤良好人，不肯举荐，恐换了他权位；用奸谗歹人为心腹耳目，内外成党，闭塞上下，以致禄山作乱，明皇失国，奔于西蜀，国忠死于马嵬坡下。此是决策不仁者，必有凶险之祸。机若不密，其祸先发；谋事不成，后生凶患。机密之事，不可教一切人知；恐走透消息，反受灾殃，必有败亡之患。

【译释】

伤天害理，决策不仁，已属危险之举；如果不小心再把秘密泄露出去，那就注定要失败了。

秘而不宣的事情才能称之为秘密，它只能存在一个人或几个相互信任的小群体之内。因此，无论是我们自己的秘密抑或知道别人的秘密，都应该做到守口如瓶，否则不但会失去他人的信任，同样会吃到泄密的恶果。

179

解读

秘密也能决定成败

全纪这个人在《三国演义》中的确一点名气也没有，从出场到被杀也就被提到过两三次，重大的贡献没有，然而在他身上我们却能学到一点人生教训——秘密就是秘密，不该泄露的时候，对谁都不能泄露。

吴主孙亮因为大权被大将军孙綝把持而抑郁多日。一日，他看到身为国舅的全纪在旁，便诉说心中的怨气。全纪便表露忠心，愿意帮助孙亮斩杀孙綝。然后孙亮便制订了详细的计划，并嘱咐全纪不可告诉他的母亲，因为其母是孙綝的姐姐，怕向孙綝泄露机密。

然而，全纪却是一个没有头脑的家伙，这等机密大事居然告知了其父，而其父更是没有头脑，明知道他的妻子是孙綝的姐姐，却还向她透露出三日内要杀孙綝。结果其母向孙綝泄密，导致计划破产而全纪被杀。

事实往往就是这样，人们对于外人的保密工作容易做到，而对家人的保密工作却不易办到，而这也正是保密工作最值得注意的地方。类似全纪的事情不仅古代有，现代也有。

第二次世界大战期间，美国一个水兵，在他服役的军舰行将从美洲开往欧洲作战时，他多嘴多舌，竟借公用茶室的电话通知朋友，将他的出发时间、开往地点、航行路线悉数暴露。不曾想隔墙有耳，当时在场窃听的一个德国间谍立即将这一情报报告了德国情报局，结果，这艘美国军舰很快被德国潜艇打入了龙宫！这个多嘴的"舌头"也喂了鱼虾。

其实三国中除了全纪这件事之外，有许多保密工作的方法还是值得借鉴的，例如，诸葛亮、曹操等都擅用"锦囊妙计"，动不动就给将领们锦囊，让他们临事再发。

例如，曹操赤壁战败后派曹仁守南郡，临走前嘱咐他："吾有一计，密留在此，非急休开，急则开之"，后曹仁与周瑜大战，此计派上了用场。

张辽、李典、乐进三人在合肥防御孙权军队，曹操听知孙权领兵进攻合肥，于是派人向张辽等送木匣一个，匣上有操封条，封条上写着："贼来乃发。"

由此可见，一个人的生死存亡有时候与能否保守秘密有很大的关系。其实不仅个人如此，企业同样如此。

在世界商战史上，商业机密历来被众多商家当作所有工作的重中之重。有时候，一条核心机密就是一个商机，甚至关系到企业的兴衰成败。

可口可乐的经营者一贯注重产品的质量，这是其百年不衰的主要原因之一。当坎德勒从彭伯顿手中买下可口可乐的专利时，他根据市场的需求，把这种糖浆式饮料兑水后，再加入天然材料，配成所谓"7X配方"，从而被世界各地的消费者欣然接受，消费迅速增加。

可口可乐之所以一百多年深受消费者喜爱，从而持续畅销，"7X配方"是其质量的支柱。

众所周知，可口可乐这么一种大众饮料，基本上是几种物质的混合物，即糖、碳酸水、焦糖、磷酸、咖啡因和"失去效能"的古柯叶及椰子果。可以说，其配料的99％以上是可以分析出来的。但有不到1％的"7X号物品"却保持着100多年的秘密，对谁也不告知此秘方，只有严格挑选的几个人知其秘密。如果需验查这秘方，他们必须到信托公司去，首先提出申请，经过信托公司董事会批准，在官员监视下，在指定时间内打开秘方的保险库门。

不管生意发展到多大，可口可乐经营者对于"7X配方"绝对不告知也不转让。可口可乐正是长期做到绝对保密，使化学家和竞争者花了上百年时间进行研究，至今仍未得到要领。这一保密经验，很值得现在经营者借鉴。

为了扩大业务，可口可乐公司不断进行推销，但均是推销可口可乐的浓缩液，绝不出售技术诀窍。自从1926年在古巴开设第一家可口可乐生产工厂以来，现在已发展到近百个国家开设加工厂了，在我国的北京、广州、厦门等地都有合作生产工作，但"7X"浓缩液却均从美国总公司运来。

一种饮料竟然每年能做近500亿美元的大生意，其产品生命周期百年不衰，现在全球人每天喝下20多亿罐可口可乐，可以说创下了经营史上的奇迹。这个奇迹的产生，很重要的一个因素是可口可乐的老板们始终坚持"百年大计"经营方针，绝不做"杀鸡取卵"、急功近利的生意。正如大众所知的，一般工业产品的生命周期是10多年，甚至三四年，但可口可乐的经营者针对这个问题，不论什么情况下都不告知不转让自有的技术诀窍，避免了市场上同类产品的自相残杀，可谓用心良苦。

对于一个企业来说，一条信息就意味着一个商机，甚至决定着这个企业的兴衰成败。因此，作为企业领导者，一定要站在企业生死存亡的高度，提高警惕，切实做好内部的保密工作。

只顾敛财的人是干不成大事的

【原典】

厚敛薄施者凋。

【张氏注曰】

凋，削也。《文中子》曰："多敛之国，其财必削。"

【王氏点评】

秋租、夏税，自有定例；废用浩大，常是不足。多敛民财，重征赋税，必损于民。民为国之根本，本若坚固，其国安宁；百姓失其种养，必有凋残之祸。

【译释】

只知道不择手段地敛财，榨取民脂民膏，对老百姓的苦难视而不见，这样下去朝纲政权迟早要凋败。

爱财似乎是很多人的天性，如果是老百姓，耍点小聪明，贪点小财，也无可厚非。但若站在领导者的位置上，若想成就一番事业，就不能太看重钱财了。钱财有其两面性，有了它固然可以荣华富贵，但也可以令你祸害缠身。在面对这些问题时，保持清醒的头脑还是必要的。

解 读

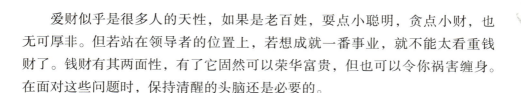

贪图私利失去信任

五代时，后唐的皇帝李存勖以救国救民号召百姓，招募将士，先后灭掉了后梁等国，势力达到了顶点。

天下略为安定后，李存勖开始贪图享乐，他对大臣们说："我军征战多年，今日有成，应该休息罢兵，享受太平生活。"

李存勖从此不理朝政，天天忙着看戏玩乐，一些忠直的大臣也被他疏远了。

皇后刘玉娘特别爱财，她把国库窃为己有，积攒了堆积如山的财宝。她任用自己的亲信做捞钱的肥差，四处暴敛，到处横征，百姓怨声载道。

忠心的大臣把刘玉娘的行为报告给了李存勖，他说："当天下人的君主，应该关心天下人的生死，这样人们才能爱戴他，国家也会安定。现在皇后只顾自己捞钱，全不管百姓如何生活，这样下去要出大事的，皇上一定要好好管教她。"

李存勖这时也失去了往日的爱民之心，他为皇后辩护说："筹钱粮，救民于水火，百姓一定会感激皇后的仁德，誓死保卫国家。"

刘玉娘把国库的东西视为自己的财产，她拒不交出赈灾，还生气地说："你是宰相，救济百姓是你的事，与我有什么关系？"

她只拿出两个银盆，让宰相卖了当军饷。宰相长叹一声，掉头就走，他对自己家人说："皇上、皇后只为自己享乐积财，这样怎能治理好国家呢？他们太自私了，国家一定会灭亡，我们也另做打算吧。"宰相也不管事了，朝廷陷于瘫痪。

时间不长，大将李嗣源就率兵反叛。李存勖领兵平乱，愤怒的士兵纷纷投向叛军，不愿再为李存勖卖命。

李存勖见事不好，急忙用重赏安稳军心，他对士兵们说："我带领你们打天下，绝不是为了我自己，是为了你们啊！这次如果平定了叛乱，你们每个人都有重赏，我说到做到，绝不食言！"

士兵们早不相信他了，这时见他还在说谎，不禁更加愤怒。他们发动了兵变，乱箭射死了李存勖。刘玉娘逃进了尼姑庵，也被士兵搜出，把她绞死。

李存勖、刘玉娘平时不知关爱将士百姓，只顾自己享受捞钱，结果导致国家灭亡，他们死不足惜。

一心为一己之私敛财的人是干不成大事的，他可以利用人于一时，一旦被人识破真面目，所有人都会离开他、反对他。为多数人谋取福利，首先要放弃个人的私利，这样才能办事公平，赢得世人的信任。

正所谓，无欲则刚强，无私才博大。有的人把个人的利益、名声、地位、权势看得高于一切，地位略有动摇，利益稍有损失，权势稍有削弱，就看成是大祸临头，结果生活得非常痛苦。只有解脱名利的羁绊和生死的束缚，只有从自我占有、自我为中心的心态中超脱出来，这时心灵世界才能像浩瀚的天空，任鸟儿自由飞翔。

勿让奋勇杀敌的人贫穷

【原典】

战士贫游士富者衰。

【张氏注曰】

游士鼓其颊舌，惟幸烟尘之会；战士奋其死力，专捍强场之虞。富彼贫此，兵势衰矣！

【王氏点评】

游说之士，以喉舌而进其身，官高禄重，必富于家；征战之人，舍性命而立其功，名微俸薄，禄难赡其亲。若不存恤战士，重赏三军，军势必衰，后无死战勇敢之士。

【译释】

如果奋勇杀敌的战士浴血捐躯，暴尸疆场，却一贫如洗，而游说四方的人靠一张嘴就披金戴银，这肯定是一个极不正常的时代。

俗语道："金钱不是万能的，没有金钱是万万不能的。"人人都有一些与生俱来的需要，如生存、稳定的收入、被人接受、希望别人尊重自己、渴望成功等。无论在哪个领域，金钱是冲锋在第一线的人的最根本需求之一。尽管他们人数众多，每个人都是那么普通，但这并不是忽略他们的理由。给他们应有的奖赏、合理的报酬，他们才能恪守本分，作出更大的贡献。

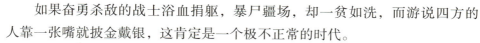

解　读

要想留住人首先满足他们的物质需求

从生活上关心人才，给人才以优厚的物质待遇，让人才别无所求，是管理者拴心留人、充分调动人才积极性的有效手段。

管仲是春秋时期著名的政治家、军事家和经济思想家。他刚担任齐国宰相时，政治上没有一点成绩，齐桓公就询问原因。管仲回答说："我地位虽高，但我依然贫穷。穷人无法指挥有钱人。"

桓公说："给你可以迎娶三个妻子的家用吧！"

过了一段时间，国政还是没有治理好，齐桓公又向管仲询问原因。

管仲回答说："我虽然有了钱，但我的身份却很卑微，使我无法管制高贵的人。"

齐桓公立即任命他为上卿，步入贵族的行列。

其后，齐桓公又尊管仲为"仲父"。

由于齐桓公满足了管仲的要求，给予管仲无比优厚的物质待遇和高贵的地位，使管仲有职有权，齐国政治很快走上了正轨。后来齐桓公成为"春秋五霸"之首，就是得力于管仲的辅佐。

在企业中，员工大都将工资与收益视为首选的指标，工资的多寡直接影响到员工在工作中的努力程度，影响着他们是否继续从事目前的工作。

虽然有人认为金钱激励有一定的负面影响，但是无论对谁，更高的收入总是很有诱惑力的。要让员工更加努力，就要奖励员工的出色工作。为了获得最好的效果，就必须付给员工恰当的报酬，这样才能留住最好的员工。可是很多领导者却总把支出的工资维持在最低水平。他们认为员工工资是成本的一部分，并且只想到如何最大限度地减少成本，以保证利润最大化，至于报酬与效果之间的关系，他们却视而不见。

在工作之中，必须让员工感受到自己的价值得到了他人的承认。不管你使用多么美妙的言辞表示感激，不管你提供多么良好的训练，他们最终期望的是得到自己应得的报酬，让自己的价值得到体现。

员工会按照市场情况和一些合适的对象进行比较，他们自己的收入影响着他们对工作的满意程度。不管一个人多么高尚，即使可能会因谋求个人的发展而牺牲个人收入，但不可能长期如此，因为他们要生存。最好的老板总是在员工要求增加工资前做好考虑，他们积极主动调查市场，保证自己员工的报酬比其他公司要高。这样可以让员工的宝贵精力和智慧用于实现最好的结果，而不是计较个人的报酬。聪明的管理者会积极主动地支付报酬，而不是等待员工提出要求。

但是，有时即使你付出的工资很高，还是有人不能满意。一旦员工开始为工资而抱怨，或者最好的员工开始另谋高就，就应引起你对问题严重性的重视了。解决问题的办法，最好是将个人业绩与报酬挂钩。你应当让员工清楚，真正努力的员工将会得到最好的报酬，但他们不会无缘无故得到报酬。

企业要有最强的竞争力，首先必须拥有最好的员工队伍，并根据其贡献大小给予最合理的报酬，尽可能让员工将个人利益与自己的努力结合起来。同时，也应尽量使报酬支付的形式简单化，将事情弄得越复杂，越容易导致不满和争议。

腐败是千年不变的公害

【原典】

货赂公行者昧。

【张氏注曰】

私昧公，曲昧直也。

【王氏点评】

恩惠无施，仗威权侵吞民利；善政不行，倚势力私事公为。欺诈百姓，变是为非；强取民财，返恶为善。若用贪饕掌国事，必然昏昧法度，废乱纪纲。

【译释】

行贿受贿明目张胆、堂而皇之地进行，是政治黑暗、国家衰败的表现。

在任何组织、团队里，腐败就像人的身体长了毒瘤，各种机能都会降低，这就会不可避免地威胁到管人者的管理效率。如果对待腐败分子手下留情，必定会给自己和组织带来很大伤害。对此，领导者必须动真格的，做到除恶必尽。

解　读

惩治腐败不可手软

在中国古代历史上，对腐败行为打击最严、手段最狠的当数平民出身的明朝皇帝朱元璋。

朱元璋自幼生长于贫苦之家，对元代官吏对待百姓的贪酷了如指掌，也认识到元末吏治的腐败是农民大起义爆发的原因之一，认识到要保证他所建立起的政权不重蹈元代覆辙，就一定要肃清腐败分子，杜绝贪污腐败。他因此为贪官污吏设立了严法酷刑，而且由于他个性狠毒，在实行过程中，还专门为贪官设立了一些法外非刑，以此来警戒天下官吏奉公守法。

对于贪赃舞弊行为，他则绝不轻饶。朱元璋认为，吏治之弊莫甚于贪虐，而庸鄙者次之，所以他说："朕于廉能之官或有罪，常加宥免，若贪虐之徒，虽小罪亦不赦也。"

官吏犯赃的，罪行较轻，朱元璋处以谪戍、屯田、工役之刑，也就是充军发配。如徐州丰县丞姜孔在任时，借口替犯人缴纳赃款，挨家挨户敛钞，结果全都塞进了自己的腰包。朱元璋查知此事，将姜孔发配去修长城。

洪武九年，"官吏有罪者，笞以上悉谪之凤阳，至万数"，其中绝大多数是犯赃官吏。而对罪行严重的，则处以挑筋、挑膝盖、剁指、断手、刖足、抽肠、劓、阉割、凌迟、全家抄没发配远方为奴、株连九族等酷刑。户部尚书赵勉夫妻贪污，事发后夫妻二人同时被杀。工部侍郎韩铎上任不到半年，伙同本部官员先后卖放工匠二千五百五十名，得钱一万三千三百五十贯，克扣工匠伙食三千贯，盗卖芦柴二万八千捆，得钱一万四千贯，盗卖木炭八十万斤，私分人己，事发被杀。

同历代封建专制制度的通病一样，明代贪污受贿的官员腐败案并不少见。例如，大名府开州通判刘汝霖，追索核州官吏代犯人藏匿的赃款，逼令各乡村百姓代为赔纳，被判枭首；凤阳临淮知县张泰、县丞林渊、主簿陈日新、典史吴学文及河南嵩县知县牛承、县丞母亨、主簿李显名、典史赵容安等收逃兵贿赂，使令他人代充军役，案发后两县官吏尽行典刑；福建东流江口河泊所官陈克素勾结同业户人，侵吞鱼课一万贯，又勾结东流、建德两县官吏王文质等，验了敛钞数万，被杀身死；进士张子恭、王朴奉命到昆山查勘水灾接受昆山教谕漆居恭、酋径巡检姚诚宴请，收受缎匹、衣服等物及钞币一千三百贯，将他们的二万二千六百亩已成熟田地谎报为受灾农田，朱元璋查知后，命锦衣卫给他们送去兵刃、绳索，勒令自尽。当时官吏贪污到银六十两以上者，均处以枭首示众、剥皮楦草之刑。行刑多在各府州县及卫所衙门左首供祭祀的土地庙举行，因而当时土地庙得名为皮场庙。贪官被押至土地庙，枭首挂在旗杆上示众，再剥下尸身的皮，塞上稻草，做成皮人，摆在公座之右，以警戒后任。

洪武年间，除了一些较小的惩贪案外，还有几次大规模地对贪官污吏的集中清洗，其中以空印案和郭桓案最为著名，声势也最为浩大，两案连坐被杀人数也最为惊人，累计共达七八万人。明初整肃吏治的斗争前后延续二三十年之久，打击面极广，甚至一些皇亲国戚，若是贪赃枉法，也在劫难逃。

明初整肃吏治的斗争，是朱元璋出于集权专制的目的进行的，因而带有一定的残暴特征。打击面大，处死极多，因此有时也不免产生一些先入为主的冤假错案，枉杀了许多无辜官吏。

可尽管如此，在无法解决制度问题的情况下，通过严酷手段整肃吏治、打击害群之马的斗争毕竟还是收到了前所未有的效果。朱元璋曾以为元代法令过于宽纵，以致人心懒散，江河日下，经过了半个世纪，人心都不畏法，所以他才主张峻法严纪。这一系列严法严刑确也使得贪官污吏望而止步。经过长期的严刑诛戮，做官的人终于认清了朱元璋立场的坚决，认清了本朝惩贪不贷，敢动真格，世道已经变了，开始人人自危，不敢恣肆妄为——郡县之官虽居穷山绝塞之地，去京师万余里外，皆心震胆，如神明临其庭，不敢放肆。"或有毫发出法度，失礼仪，朝按而著罪之。"官场风气在一连串严酷打击下，逐渐发生了改变，日趋清明——"一时守令畏法、洁己爱民，以当上指，吏治焕然不变矣。下逮仁宣抚绪休息，民人安乐，吏治澄清百分年。"后世清官海瑞由此而赞洪武朝："数十年民得安生乐业，千载一时之盛也。"

朱元璋不细加斟酌、妄加屠戮的作风当然是不可取的，而且也只能归结于他独裁的残暴，但他打击害群之马、整饬吏治的坚决态度，却值得后人学习。

26

记过不记善就是暴君

【原典】

闻善忽略，记过不忘者暴。所任不可信，所信不可任者浊。

【张氏注曰】

暴则生怨。浊，溷也。

【王氏点评】

闻有贤善好人，略时间欢喜；若见忠正才能，暂时敬爱；其有受贤之虚名，而无用人之诚实。施谋善策，不肯依随；忠直良言，不肯听从。然有才能，如无一般；不用善人，必不能为善。齐之以德，广施恩惠；能安其人，行之以政。心量宽大，必容于众；少有过失，常记于心；逞一时之怒性，重责于人，必生怨恨之心。疑而见用怀其惧，而失其善；用而不信竭其力，而尽其诚。既疑休用，既用休疑；疑而重用，必怀忧惧，事不能行。用而不疑，秉公从政，立事成功。

【译释】

在用人管人的时候，对下属好的一面视而不见，对他们的不足和过失却斤斤计较，这样的领导很容易成为暴君。对任用的人没有基本的信任，对信任的人却又不加以利用，这样的领导很容易成为昏君。

管人用人是一门需要宽容和信任的大学问。德才兼备的能人毕竟是少数，领导者不能只关注他们的缺点，如果这样，世界上就真的没有可用之人了。既然相信一个人的能力，就要义无反顾地任用，就要给他们足够的宽容和信任，这才是管理的真谛。

解 读

管理不能没有宽容之心

　　管理者的宽容品质能给予下属良好的心理影响，使下属感到亲切、温暖和友好，获得心理上的安全感。同时也因为管理者的宽容，下属因为感动而增强了责任感。此时，宽容会化作一种力量，激励人自省、自律、自强。因此，管理者适当的宽容可有效地激励下属。

　　有一位德高望重的长老，一天，他在寺院的高墙边发现一把椅子，他知道这是有贪玩的小和尚借此越墙到寺外去玩。于是长老搬走了椅子，站在这儿等候。午夜，外出的小和尚回来了，他爬上墙，再跳到"椅子"上，他觉得"椅子"踩上去的感觉有点怪，不似先前那么硬，软软的甚至有点弹性。落地后小和尚定睛一看，才知道椅子已经被挪走了，原来是长老用背脊来承接他的。小和尚仓皇不已，以后的一段日子他都诚惶诚恐等候着长老的发落。但长老并没有这样做，甚至压根儿没提及这"天知地知你知我知"的事。小和尚从长老的沉默和宽容中获得启示，他收住了心再没有去翻墙，通过刻苦的修炼，成了寺院里的佼佼者，若干年后，成为这儿的住持。

　　无独有偶，有位老师发现一名学生上课时常低着头画些什么。有一天，他走过去拿起学生的画，发现画中的人物正是龇牙咧嘴的自己。老师没有发火，只是憨憨地笑了一笑，要学生课后再加工，画得更神似一些。而从此那名学生上课时再没有画画，各门课都学得不错，后来他成为颇有造诣的漫画家。

　　通过上面的例子，我们设想一下，除去其他因素，归集到一点：主人公后来有所作为，与当初长老、老师的宽容不无关系，可以说是宽容唤起的潜意识，改变了他们的人生之舵。

　　宽容不仅是一种"海量"，更是一种修养促成的智慧，事实上只有那些胸襟开阔的人才会自然而然地运用宽容。反之，假如长老搬去椅子对小和尚进行惩罚，也没什么说不过去的，小和尚可能从此收敛，但未必会真正反省，取得以后的成就。同样，老师对学生的恶作剧通常是大发雷霆，继而是狠狠批评，但往往因为方式太"通常"了，就很难取得"不通常"的效果。

　　其实这都涉及一个问题，即管理。所谓管理，说到底就是理顺人与人的对应关系，使管理者与被管理者之间达到和谐的统一。真正上档次的管理是一门艺术和智慧。你可以把对方"管"得规规矩矩、"理"得顺溜听话，但你如果不会运用宽容，就可能把人的可塑性和创造力抹杀，又有什么艺术和智慧可言？

缺乏宽容的管理者，不仅容不了别人的错误，也容不得别人的不同意见。他们搞"一言堂"，反对下属积极参与管理，结果只会使下属丧失了责任感和积极的心态。因为有意见者往往是积极的思考者。管理者如果有了宽容精神，必将使下属获得发挥才能的最佳心理状态。

宽容不仅是容忍他人的缺点那么简单，也包括宽容失败。失败常常来源于创新的路途。创新是组织获得向上动能的源泉。如果一个组织不能容忍因为创新引起的失败，就是在提倡一种保守、墨守成规和静止的管理和经营思维。倘若我们的管理者能对失误者说一声"接着再试，相信自己"，宽容下属的失败，这将减轻下属的心理负担，使他们启动智慧，反而能够创造奇迹。

无论从哪方面来说，宽容对于管理，对于激励，都有着不容忽视的作用。作为一个管理者，我们必须学会宽容，这样，才能团结众人的力量，最大限度地发挥人才的效能，让自己的团队发展壮大。

刑罚不可滥用

【原典】

牧人以德者集，绳人以刑者散。

【张氏注曰】

刑者，原于道德之意而恕在其中；是以先王以刑辅德，而非专用刑者也。故曰：牧之以德则集，绳之以刑则散也。

【王氏点评】

教以德义，能安于众；齐以刑罚，必散其民。若将礼、义、廉、耻，化以孝、悌、忠、信，使民自然归集。官无公正之心，吏行贪鳋；侥幸户役，频繁聚敛百姓；不行仁道，专以严刑，必然逃散。

【译释】

聚集人才、收拢人心靠的是德，一味地用武力和刑罚是解决不了问题的。

刑罚虽然是强制性的手段，但它是建立在道德基础上的。所以在实行法治的时候，千万不能忘记刑罚内含的宽恕原则。圣明的君王不得已而用刑罚，目的是辅助道德礼制的建设，并不单纯是惩治人。孔子说：居上位者自身有真正的道德，然后严格要求下属，下属犯了错误，自己就觉得很羞耻，会自觉约束自己；如居上位者自己不讲德行，全凭严刑峻法管理人，人们就会专找法律的漏洞，回避了惩罚反而认为很高明，内心毫无愧意。因此说，以德恕为归宿的法治会使全国上下日益团结；相反，只能上下离心，全民离德。

解　读

对待下属要有起码的尊重

凡是读过《三国演义》的人都知道，张飞既不是死在战场之上，更不是老死家中，而是被自己的部下偷袭致死的。喜欢他的读者，大都为他喊冤，但是只要我们细细分析一下，张飞被杀是个必然，一点也不冤枉。

上下级之间是需要互相尊重的。倘若我们粗暴地对待下属，下属又如何尊重我们呢？张飞从来就不是一个懂得如何尊重别人的人。

首先从刘备三顾茅庐请孔明出山说起。一顾茅庐寻访不着孔明时，张飞便说："量一村夫，何必各个儿自去，使人唤来便了。"当两番寻不着孔明，刘备准备亲自前往再寻孔明时，张飞更说出了："量此村夫，何足为大贤？今番不须哥哥去；他若不来，我只用一条麻绳缚将来。"这点从表面上看，张飞是比较鲁莽，然而倘若他懂得尊重孔明，又怎会说出这些话？

再者，就是张飞不懂得尊重吕布。吕布虽然人品有点问题，但是吕布既然投靠了刘备，张飞自然应该给他点面子。在刘备让他守徐州的时候，他故意刁难吕布手下素不饮酒的曹豹，并借曹豹来发泄对吕布的不满，蛮横地责打了曹豹，直接导致了曹豹与吕布里应外合夺取了徐州。

最终，在接到兄长关羽被杀的消息之后，不顾实际情况，强行让手下三日内采办齐三军的白旗白甲。手下说材料不够请求宽限几日，便挨了他五十大板，并扬言三日内采办不齐，便会将他们斩首。为了保命，他的手下也只能狗急跳墙地对他下手了。

当然，这些都是小事。张飞在军中行刑杀人，鞭打士卒那就更是家常便饭了，故而手下对他下手的时候，根本没有手软。

现实中，由于个体差异，每个人在社会中的地位同样存在着差异。这样的差异就使一些人内心的天平失去了平衡——在自认为毫无利用价值、地位低下的人面前，他们显得高人一头，对于这些人总是不屑一顾。

俗话说得好："人活一张脸，树活一张皮。"有的人地位虽低，但并不表示他们没有尊严。只要我们能够做到"敬人一丈"，他人最起码也会"敬我们一尺"的！故而，在待人做事上，我们应该抱着尊重的态度才行，不要因为地位或工作分工不同而轻视甚至鄙视他人。

有奖赏才可立大功

【原典】

小功不赏，则大功不立；小怨不赦，则大怨必生。

【张氏注曰】

人心不服则叛也。

【王氏点评】

功量大小，赏分轻重；事明理顺，人无不伏。盖功德乃人臣之善恶；赏罚，是国家之纪纲。若小功不赐赏，无人肯立大功。志高量广，以礼宽恕于人；德尊仁厚，仗义施恩于众人。有小怨不能忍，舍专欲报恨，反招其祸。如张飞心急性躁，人有小过，必以重罚，后被帐下所刺，便是小怨不舍，则大怨必生之患。

【译释】

再小的功劳也要给予奖赏，这样才有可能立大功；犯了小错切忌惩罚，能原谅的一定要原谅，否则就会有大错发生。

关于奖赏和惩罚，已经说过很多次了，黄石公一再强调这些，足见其重要性。这一节所说的重点是奖赏。

舍得舍得，有舍才有得，小舍小得，大舍大得，不舍不得。一件东西，总是紧紧地抓在手里，不舍得放下，手里就没有多余的空间来接其他的东西。虽然人们都明白"凡事有舍才有得"的道理，可许多人一到真事就犯糊涂，在用人时斤斤计较，生怕自己损失点什么。要想有大成，就一定要彻底杜绝犹豫不决、患得患失的毛病，不要总盯着鼻子跟前的蝇头小利。为此，千万别忘了"舍不得孩子套不住狼"这句中国的老话。为了获大利，就不能计较在使用人才上的得失，因为真正笑到最后的人，往往就是拿到西瓜而不在乎丢掉一两粒芝麻的管理者。

解　读

多一点奖赏　少一些惩罚

虽然我们强调赏罚分明，但这并不是说赏和罚必须一样多。毕竟，奖赏和惩罚并非目的。受奖赏者，励其用命之忠，使之感恩戴德，更加效力于己；受惩罚者，责其背义之行，用以警示部下深思。

奖赏是正面的激励手段，即对某种行为给予肯定，使之得到巩固和保持。而惩罚则属于反面激励，即对某种行为给予否定，使之逐渐减退。这一正一反都是管人不可或缺的重要手段。

管理者在运用奖赏与惩罚手段时，必须掌握两者不同的特点。一般来说，正面强化立足于正向引导，使人自觉地去行动，优越性更多些，应该多用。而反面强化，由于是通过威胁恐吓方式进行的，容易造成对立情绪，故要慎用，只能将其作为一种补充手段。

因为，对员工进行处罚时，他们首先想到的不是对其表现的反省，而是对自身利益受损的恐惧和戒备。企业靠组织目标与个体目标的趋同一致来吸引员工，更多情况下，需要一种积极的氛围来促使员工协作，实现目标。在这个过程中，以正面激励（奖励、表扬等）回应理想的绩效表现的效果，远胜于以负面激励（批评、处罚）来回应不理想的绩效表现。

心理学的测试结果表明，任何人只要头脑正常，都不想看到自己的工作一团糟。但为什么许多员工在刚进入公司时都表现得非常积极，工作十分卖力，一段时间过后就会消极、散漫、拖拖拉拉呢？最主要的原因是管理者在管理过程中对"人性"的把握还不到位。做管理就是研究人，即对"人性"的分析、了解、引导、奖赏等，最终达到有效管理的目的。

每一位员工，他们的成长环境、年龄、文化程度、宗教信仰、气质及性格类型都不同，导致想法及做事方法都会存在一定差异。所以作为管理者，不能对工作不积极的员工一罚了事，而要不断地观察和沟通，了解、认识自己的员工，对症下药，只有知道员工心里所想的，才能知道用什么样的方式来刺激他们努力工作。

人所有行动力的根源都可以归结为一点，即追求快乐与逃离痛苦。员工不努力工作，往往是因为还没有让他们更直接地感受到努力工作会有什么快乐，他们不知道为何而努力工作。而且也许目前给他们造成的印象恰恰是——努力工作没什么快乐，至少不够多。因此在管理过程中，经常采用"多一点奖赏，少一些惩罚"的原则，从而让员工在工作过程中产生一定的"快乐"，增强员工的积极性。

因此，管理者在管理员工的实践中，对于正面和反面的驭人要有主有辅，有重有轻，不可同等对待，平分秋色。一般来说，正面激励的次数宜多，反面激励的次数宜少；正面激励的气氛宜浓，反面激励的气氛宜淡；正面激励的场合宜大，反面激励的场合宜小；正面激励宜公开进行，反面激励宜个别进行；在制定奖励和惩罚条例时，要考虑到人们的期望值和承受力。

以正面激励为主、以反面激励为辅的激励策略，可以延续组织目标与个体目标的方向一致性，为企业绩效管理工程的推行，为实现组织的发展目标提供强大的支持。

当然，这并不是说，在管人时只正面激励不反面激励。根据强化原理，对需要改进工作的下属，进行适当的"鞭策"还是非常有必要的。但鞭策应注意适度，只要认为他仍有通过改进达到要求的可能，适度的轻责，便可以减低或避免因重罚而带来的负面影响。

29

奖惩一定要分明、公正

【原典】

赏不服人，罚不甘心者叛。赏及无功，罚及无罪者酷。

【张氏注曰】

非所宜加者，酷也。

【王氏点评】

赏轻生恨，罚重不共。有功之人，升官不高，赏则轻微，人必生怨。罪轻之人，加以重刑，人必不服。赏罚不明，国之大病；人离必叛，后必灭亡。施恩以劝善人，设刑以禁恶党。私赏无功，多人不忿；刑罚无罪，众士离心。此乃不共之怨也。

【译释】

给有功者以奖赏，却导致很多人不服，惩罚有过失的人，却让他心有不甘，这都会导致下属离心叛德。奖赏那些无功之人，惩罚那些无罪之人，这都是昏庸的酷吏的做法。

奖赏和惩罚是管人用人必用的手段，用好了事半功倍，如果用不好不但事倍功半，搞不好还会出乱子。问题是，怎样才能用好这一手段，让它发挥最大的效用呢？很简单，最基本的要求就是做到公正、分明。

解 读

奖罚不明祸害无穷

奖与罚是重要的管人手段之一。奖与罚一定要分明，该奖就奖，该罚则罚，否则就会给组织埋下祸根。

在我国古代，对"赏""罚""分""明"四个字分外重视。人们认识到，国家兴衰、朝代更迭大半因用人不当，用人不当大半与赏罚不明有关。

对于奖罚分明的重要性，早在战国时期的魏惠王与其大臣卜皮的一次对话就说明了。

魏惠王问卜皮："你担任地方官的时间很久，和百姓接触的机会最多，应该听过百姓对寡人的批评吧？""百姓都说大王很仁慈。"魏惠王听后大喜："是吗？果真如此，国家一定能治理好。""不，相反，国家快要灭亡了。"魏惠王愕然："寡人以仁慈治国，这样有错吗？"卜皮回答："陛下只想给天下百姓仁慈的形象，就不能居人之上。所谓的仁慈包含怜悯、仁心、宽厚、慈祥。如今即使百姓、大臣犯罪，陛下在处罚他们时，也会踌躇不前。有过而不罚，无功却受禄。天下人都会看不起大王，百姓也会放肆。臣说国家快要灭亡，就是这个道理。"

北魏时，尚书驾部郎中辛雄为人贤明，对下属赏罚分明，处理政事公正无私。他还曾上疏说："一个人之所以面对战阵却能忘记自身的危险、冒犯白刃而不害怕的缘故，第一是追求荣誉，第二是贪求重赏，第三是害怕刑罚，第四是逃避祸难。如果不是这几个因素，那么就算圣明的天子也无法指挥他的臣下，慈祥的父亲也无法劝勉他的儿子了。圣明的天子知道这种情况，因而有功必赏，有罪必罚，使得无论亲疏贵贱勇怯贤愚，听到钟鼓的声音，看到旌旗的行列，无不奋发激昂，争先奔赴敌阵的，这难道是他们讨厌长久地活着而乐意快死吗？利害摆在面前，是他们欲罢不能罢了。自从秦、陇叛变，蛮左造反，已经过了几年，三方面的军队，战败多而战胜少，追究他们的原因，确实是由于赏罚不明。陛下尽管颁下明诏，随时赏赐，但是将士的功勋，经年不能决定，逃亡的士兵，平安在家，因而使得守节的人无所羡慕，一般的人无所畏惧。前进攻打贼寇，死亡临头而赏赐遥遥无望；撤退逃散，生命保全却没有罪刑，这是使得士卒看见敌人就沮丧奔逃，不肯全力打仗的缘故。陛下如果真能号令必信，赏罚必行，那么军中士气一定大增，贼寇一定会平定了。"

古人尚且明白这个道理，作为一个现代管理者，更应该认识到奖罚分明的重要性。如果奖罚不分明，其后果是相当糟的。

首先会打击员工的积极性。如果一个管理者奖励了一个不该奖励的员工，而把应该奖励的忽略了，把优秀的员工晾在一边不管不问，这会严重挫伤他们的积极性，并且使员工形成在这个公司出色地工作还不如投机取巧的想法。

其次奖罚不明会流失优秀人才。在一家小型炼油厂里，有个肯钻研的小伙子，他通过多年的实践经验及理论摸索，总结出了一套改进设备以提高出油率的先进方法。他把这个方案提交给他的主管，主管却不屑一顾，并对他说："我招你来是为我做事，不是叫你去干那些不三不四的事，这样不是耽误我的事吗？回去给我好好干活吧！"

按理，主管应该提倡技术革新，对从事技术革新并做出成绩的下属要大加赞扬并且予以奖励。而这个主管不但没有给做出技改成绩的下属以奖励，反而把他臭骂了一顿，致使那个员工愤而离开，转投到另一家炼油厂去了。

在管人过程中，奖励和惩罚是两种不可缺少的手段，奖罚分明会对一个组织的有效运转起到非常积极的作用。对有功者的奖励必然应伴随着对无功或有过者的惩罚。二者不仅要相互结合，不可分割，而且要泾渭分明。管理者如果不能做到奖罚分明，还不如不奖不罚，因为奖罚不明所引起的不良后果远比不奖不罚大得多，甚至会使结果偏离初衷，从而导致人心涣散、组织混乱。

30

喜欢谗言排斥忠谏者必亡

【原典】

听谗而美，闻谏而仇者亡。

【王氏点评】

君子忠而不佞，小人佞而不忠。听谗言如美味，怒忠正如仇仇，不亡国者，鲜矣！

【译释】

听到无益的谗言，就感觉心里很舒服，看到那些上谏忠告的人就像看到仇人一样，这样的当权者除了灭亡没有第二条路可走。

当领导的最容易犯的过失有三：一是好谀，二是好货，三是好色。英明的领导人可以避免珍宝美色的诱惑，但最难避免的是阿谀奉承。往往最初有所警觉，日久天长就习惯了。最后听不到赞歌，甚至唱得不中听就开始生气了。到了对歌功颂德者重用，犯颜直谏者仇恨的地步，倘不知悔改，那就要走向灭亡了。

解 读

好听的话有毒逆耳之言受益

有人会说，每个人都爱听好听的话。好听的话的确能够使人精神愉悦，同时又长面子，可是有些好听的话犹如漂亮的罂粟花，开放时美丽，而结果却有毒。

"耳中常闻逆耳之言，心中常有拂心之事，才是进德修行的砥石。若言言悦耳，事事快心，便把此生埋在鸩毒之中也。"一个人如果常听难以入耳的忠言，常遭遇使心中不悦的难事，就能修身养性，提高自己的品德；相反，假使一直听悦耳的话，行事又很顺利，就会自然而然地松懈下来，如同中了鸩毒一般，此生再也无望了。

闵公元年，管仲向齐桓公进谏："宴安鸩毒，不可怀也"。原来齐桓公爱姬甚多，常在后宫饮酒作乐，管仲见了很担心，就把酒色比作鸩毒，劝诫齐桓公勿近醇酒妇人。齐桓公毛病很多，由于有管仲辅佐治国，对管仲的批评也能接受，才使齐国成为春秋五霸之一。然而到管仲去世后，一切都发生了变化。

管仲死前齐桓公去看望他，并问他："仲父病成这个样子，有什么话要和寡人说吗？"管仲劝他离易牙、竖刁、常之巫这些人远点。

齐桓公说："易牙把自己的宝贝儿子煮熟了让我尝鲜，这么忠心耿耿的人还值得怀疑吗？"

管仲说："人之常情，谁不疼爱自己的孩子？既然他可以忍心烹杀自己的儿子，那么将来对你，还会有什么不忍心做的事情呢？"

桓公又问道："竖刁把自己阉了以亲近寡人，这样的人也值得怀疑吗？"

管仲回答道："按人之常情来看，没有不爱惜自己身体的。能下狠心把身体弄残了，那么对国君又什么下不得手的呢？"

桓公又问道："常之巫知道人的生死，能治重病，这样的人也值得怀疑吗？"

管仲回答道："死生，是一定的；疾病，是人体失常所致。主君不顺其自然，守护根本，却完全依赖于常之巫，那他将对国君无所不为了。"

桓公又问道："卫公子启方，事奉寡人十五个年头了，他父亲死时都不肯离开寡人回去奔丧，这样的人也值得怀疑吗？"

管仲回答道："按人之常情来说，没有不爱自己生身父亲的。他父亲死了都不肯回去，那对国君又将如何呢？"

管仲死后，齐桓公开始时还记着管仲的劝告，将这些人赶出了宫外，可是非常不习惯没有这些人的日子，又将他们接回来了。齐桓公将管仲劝告置之脑后，重用易牙、竖刁等人。这些人投其所好，阿谀谄媚，齐桓公在他们的奉承下，上进心尽失，政治渐渐腐败，他自己还觉得没有不妥，说："仲父的话是言过其实了。"齐桓公生病的时候，这几个人一同叛乱。他们在桓公寝室四周筑起围墙，禁止任何人入内。这时，桓公哭得鼻涕横流，感慨道："唉！还是圣人的眼光比我们远大呀！若是死者地下有知，我还有什么脸面去见仲父呢？"说罢，自己扬起衣袖捂住脸部，气绝身亡，死在寿宫。尸首无人理睬，以致腐烂发臭，蛆虫爬出门外，上面只盖一张扇，三个月没人安葬。

从此，齐国的霸业也骤然衰落了。

齐桓公的死可以说是他自己一手造成的，他的悲剧提醒人们，如果听不到批评意见，听不进难以入耳的忠言，就认识不到错误，察觉不了灾祸，无法提醒、鞭策自己，如此，是件很危险的事；整天被赞扬的话包围，赞美之词不绝于耳，就像喝含有"鸩毒"的美酒一样，听多了就会丧失警觉，削弱自己奋发向上的精神，沉湎在自我陶醉的深渊中，积羽沉舟，最终毁了自己。

贪人之有必招败亡之祸

【原典】

能有其有者安，贪人之有者残。

【张氏注曰】

有吾之有，则心逸而身安。

【王氏点评】

若能谨守，必无疑失之患；巧计狂徒，后有败坏之殃。如智伯不仁，内起贪饕、夺地之志生，奸绞侮韩魏之君，却被韩魏与赵襄子暗合，反攻杀智伯，各分其地。此是贪人之有，返招败亡之祸。

【译释】

能珍惜自己有的，则心安理得，朝夕泰然；贪求别人所有的，始而寝食不安，继而不择手段，最后就要铤而走险。最终的结果轻则身心交瘁，众叛亲离；重则银铛入狱，灾祸相追。

所有的祸害和痛苦都是贪念从中作梗。

老子曾针对当时社会中某些人丧失自我于物欲、迷失本性于世俗的现象，阐述了修身养性的道理。他认为"圣人为腹不为目，故去彼取此"——圣人对生存的条件并不苛刻，他们没有过多的贪欲，只追逐内心的满足。

像老子这样对人与社会认识透彻的人，对于人生的态度是不会过于激进的。他们知道人事的微妙和社会的错综复杂，如履薄冰是他们真实的感觉，很少有放松的时刻。烦恼都是因事情而起，而好事也绝非那么单纯。其实，人们眼中的美事儿有许多都是虚幻的，它们能让人逐步堕落，过分地追逐物欲只能给人们带来一时的快乐，而引发的祸患却是长久的。

解 读

"知足知止" 才是明智之举

春秋时期，越国被吴国打败，越王勾践带领残兵逃到会稽山上，被吴军团团围住。勾践派人向吴王夫差请降，夫差不答应，勾践几乎绝望了。

这个时候，勾践的谋臣文种、范蠡为他出主意说："吴国大臣伯嚭十分贪财，他现在正受夫差宠信，如果用重礼向他行贿，他一定会为我们说好话的。"

勾践于是让文种带上大量金银财宝，又选了八位美女，前去求见伯嚭。

伯嚭偷偷地接见了文种，他一见重金和美人，心中就高兴起来。文种对他说："我奉命来见你，是不想让好事给别人占去啊。财宝和美人都在这儿，只要你肯替我家大王美言几句，让吴王退兵，这些就都是你的了。"

伯嚭说："越国灭亡了，越国的东西都会归吴国所有，这点东西又算得了什么呢？你是骗不了我的。"

文种早有准备，他马上说："如果是这样，越国的一切也都归吴王所有，你是得不到半点好处的。何况只要越国不亡，我们定会时时记得你的恩德，进献永远不会停止。这是天大的好事，聪明人是不会拒绝的。"

伯嚭觉得文种说得在理，于是收下美人和财宝，答应替越国求情。

伯嚭的一位心腹看出了问题，他对伯嚭说："越国送钱送人，看似是好事，实际上这是陷你于不义啊！他们现在有求于你，才会这样，哪里是他们的真心呢？收下礼物，以后的麻烦就大了。"

伯嚭不听规劝，从此百般在吴王面前说勾践的好话，越国终于保存下来。

勾践在吴国做人质期间，文种给伯嚭送礼无数，从未间断。伯嚭不停地为勾践进言，帮助他回到了越国。

勾践灭掉吴国后，伯嚭自以为有功，欢天喜地拜见勾践。勾践对他说："你贪财好色，出卖自己的国家，还有脸见我吗？"

勾践杀了伯嚭，他的家人也一个不留。

伯嚭让主动上门的好事迷住了双眼，不厌其多，结果搭上了自己和全家人的性命，还断送了吴国。他不问青红皂白，见好事就要，这是他贪婪幼稚的表现，注定会有那样的下场。

古人因为贪欲而丢权丧命的不在少数，而现代人却依然没有感悟老子的这方面智慧——有些人认为，"吃点拿点收点，不算什么大问题"，这种自谅心态使他们忽视了贪欲之害。

清乾隆年间最风光的大臣非和珅莫属，其实和珅的一生从另一角度来说是非常成功的。他由起初的一名默默无闻的三等侍卫，成长为皇帝身边的红人，不论是拍马溜须也好、有真才实学也罢，总的来说他是成功的：乾隆在位时，他可谓呼风唤雨，乾隆对于他的贪污之事并非全然不知，然而由于对他甚为喜爱，也就睁一只眼闭一只眼了。

和珅之死，一个是与乾隆的退位有关，另一个就是他过于贪得无厌的缘故。据查抄时记载：他的家产中包括了无数的奇珍异宝，有的甚至连皇宫里都不曾拥有。他的家产折合了两亿六千四百万两白银，还有许多价值连城的宝物无法估价。如果按现在的估价一算，大概和珅拥有 11 亿两白银的资产，简直富可敌国。

这么多的资产是和珅不知疲倦、不知休止地贪污而来的。也可以说这些资产加速了和珅的灭亡，是他的催命符。试想，如果和珅能够适可而止，在乾隆退位之后，他也不至于人头落地而一无所获。

所以说做人不要过分追逐那些"生不带来死不带去"的虚空幻物，各种贪欲就不会成为扼杀我们美好人生的隐形杀手。换句话说，人生少一分贪念，便会多一分快乐、多一分幸福。

"知足知止"才是明智之举，尽管这样不会得到很多，然而它却可以让我们拥有某些实在的东西，更不会为了无底的欲望而丢掉性命、一无所得。

安礼章第六

顺应世理才能做事事成

　　黄石公在本章所言之"礼"，其意义已经超出了一般意义上的礼数，其本质足以上升到"理"的高度。所谓"理"，就是一个人安身立命、成就伟业的做事手法，更是一个有纲领性质的指导方针。当你感觉世间艰难，处事不顺时，原因可能就在于你没有遵循这个"理"。

1

不舍小过会让人怨恨

【原典】

怨在不舍小过。

【王氏点评】

君不念旧恶。人有小怨，不能忘舍，常怀恨心；人生疑惧，岂有报效之心？事不从宽，必招怪怨之过。

【译释】

抓住下属微小的过失不放就容易招致他们的怨恨。

俗话说得好：人非圣贤，孰能无过？如果当领导的对别人一点小小的过失就百般挑剔，一棒子打死，那么，下属就会觉得理不公，气不顺，怨恨不满的情绪也就会随之而产生。所以，不计较部属的小过，既是一个领导人应有的雅量，也会让人觉得你通情达理，富有人情味，凝聚力也就因此而产生。

患祸的出现，在于没有防患于未然并采取相应的对策。如果能在灾祸未成规模的时候就采取相应的措施加以疏导，化变故于无形，就可以达到"我无为而民自安"的祥和目的。怨小过，防未患，这是无为而治天下必须掌握的一个要则。

解 读

给予下属再来一次的机会

《菜根谭》中有这么一段话："宽人之恶者，化人之恶者也；激人之过者，甚人之过者也。"意思是说：宽恕别人的错误，就是帮助别人改正错误；用激烈的态度对待别人的错误，就是要让别人再错上加错。

没有人愿意犯错误，但是人非圣贤又孰能无过呢？面对一个犯了错误的下属，你是严加斥责，使他从此以后在工作中畏首畏尾呢，还是通过帮助使他认识到错误并加以改正，从哪里跌倒再从哪里爬起来呢？

其实，下属犯了错误，最痛苦的是其自身，应该给其改正错误的机会。给予下属再来一次的机会，常会收到一石三鸟的用人效果：一能使其感激领导的宽厚仁慈；二能使其痛悔自己的过错；三能使其拼命工作，以便将功补过。而且，实践表明，有过错的人往往比有功劳的人更容易接受困难的工作。重用有过错的人实际上就是对他的一种强大的激励，可以使其一跃而起，创造出令人"刮目"的成绩。

同时，对于有过错的人才而言，他们最需要的就是获得重新证明其价值和展示其才华的机会，尤其是当他们因过错而受到别人的歧视冷落时，这种愿望就更为迫切。管理者一旦提供这样的机会，他们就会迸发出超乎平常的热情和干劲儿，付出几倍，甚至几十倍的努力去弥补以前的过失。

在美国南北战争期间，有一个名叫罗斯韦尔·麦金太尔的年轻人被征入骑兵营。由于战争进展不顺，兵源奇缺，在几乎没有接受任何训练的情况下，他就被匆忙地派往战场。在战斗中，年轻的麦金太尔被残酷的战争场面吓坏了，那些血肉横飞的场景使他整天都担惊受怕，终于开小差逃跑了。但很快他就被抓了回来，军事法庭以临阵脱逃的罪名判他死刑。

当麦金太尔的母亲得知这个消息后，她向当时的总统林肯发出请求。她认为，自己的儿子年纪轻轻，少不更事，他需要第二次机会来证明自己。然而部队的将军们力劝林肯总统严肃军纪，声称如果开了这个先例，必将削弱整个部队的战斗力。

在此情况下，林肯陷入两难境地。经过一番深思熟虑后，他最终决定宽恕这名年轻人，并说了一句著名的话："我认为，把一个年轻人枪毙对他本人绝对没有好处。"为此他亲自写了一封信，要求将军们放麦金太尔一马："本信将确保罗斯韦尔·麦金太尔重返兵营，在服役完规定年限后，他将不受临阵脱逃的指控。"

如今，这封褪了色的林肯亲笔签名信，被一家著名的图书馆收藏展览。这封信的旁边还附带了一张纸条，上面写着："罗斯韦尔·麦金太尔牺牲于弗吉尼亚的一次激战中，此信是在他贴身口袋里发现的。"

一旦被给予第二次机会，麦金太尔就由怯懦的逃兵变成了无畏的勇士，并且战斗到自己生命的最后一刻。由此可见，宽恕的力量是何等巨大。

世上没有十全十美的人，没有谁能保证一辈子不做错事。因此，对待有过错的人才要有宽容的胸襟，不要因为对他们的期望高而求全责备。

其实，你放手让优秀的人去做的事情都是比较重要的，相对而言，也是比较容易出现闪失的，因此，就应当以一颗平常心去对待有可能出现的过错。对于那些过错，应当对各种情况进行分析，在此基础上去理解和原谅他们。作为管理者，应当认识到，优秀的人都会犯错，别的人，包括自己恐怕也难以避免。因此，就算是因为对方个人的原因，你也要采取一种宽容的态度，毕竟不能因为一次过错就否定整个人。

只有第二次机会才有可能弥补先前犯下的过失。如果我们能宽容一点，给他再来一次的机会，鼓励他，而不是打击他，那么也许你真的可以看到奇迹。

未雨绸缪谋算者必胜

【原典】

患在不预定谋。

【王氏点评】

人无远见之明，必有近忧之事。凡事必先计较，谋筹必胜，然后可行。若不料量，临时无备，仓卒难成。不见利害，事不先谋，反招祸患。

【译释】

不在事前做好谋划，在问题发生之前不做好防范的准备，这都是失败的根源。

在大家的心目中，能够做到未雨绸缪、防患于未然的人都是有大智慧的人。事实上，早在几千年前老子就发表过此言论，他说："其安易持；其未兆易谋；其脆易泮；其微易散。为之于未有，治之于未乱。"就是鼓励人们在没有发生危险之前，进行全面的谋划，提高对危险的预测能力，能够达到防患于未然、减少损失的目的。

解　读

"未雨绸缪"胜过"亡羊补牢"

"未雨绸缪"的确要比"亡羊补牢"强得多，至少不会丢掉"亡羊补牢"中的那只羊。这虽然是调侃，但却是事实。历朝历代都不乏那些未雨绸缪、预测能力非凡的智者，可以说这些智者中，最重要的一位非诸葛亮莫属了：他的预测能力简直达到了一种神乎其神的地步——如果说赤壁之战借东风是观天象而得的结论；那么在让孙权"赔了夫人又折兵"的较量中，不能不说明他的预测之神了。

《三国演义》中记载：刘备和诸葛亮"借"了荆州后，毫无归还之意。周瑜正苦于讨还荆州无计可施，忽闻刘备丧偶，便计上心来，对孙权说："你的妹妹很漂亮，刘备刚刚死了老婆，我们不妨来个美人计，以联姻抗曹的名义向刘备招亲，把他骗到我们这里幽禁起来，逼他们拿荆州来换。"孙权一听这个主意不错，就立刻派人到荆州招亲。

刘备听了使者的话，不知是否有诈，很是犹豫不定。诸葛亮思考了一会儿，对刘备说："您只管去吧，让赵云陪您去。我自有安排，包您得了夫人又不失荆州。"刘备和赵云出发之前，诸葛亮暗地里关照赵云："我这里有 3 个锦囊，内有 3 个妙计，到孙权那里打开第一个；到年底打开第二个；危急无路时打开第三个。"赵云点头，把锦囊收好。

刘备、赵云带了 500 名士兵到了孙权那里，孙权假装一副很守信用的样子，表示愿意把自己的妹妹嫁给刘备。事实上，他只想暂时把刘备稳住，好把他困在此处，并不真想把妹妹嫁给刘备。现在应该怎么办呢？赵云打开了第一个锦囊，上面写着：将计就计。赵云心中有了主意，便命令士兵去购买结婚用品，并到处宣扬："刘备要和孙权的妹妹结婚了！"他还劝刘备去拜见乔国老。

乔国老把这件事告诉了孙权的母亲。孙权的母亲一听大怒，召见孙权骂道："男婚女嫁乃人生大事，怎么我做母亲的竟然不知道女儿要出嫁？那个刘备是个什么样的人我总得见见吧？"于是传令在甘露寺相亲。老太太与刘备见了面后大喜，没想到刘备是个仪表堂堂、气度不凡的人，便同意把女儿嫁给刘备。这下子，孙权是哑巴吃黄连——有苦难言，只好依了母亲，把妹妹嫁给了刘备。

出主意的周瑜也是苦不堪言。一计不成，又生一计。他对孙权说："刘备是苦出身，极少享乐，现在可以利用声色犬马迷住他，离间他们上下级的关系，到时再出兵夺取荆州。"孙权听了周瑜的话，觉得有理，便给刘备提供各种各样的玩意儿，刘备乐不思蜀。刘备和孙权的妹妹关系也非常好，两个人过得很幸福。

赵云见刘备迷恋新婚生活，不打算回荆州了，心里很苦恼。恰好到了年底，他想起了诸葛亮的锦囊，便打开了第二个，看后心领神会。他向刘备报告："曹操出兵 55 万要报赤壁之仇，荆州危急，主公宜速赶回。"刘备大惊，第二天就带着夫人，借口到江边祭祖，一路朝荆州方向飞奔而去。

孙权知道真相后，急派人马追赶，又派周瑜的队伍在前方挡住去路。眼见情况危急，赵云打开了诸葛亮的第三个锦囊，把里面的妙计给刘备看。刘备依计向夫人哭诉，说孙权、周瑜利用美人计想诱杀自己。孙权的妹妹与刘备的感情一直很好，她早已把自己和刘备的事业紧紧联系在一起。听了刘备的话，她非常气愤，便走出座车，对追赶上来的士兵严辞斥骂。将士们见孙权的妹妹发火了，便让开大路让刘备他们通行。

　　刘备和士兵们走到荆州地界的时候，周瑜又率兵赶到，结果被诸葛亮早已布下的伏兵杀得丢盔弃甲，大败而回。

　　诸葛亮不愧是一个预测大师，在刘备出发之前，他已经周密地思考了敌我双方的力量及可能出现的问题，提出相应对策，因此，刘备和赵云才能够在紧要关头做到处变不惊，逢凶化吉。

　　由此我们不难看出，是否具有预测能力对于一个人成就事业是十分重要的。然而对于那些不屑思考或者不懂得未雨绸缪的人来说，失败与痛楚则成了他们忠实的"随从"。

　　所以在事情没有发生之前，一定要学会运用发散性思维，全方位地思考问题，将各种可能发生的情况都纳入考虑的范畴，采取排除法，最终确定一种或几种最有可能发生的情况，然后针对情况准备，那样便能将危险与损失降到最低。

积善者福　积恶者祸

【原典】

福在积善，祸在积恶。

【张氏注曰】

善积则致于福，恶积则致于祸；无善无恶，则亦无祸无福矣。

【王氏点评】

人行善政，增长福德；若为恶事，必招祸患。

【译释】

时刻记得积善的人一生幸福平安，平日里作恶多端，总有一天会遭到恶报，大难临头。

解　读

善有善报，恶有恶报

刘备在临死的时候，吩咐他儿子牢记："毋以善小而不为，毋以恶小而为之。"刘备这样一位枭雄，仍对自己的儿子作这样的教育。我们看历史传记，常常提到某某人的上代，做了如何如何的好事，所以某某人有此好结果。

"善有善报，恶有恶报"这句古老的箴言，仔细品味，的确能咀嚼出于今人生活实践有益的营养。

"善有善报，恶有恶报"表达了善良人们的强烈心理期待。拉法格在《思想的起源》一书中向人们描述了原始人对善恶有报的深切渴望。其实，文明人又何尝不是如此？正义的理念无论怎样千变万化，"善有善报，恶有恶报"始终是正义一成不变的内涵之一，文明人类早已把善恶有报嵌入正义的深层结构之中。也许正是对善恶有报的渴望，才有对善无善报、恶无恶报的一些现象的控诉，以及古代社会对清官的祈盼与向往和宗教对来世报应的虚设。因此，顺乎民心，自然包括尽可能地满足老百姓善恶有报的愿望。

"善恶有报"，在滚滚的历史洪流中积淀下来的这四个沉甸甸的字，似有一种神奇的力量，总能让善良的人最终与平安幸福相伴。没错，老天的眼睛是雪亮的，助人者天助。

鄙视劳动者忍饥　懒于织造者受寒

【原典】

饥在贱农，寒在惰织。

【王氏点评】

懒惰耕种之家，必受其饥；不勤养织之人，必有其寒。种田、养蚕，皆在于春；春不种养，秋无所收，必有饥寒之患。

【译释】

忍饥挨饿的人大多是因为鄙视农业劳动，在寒风中哆嗦的人大多是因为懒于养蚕织造。

一直以来，勤劳都是我们中华民族最令人称道的传统美德。我们的祖先在那个蛮荒年代用勤劳和汗水创造了辉煌灿烂的中华文明，从而跻身于世界四大文明古国之一。直到今天，与"中国人"这三个字联系最紧密的仍然是"勤劳"。

具体到一个人，勤劳更是他安身立命的最重要的品德之一。自古以来，没听说过哪个懒汉有过什么作为，反而受到人们讽刺的故事倒是不少。

解读

业精于勤荒于"惰"

从前，某地有一个懒到极点的人。因为这个人实在懒得什么事也不肯干，所以，最后拿到 3 个饭团，被赶出了家门。

"上哪儿去呢？"

懒汉不知去哪儿才好，没办法，就把装有饭团的包裹吊在脖子上，漫不经心地走着。可是走着走着，肚子突然饿了。

"啊！肚子饿了，真想吃饭团儿啊，可是要取出来吃，可太麻烦了！"

真是一个少见的懒汉，他为此忍着饥饿。

"怎么没人来呀，要是有人来的话，就请他帮忙解开包裹。"

他边走边想着，这时，从对面走来一个头戴斗笠、张着嘴巴的男人。

"嘿嘿，莫非他饿慌了，才把嘴张得这么大？"

他这么想着，等他走过来。

"喂，能不能替我解下吊在脖子上的包裹啊？里面还有 3 个团子呢，让一个给你怎么样？"

于是，那男人回答说："你说什么呀，我的老弟，我正愁斗笠的绳子松了，而系起来又是那样的麻烦，所以才张开大嘴，好让下巴去绷紧那绳带啊！"

或许故事过于夸张，生活中并不存在如此懒惰的人，但是懒惰带来的恶果却是切切实实存在的。

懒惰的习惯让人一事无成，让人总是等待机遇而不是主动追求，有了行动也主动放弃；懒惰的习惯令人厌倦几乎所有的事，对任何的事情都不感兴趣，也没有任何动力；懒惰使人总是浑浑噩噩，不知道自己要干什么，庸庸碌碌度过一生。

贫穷不是罪，但因懒惰而导致贫穷则是一种罪。懒惰让我们失去目标，失去热情，失去机会，即使是天赐良机摆在我们身边，我们也对它视而不见。这样的人，你说他对得起上苍给我们安排的美丽人生吗？

达·芬奇曾经说过："勤劳一日，可得一夜安眠；勤劳一生，可得幸福长眠。"如果一个人懒惰一天，那便是浪费了一天的光阴，可能浪费了一个绝佳的成功机会；如果一个人懒惰一生，那就是毁了自己的人生，让自己带着失败的烙印走向死亡。

每个人都有允许自己偷懒的时候，但是成功者与失败者的区别在于对待偷懒行为的不同方式。成功者在心里有一个目标，也有一条准则，准则督促着自己不要懒惰，要向目标不断迈进。而失败者则放纵自己懒惰，并任由懒惰成为一种习惯，仿佛在享受一种闲适，其实在虚度自己的人生。

或许有的人会说，自己天赋不错，比起其他人来说有懒惰的资本。别人忙一周的工作我只需要一天就通通搞定。但是如果你仅仅将标准定格在那些天赋不如你的人身上，总有一天，他们也将超过你。

懒惰可以毁人，而相对的，勤劳却可以成全一个人。

唐朝大文学家韩愈说过一句经典的名言：业精于勤荒于嬉，行成于思毁于随。后来有一个人把这句让多少人受益终生的经典发挥到了极致，他就是齐白石。

齐白石小的时候，家里生活艰难。读了半年书，他只得辍学打柴放牛。他从小爱好绘画，但由于家境的贫苦，买不起纸墨，便用废账簿和习字纸练习绘画，常常到深夜。12岁后，因体弱无力耕田，改学雕花木工，为了寻求雕花新样，与绘画结下了不解之缘。有一年，他偶然得到一部残缺的乾隆年间翻刻的《芥子园画谱》，喜不自禁，反复临摹起来，逐步摸到了绘画的门径。

齐白石27岁那年正式从师。从此，他数十年如一日，几乎没有一天不画画。据记载，他一生只有三次间断过：第一次，是他63岁那年，生了一场大病，七天七夜昏迷不醒；第二次，是他64岁那年，他的母亲辞世，由于过分悲恸，几天不能画画；最后一次，是他95岁时，也因生病而辍笔。

三次加起来也仅仅一个多月的时间。他一生作画四万余幅，吟诗千首；他自乐"三百石印富翁，"其实，他治印共计三千多万，被著名文学家林琴南誉为"北方第一名手"，与他的画齐名。

齐白石直到60岁前画虾还主要靠摹古。62岁时，齐白石认为自己对虾的领会还不够深入，需要长期细心观察和写生练习。于是就在画案上放一水碗，长年养着几只虾。他反复观察虾的形状、动态。然而，这个时期的功夫，依然还是侧重追求外形。画出的虾外形很像，但精神不足，还不能表现出虾的透明质感。65岁以后，齐白石画虾产生了一个飞跃，虾的头、胸、身躯都有了质感。这以后他开始专攻虾的某些部位，画虾不仅追求形似，更追求神似。70岁达到了形神兼备的程度，到了80岁，齐白石老人笔下的虾简直是炉火纯青了。但他仍是非常勤奋。

85岁那年，他一天下午连续画了四张条幅，直到吃饭时，仍然坚持再画一张。画完后题道："昨日大雨，心绪不宁，不曾作画。今朝制此补充之，不教一日闲过也。"

真是勤勉不倦。他早年曾刻"天道酬勤"印章以自勉。临终前又留下

"精于勤"的手迹以勉人。他还有一块"痴思长绳系日"的印章，足见他一生是何等的勤奋。

1953年，白石老人已是93岁高龄，一年中仍画下了600多幅画。

正因为他一日也不"闲过"，在绘画、篆刻方面作出了卓越的贡献，成为世界文化名人。他90寿辰时，国务院文化部授予他"中国人民杰出的艺术家"的光荣称号。

爱因斯坦说："在天才和勤奋之间，我毫不迟疑地选择勤奋，它是世界上一切成就的催生婆。"没错，一勤天下无难事，所有有作为的人都会告诉你，是勤奋成就了他们伟大的一生，所以千万别让懒惰毁了你，一时的偷懒能让人轻松，但要成了一种习惯，那你永远成不了气候。

天下安定是因为得到了优秀的人才

【原典】

安在得人，危在失士。

【王氏点评】

国有善人，则安；朝失贤士，则危。韩信、英布、彭越三人，皆有智谋，霸王不用，皆归汉王；拜韩信为将，英布、彭越为王；运智施谋，灭强秦，而诛暴楚；讨逆招降，以安天下。汉得人，成大功；楚失贤，而丧国。

【译释】

能安安稳稳地掌控天下，是因为身边有贤能之人辅佐；社稷朝不保夕是因为人才都流失了。

人的力量是无穷的，人才是人中之杰，其力量更是无穷的，人才的重要性绝对不容忽视，谁忽视了人才，谁就掘掉了事业的根基。曾国藩深谙人才之重要性，他始终把人才作为事业成功的基石。曾国藩在事业发展过程中，还逐渐形成了一套系统的人才观点，从认识人才、察视人才，到吸纳人才、任用人才，从培养人才、选拔人才，到推荐人才、评价人才，他无不有先见之明、过人之举。后人评之有超凡的识人之眼实不为过，其选拔、任用人才的观点值得我们深思。

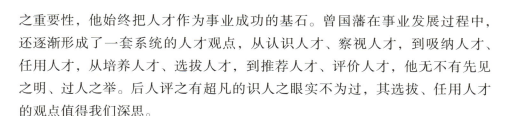

人才是事业成败的关键

人才的因素是事业成败的最关键因素。有贤者相助则败势亦可转危为安，弱势也可茁壮成长。当然事业也是成于贤才，损于庸才，败于小人。刘基作为朱明王朝开国元勋之一，也以长于谋略深受朱元璋器重，被朱元璋比为汉代的张良，称之为"吾子房也"。刘基元末曾经为官，目睹了当时社会政治的腐败。他把自己的政治主张、哲学思想用寓言杂论的方式表达出来，写成了一部奇特的著作叫《郁离子》。在这部政论著作中，用了二十多篇的文字专门讨论用人问题，既阐发了他一贯的用人思想，也明显地、巧妙地结合了当时的社会实际，尤其在用人问题上提出了诸多精辟的主张，因此也可以说，这是一部讨论用人与人才的名著。在这部著作中，刘基首先提出了去浮饰，求真才。言必称先王、三代，认为古人优于今人，慕虚名而不求实才，重古贤而轻今人是封建统治者常有的偏颇。刘基尖锐地批判这种陈腐观念。在著名的《良桐》篇中，他写道：有一位善于制琴的工匠叫工之侨，得到一块优质桐木，"斫而为琴，弦而鼓之，金声而玉应，自以为天下之美也"，将琴献给主管宫廷礼乐的官员太常。太常看了看摇头说，这不是古物。工之侨将琴带回，"谋诸漆工，作断纹焉。又谋诸篆工，作古字焉。匣而埋诸土，期年出之。"琴被挖出之后，"抱之以市，贵人过而见之，易之以百金；献诸朝，乐官传视，皆曰：'稀世之宝也'。工之侨闻之，叹曰：'悲哉世也，岂独一琴哉，莫不然也，而不早图之，其与亡也。'"

一把好琴，因新制"弗古"，被弃之不取，一旦弄假仿古，身价百倍。这不仅是一把琴，而是整个社会的偏见。工之侨因此兴叹，避世深山，实际是刘基的自喻。从反复古的意义上说，刘基的用人思想是有革新意义的。

刘基又以马喻人才。在《八骏》
这篇文章中，叙述善于识马的造父死
后，人们不能识马，仅以产地判别马
的好坏。以冀产为优，非冀产为劣，
在王宫群马之中，以冀产马为上乘，
作为君王乘驾之马；以杂色马为中乘，
作为战时用马，而以冀州以北的马为
下乘，供公卿骑用。而江淮之马只算
是散马，只服杂役。其养马者也以此
划分等级。后来，强盗侵入宫中，紧
急调马参战，内厩推辞说："我是君
王外出乘的马，不应我去！"外厩说：
"你食多而用少，为什么先让我上
阵？"结果互相推诿，许多马匹反被
强盗劫走。此文以马喻人，指出对人

的使用不能因地域、民族而区分高下、尊卑，只能依据真实才能。与去浮饰、
求真才相辅的是去假象、辨真伪。

　　人有善恶，才有真伪，历代有不少恶徒小人冒充贤才而招致祸患的。刘
基举例说，战国时楚国春申君虽称门客三千，但良莠不辨。"门下无非狗偷鼠
窃无赖之人。食之以玉食，荐之以珠履，将望之以国士之报……春申君不寤，
卒为李园所杀，而门下之士无一能报者。"人才的善恶与药草一样颇多假象，
因而需透过表面鉴别。刘基以采药喻辨别人才：一位山中有经验的老丈介绍
说：岷山之阴有一种药名叫"黄良"，此药"味如人胆，禀性酷烈，不能容
物"，外表丑恶。然而，将黄良"煮而服之，推去百恶，破症解结，无秽不
涤，烦疴毒热，一扫无迹"，分明是一种苦口性烈的高效良药；另外一种草
"其状如葵，叶露滴人，流为疮质，刻骨绝筋，名曰断肠之草"，这种草，外
形美好，实为恶毒。因而"无求美弗得，而为形似者所误"。

　　在现代社会，重视人才的观念也越来越深入人心。一个没有人才意识的
领导者不是称职的领导者，想成就事业者，请从吸纳人才开始吧！

勤俭的人才会真正的富有

【原典】

富在迎来，贫在弃时。

【张氏注曰】

唐尧之节俭，李悝之尽地利，越王勾践之十年生聚，汉之平准，皆所以迎来之术也。

【王氏点评】

富起于勤俭，时未至，而可预办。谨身节用，营运生财之道，其家必富，不失其所。贫生于怠惰，好奢纵欲，不务其本，家道必贫，失其时也。

【译释】

富有是因为勤劳节俭，贫穷是因为骄奢淫逸。

要使国富民强，百姓知礼节晓荣辱，廪实为要，勤劳为本，商贸为道。明代人李晋德著有《商贾醒迷》一书，堪称"商典"，该书中有这样几段话：

商人如果不俭省节约，怜惜钱财，那就是辜负了自己披星戴月、跋山涉水的辛苦经营。作为一个商人，不辞艰难，不分昼夜，登山涉水，浪迹四海，所追求的一点点利润，都从惊心恐惧、辛勤劳作中得来的，如果对自己的钱财不俭省、爱护和怜惜，那么自己辛苦劳碌还有什么意义呢？

能够创造财富，又能够把持住家业，那么即使经受风雨、漂泊四海，又有何妨？

解 读

理财的关键是要懂得节俭

在现代企业中理财，首要的任务仍然是节俭。没有一个成功的理财者是靠"铺张浪费"而发家致富的。

节俭是一种可以养成的习惯，也可以说是使事业成功的因素。

"勿以善小而不为。"节俭也是一样，不论大小。

一旦事业开始，对天性节俭的人而言，其成功机会较才华相同者要多。而节俭的人，他知道只有减少开支和成本才有赚钱机会，而在今天高度竞争的市场里，即使在小方面去节俭，聚少成多，也是很可观的，甚至造成赚钱和赔钱的区别。

除此之外，对一个有节俭习惯的人而言，他似乎永远有一笔积蓄。以防不时之需。必要时可使他渡过难关，或使他有扩张和改进的机会，而不必去借钱。

聪明的人都知道，能做到"节俭再节俭"，对自己有很大的帮助，在生活中如果你能经常节俭，直到成为你的第二天性，你就会在事业上，收到由这些为你带来的利益。

从节俭到奢侈很容易，从奢侈再到节俭却很艰难。吃饭穿衣，如果能想到来之不易，就不会轻易浪费。一桌酒席，可以置办好几天的粗茶淡饭，一匹纱绢，能做好几件的衣服……有的时候要常想着没有的时候，不要等到没有的时候再想有的时候，如果这样，子子孙孙都能享受温饱了。

在过去的农业社会，一个家族的兴起，往往是经过数代的努力积聚而来的，为了让后代子孙能体会先人创业的艰辛，善守其成，所以常在宗族的祠堂前写下祖宗的教诲，要后代子孙谨记于心。现在我们虽然已经很少看到这一类古老的祠堂，但是我们心中的祠堂又岂在少数？五千年的历史文化，无一不是先人艰辛缔造的，这历史的殿宇，文化的庙堂，便是整个民族的大祠堂。

7

为上者要避免下属多疑

【原典】

上无常操，下多疑心。

【张氏注曰】

躁静无常，喜怒不节；群情猜疑，莫能自安。

【王氏点评】

喜怒不常，言无诚信；心不忠正，赏罚不明。所行无定准之法，语言无忠信之诚。人生疑怨，事业难成。

【译释】

上位者反复无常，言行不一，部属必生猜疑之心，以求自保。

身为领导者要公正克己，不偏不向，不急不躁，只有这样才能让下属安心地做好自己的工作。如果掌握权力的人主喜怒哀乐无常，按照自己的喜好做事而不顾下属的感受，进退举止没有一个人君的样子；或者管理者急功近利，目光短浅，频繁制定各种政策法规，而且各项政策互相抵触，那么，下属们就会无所适从，疑虑重重。一个国家、一个公司的混乱往往由此而生。

解读

领导者不可厚此薄彼

领导者在与下级关系的处理上，要一视同仁，同等对待，不分彼此，不分亲疏。不能因外界或个人情绪的影响，表现得时冷时热、躁静无常。

当然，有的领导者并无厚此薄彼之意，但在实际工作中，难免愿意接触与自己爱好相似、脾气相近的下级，无形中冷落了另一部分下级。

因此，领导者要适当地调整情绪，增加与自己性格爱好不同的下级的交往，尤其对那些曾反对过自己且反对错了的下级，更需要经常交流感情，防止造成不必要的误会和隔阂。有的领导者对工作能力强、得心应手的下级，亲密度能够一如既往。而对工作能力较弱或话不投机的下级，亲密度不能持久甚至冷眼相看，这样关系就会逐渐疏远。

有一种倾向值得注意：有的领导者把同下级建立亲密无间的感情和迁就照顾错误地等同起来。对下级的一些不合理，甚至无理要求也一味迁就，以感情代替原则，把纯洁的同事之间的感情庸俗化。这样做，从长远和实质上看是把下级引入了一个误区。而且，用放弃原则来维持同下级的感情，虽然一时起点作用，但时间一长，"感情大厦"难免会土崩瓦解。

某一公司主管，对于部属的人事考核，感到很伤脑筋，于是想到，索性给全体一样的分数，而后向上级解释："不管哪一个，看起来都很不错，所以……"

其实，即使是同一学校的毕业生，也并不意味着会有相同的能力，因而采取这种评分的方法，多是由于主管本身缺乏判断力的缘故。表面看来，好像做到了平等待遇，而事实上，再也没有比这更不平等的了。

要真正做到平等，就必须对每一位部属的个性、能力、特点做一区别，定出一个基准，在平等的基准上，找出个别的差异，这才叫作平等。

作为一个优秀的主管，在平常的行事中，就应该一碗水端平。确立平等的标准和态度，一脱离标准，就要亲自反省，如此才能获得部属的信赖。

不轻慢上级　不侮辱下级

【原典】

轻上生罪，侮下无亲。近臣不重，远臣轻之。

【张氏注曰】

轻上无礼，侮下无恩。淮南王言：去平津侯如发蒙耳。

【王氏点评】

承应君王，当志诚恭敬；若生轻慢，必受其责。安抚士民，可施深恩、厚惠；侵慢于人，必招其怨。轻蔑于上，自得其罪；欺罔于人，必不相亲。君不圣明，礼衰、法乱；臣不匡政，其国危亡。君王不能修德行政，大臣无谨惧之心；公卿失尊敬之礼，边起轻慢之心。近不奉王命，远不尊朝廷；君上者，须要知之。

【译释】

轻慢上级难免会罪及自身，侮辱怠慢下级难免会众叛亲离。看不起身边的亲信大臣，留在身边却不重用，其他的臣子就会轻视叛逆。

上级对下级以礼相待，下级自然回报以忠诚，这是君臣相处之常道。如果为下级的对上级居功轻慢，那么上级即使软弱无能，也会忍无可忍，做下级的轻则削职，重则亡身。从另一个角度看，上级如果喜怒无常，欺凌侮辱下级，下级就不会亲近他，他就成了真正的"孤家寡人"，政策法令就无法实现上下畅通。历史上许多弑君犯上事件，多数因此而发生。

解 读

切忌侮辱下属斥责要讲究方式

有效的御人离不开必要的批评，但不能粗暴，也切忌侮辱，一定要讲究方式。

对于外向型性格者，大可毫不客气地纠正其错误。因为，此种类型者在被斥责之后，通常不会留下后遗症。换言之，他们懂得如何将遭受斥责的不甘心理向外扩散，脑中余留下的只是教导的内容。甚至上司若对他们大发雷霆时，他们反而能提高接受的程度。

然而，对于内向性格的人则不可采取前述的方法。由于内向性格者在受到责骂时，情绪会变得非常紧张，且往往将不甘心理积沉于心底。如此一来，不但无法将痛苦往外扩散反而可能因此萎靡不振。对于这种类型的人，可融批评于表扬之中，即先表扬，后批评，在被批评者自尊心理的天平两边各加上相同的砝码，使他保持心理平衡，理智地接受批评。

身为上司，如果只是指出对方的错误，而不是见了面就加以痛斥，相信下属将不至于产生诸如上面的想法，而觉得上司并不是在指责自己的为人，只是针对自己在工作中的过失罢了！于是便会虚心学习，努力谋求改进。愿意更进一步地接受上级的批评和指导，从而使上级的统御力大大地增强。

例如，商店某售货员在柜台内违反工作纪律与人闲聊，经理批评她的方法是，早晨上班见面时，先夸奖她穿戴得体，打扮漂亮，在她受到夸奖而心情愉快时，这才对她严肃地说，你今后在工作时间要多注意柜台纪律。显然，这种批评很容易为人接受。因为人受称赞后再听批评，心里不会不是滋味的。

有些领导喜欢"痛打落水狗"，下属越是认错，他咆哮得越是厉害。他心里是这样想的："我说的话，你不放在心上，出了事你倒来认错，不行，我不能放过你。"或者："我说你不对，你还不认错，现在认错也晚了！"

这样的谈话进行到后来会是什么结果呢？一种可能，是被骂之人垂头丧气，假若是女性，还可能号啕大哭而去。另一种可能，则是被骂之人忍无可忍，勃然大怒，重新"翻案"，大闹一场而去。

这时候，挨骂下属的心情基本上都是一样的，就是认为："我已经认了错，你还抓住我不放，实在太过分了。在这种领导手下，叫人怎么过得下去？"性格比较怯懦的人会因此而丧失信心，刚强的人则说不定会发起怒来。

显然，领导这样做是不明智的。

有的领导说："不是我得理不让人，这家伙一贯如此。做事的时候漫不经心，出了问题却嬉皮笑脸地认个错就想了事，我怎么能不管他？"

的确有这样的人。即使这样的人，在他认错之后再大加指责仍是不高明的。不论真认错假认错，认错本身总不是坏事，所以你先得把它肯定下来，然后顺着认错的思路继续下去：错在什么地方？为什么会犯这样的错误？错误造成了什么后果？怎样弥补由于这一错误而造成的损失？如何防止再犯类似错误？等等。只要把这些问题，尤其是最后一个问题解决了，批评指责的目的也就达到了，管他是真认错还是假认错呢？

要知道，一千个犯错误的下属，就有一千条理由可以为自己所犯的错误作解释、辩护。下属有能力自我反省，在挨批评之前就认错，实在是很不错了。当下属说："我错了"，当领导的还不能原谅他，那实在不能说是个高明的领导。

此外，对领导批评之后即能认错道歉的下属也不用太责备，特别是一些极轻微的错，第一次犯错误和不小心犯错误等，只要稍微提醒他一下即可。

犯错是第一阶段，认错是第二阶段，改错是第三阶段。不管是经过批评后认错，还是未经批评而主动认错，都说明他已到达第二阶段，当领导的只能努力帮助他迈向第三阶段。

是"信"还是"疑"

【原典】

自疑不信人，自信不疑人。

【张氏注曰】

暗也，明也。

【王氏点评】

自起疑心，不信忠直良言，是为昏暗；己若诚信，必不疑于贤人，是为聪明。

【译释】

自己怀疑自己，则不会相信别人；自己相信自己，则不会怀疑别人。

黄石公的意思是说，是信还是疑，不可一概而论，要分具体情况。自疑疑人，是由于对局势不清，情况不明；自信信人，是由于全局在胸，机先在手。

解 读

不可轻易相信也不可轻易怀疑

子曰："众恶之，必察焉；众好之，必察焉。"

孔子说："大家都讨厌的人或事，不要轻易相信，必须自己加以考察后做判断；大家都认为好的人和事，也不要随从，还要自己再观察，然后做结论。"

孔子提出的这一主张，既抓住了人们认识并判断事物的错误所在，又恰到好处地点明了正确认识、判断事物的途径和方法，它是我们为人处世不可忽视的重要策略。历史上大量正反事例，也反复印证了它的必要性。要"不疑人，也不受人欺"，哪一方面有了偏失，都会带来危害。

周公曾辅助周武王灭殷建立周朝，不幸，武王灭殷后，就病重不起。在武王生病期间，周公十分担忧，便写了一篇祷文，请求上天让自己代武王而死。史官把周公的祈祷记在典册上，放进用金绳索捆的匣子里，珍藏起来。武王逝世后，武王的儿子成王继位，因年纪小，不能管理国家大事，就由周公代理。这时，周公的哥哥管叔、弟弟蔡叔等人，对周公代管政事大为不满，一方面到处散布流言，说周公要篡夺王位；另一方面组织力量联络已归降周朝的纣王儿子武庚，策划叛乱。周公为避开锋芒，只好避居东都。周成王对这些传言，将信将疑。他看到周公不但在武王执政时期表现出忠心耿耿，尤其在自己年幼即位时，他代管朝政，处理政事井井有条，对自己、对母后也是毕恭毕敬，当自己能亲政时，毫不犹豫地把政权交给自己，由此看来，流言不可信。可是不相信吧，又觉得周公是先朝元老，自己年轻力量单薄、根基不牢，流言也绝非空穴来风，一时拿不定主意。不过他并未贸然对周公采取非礼的行动。不久成王发现了周公所写的祷文，才深切地了解到周公对周王朝的忠诚，很受感动，于是派人接回周公，帮助治理国家，并派他率领部队平定了武庚、管叔和蔡叔的叛乱。

对于众人的意见、社会的传言，信还是不信，都不能盲目，既不要盲目相信，也不要盲目不信。正确的态度、重要的途径是必须"察"之。察传言所讲事物的原委、内情，察自己对传言所指对象的了解深度、广度和正确度，尤其要察散布传言者的动机、目的，有了这几"察"，才能尽量不做出错误的举动。

狂妄邪恶的人不会有正直的朋友

【原典】

枉士无直友。

【张氏注曰】

李逢吉之友，则"八关"、"十六子"之徒是也。

【王氏点评】

谄曲、奸邪之人，必无志诚之友。

【译释】

对待别人狂妄而邪恶，这样的人不会有正直善良的朋友。

有句话说：你怎样对待别人，别人就会怎样对你。这是处世交友的基本原则。只有真心对待别人，自己才会有真正的朋友。

解 读

仁义之人自有仁义的朋友

战国时期，齐国的孟尝君广招天下宾客，不管宾客有无才能，他都一律以礼相待，奉为上宾。

有人劝孟尝君不要这样，说："你志在求取贤人，帮助你建功立业，如今很多无才无德的人混了进来，骗吃骗喝，而你却视而不见？"

"我只不过破费些钱财，可赶走他们，他们就会以我为仇了，谁知道会有什么祸事发生呢？"

孟尝君这样仁义，可有人还是不领情，一个宾客竟和他的一位小老婆暗地里私通。孟尝君知道后并未主张惩治那个宾客，反而为他开脱说："男人喜爱美色，这是人之常情。要怪，也要怪我的小妾淫荡无耻了。如果她遵守妇道，这种事就不会发生了。"

孟尝君的手下又气又怒，坚持要把那个宾客治罪，他们说："你讲仁义，原谅他人的过错，所以他们才会胆子越来越大。如今这种无耻的事都出来了，再不严办，我们都没脸待下去。你三番两次替坏人说话，你到底为了什么呢？"

孟尝君说："为了我自己啊！我树大招风，说不定哪一天就会大难临头，到了那时，只有我的仁义才会救我。人心都是肉长的，我今天给人留条活路，他日人家才会卖力帮我。这也是我不咄咄逼人的原因。"

一年之后，孟尝君又推荐那个宾客到卫国为官。那个宾客感动万分，日夜思想报答孟尝君的恩情。

后来，齐国和卫国关系恶化，卫国国君想要联合其他诸侯攻打齐国。这时，那个宾客冒死进谏，他对卫国国君说："我并没有什么才能，多亏孟尝君的推荐，这才被大王器重。大王和齐国交战违背盟约，也不会占什么便宜，不该草率。大王如果坚持攻打齐国，我就死在大王的面前。"

在那位宾客的努力下，齐国避免了战祸，度过了危机。孟尝君受过多次挫折，都依赖他的宾客之力一一化解。他关心别人，为他人着想，结果受惠最多的还是他自己。这就是他屹立不倒的根本原因。

许多人求功心切，为达到自己的目的，损人利己，他们认为只有这样才能快快有成，其实他们大错特错了。成功需要别人相助，灾难更需要他人援手克服，没有朋友便会死路一条。如果一个人极端自私，人们自会处处和他过不去，拆他的台，这样的人绝不会有大成就的。

"一分耕耘，一分收获"，我们不要总想如何去得，而是要学会如何去舍，懂得了付出才会懂得取得，有付出才能有回报，没有无回报的付出，同样也没有无付出的回报，付出越大，回报越大。为人为己也是如此，只有为别人着想，别人反过来才会帮助自己。

有好领导才有好下属

【原典】

曲上无直下，危国无贤人，乱政无善人。

【张氏注曰】

元帝之臣则弘恭、石显是也。非无贤人、善人，不能用故也。

【王氏点评】

不仁无道之君，下无直谏之士。士无良友，不能立身；君无贤相，必遭危亡。谗人当权，恃奸邪榜害忠良，其国必危。君子在野，无名位，不能行政；若得贤明之士，辅君行政，岂有危亡之患？纵仁善之人，不在其位，难以匡政、直言。君不圣明，其政必乱。

【译释】

上级不正，下级自然也没什么好德行，这样一来，国家走向穷途末路，政坛必然也跟着混乱不堪，最终也就导致贤能和善良之人不复存在了。

所谓"上有所好，下有所效"，就是说居高位者品德不规，邪癖放浪，身边总要聚集一帮子投其所好的奸佞小人或臭味相投的怪诞之徒。楚王好细腰，国中尽饿人；汉元帝庸弱无能，才导致弘恭、石显这两个奸宦专权误国；宋徽宗爱踢球，因重用高俅而客死他乡；此类事例，俯拾皆是。

解 读

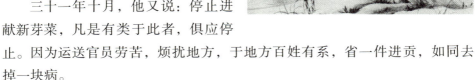

要想吏治清廉用人者应以身作则

励精图治的帝王无不希望臣下厉行节俭，而很多帝王不明白的是，只有帝王躬行节俭，才能倡起节俭的吏治风尚。

康熙不尚空谈，注重实践。他对以皇帝个人享受荣华富贵为中心内容、劳民伤财的大兴土木举动不感兴趣。康熙八年，只有十六岁的康熙就有过出色的表现。当时，因乾清宫交泰殿的栋梁朽坏，孝庄太皇太后提出拆掉重建，以作康熙听政之地。康熙是孝子贤孙，不敢违背祖母的意图，但却批示工部：不求华丽、高贵，只令朴实、坚固、耐用，他学习古人，如陶唐时代茅茨不剪，采椽不斫，夏禹时代宫室是卑，与民同乐，先化后乐，以做天下楷模。

二十四年十月，康熙帝对掌膳食官员说：现在的酥油、乳酒等物品，供给有余，收取足用则已，不可过多。蒙古地方很贫穷，收取者减少，则平民百姓日用所需，就可以满足。

三十一年十月，他又说：停止进献新芽菜，凡是有类于此者，俱应停止。因为运送官员劳苦，烦扰地方，于地方百姓有系，省一件进贡，如同去掉一块病。

三十四年十二月，户部报告说：吉林乌拉地区打捕貂鼠不足额，供应不上，管理此事的官员应该议罪。康熙帝说：数年以来经常捕打，所以貂少，只能维持原数而已。就因为不够数，讨论处分有关的人员，等于给无辜者加罪。实在不公。如果得不到上等的貂皮，朕但愿少穿一件貂皮大衣，那有什么关系？而且貂价非常昂贵，又不是必需品，朕也没有必要非享用不可。命令有关部门转告乌拉将军酌情办理。

关于康熙个人的日常生活，比起他能支配的财富，比起其他帝王的豪华，那是极其简朴的。法国天主教传教主白晋于康熙二十一年到北京，曾为康熙讲授天文历法及医学、化学、药理学等西洋科学知识，出入宫廷，对康熙的日常生活了解得很细。他在向法王路易十四的报告中做了详细介绍：

从康熙皇帝可以任意支配的无数财宝来看，由于国家辽阔而富饶，他无疑是当时世界上最富有的君主。但是，康熙皇帝个人的生活用品绝不是奢侈豪华的，生活简单而朴素。这在帝王中是没有先例的。实际上，像康熙这样闻名天下的皇帝，吃的应该是山珍海味，用的应该是适应中国高贵传统的金银器皿。可是他却满足于最普通的食物，绝不追求特殊的美味，而且吃得很少，在饮食上看他从没有铺张浪费的情况。

从日常的服饰和日用品方面，也可以看出康熙皇帝崇尚朴素的美德。冬天，他穿的是用两三张黑貂皮和普通貂皮缝制的皮袍，这种皮袍在宫廷中是极普通的。此外，就是用非常普通的丝织品缝制的御衣，这种丝织品即便在中国民间也是一般的，只是穷苦人不穿而已。在阴雨连绵的日子里，他常常穿一件羊毛呢绒外套，这种外套在中国也被认为是一般的服装。在夏季，有时看到他穿着用尊麻布做的上衣，尊麻布也是老百姓家中常用的。除了举行什么仪式的日子外，从他的装束上能够看到的唯一奢华的东西，就是夏天他的帽檐上镶着一颗大珍珠。这是满族人的风俗习惯，也是帝王的标志。在不适于骑马的季节，康熙皇帝在皇城内外乘坐一种用人抬的椅子（肩舆）。这种椅子实际上是一种木制的轿，粗糙的木材上面涂着些颜色，有些地方镶嵌着铜板，并装饰着两三处胶和金粉木雕。骑马外出时几乎也是同样的朴素。御用马具只不过是一副漂亮的镀金铁马镫和一根金黄色的线织绳，随从人员也有节制。

康熙的信条是：以一人治天下，不以天下奉一人，常思此言而不敢有过。奉行此言便是能行节俭，不搞特殊。

为说明勤俭的深刻意义，康熙帝曾做《勤俭论》一文，主要宣讲勤俭对治理国家、改善人民生活、移风易俗的作用和影响。

俭可养廉，廉必清政，政通人和乃民心所向。康熙帝从国家的命运前途的高度来认识节俭，既要开源，又注重节流，实在是高人一筹。对于后来的领导者，康熙帝当是一个好榜样。

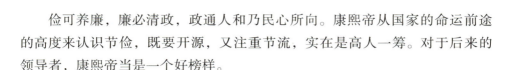

对于贤能之人要厚待而养之

【原典】

爱人深者求贤急，乐得贤者养人厚。

【张氏注曰】

人不能自爱，待贤而爱之；人不能自养，待贤而养之。

【王氏点评】

若要治国安民，必得贤臣良相。如周公摄正辅佐成王，或梳头、吃饭其间，闻有宾至，三遍握发，三番吐哺，以待迎之。欲要成就国家大事，如周公忧国、爱贤，好名至今传说。聚人必须恩义，养贤必以重禄；恩义聚人，遇危难舍命相报。重禄养贤，辄国事必行中正。如孟尝君养三千客，内有鸡鸣狗盗者，皆恭养、敬重。于他后遇患难，狗盗秦国孤裘，鸡鸣函谷关下，身得免难，还于本国。孟尝君能养贤，至今传说。

【译释】

爱惜人才的领导者都是求贤若渴，得到贤能之人后他们都会厚待之。

古人将贤才称为"国之大宝"。真正有志于天下，心诚爱才的当权者，不但求贤若渴，而且一旦得到治世之才，就不惜钱财，给予丰厚的待遇。因为凡是明主，都知道人才是事业的第一要务。

解 读

真正的人才一定要厚待之

前面已经讲过，战国时齐国的孟尝君对所养宾客士人不分贵贱，皆加以厚待。这一节具体要说的是那个叫冯谖的人。

齐国人士冯谖因为贫穷得无以自存，便去投靠孟尝君，当孟尝君问他有何爱好和才能时，他竟坦然地答道："客无好也"，"客无能也"。尽管如此，孟尝君仍然是"笑而受之"。在这种情况下，冯谖本应安于现状，为能做孟尝君的门客而心满意足。然而，冯谖却似乎没有注意到自己仰人鼻息的处境，反倒对自己所受的待遇一再公开表示不满，而且要求越来越高。有一天，他靠着柱子弹着他的剑，高声唱道："长铗归来乎！食无鱼。"孟尝君左右办事的人把这件事告诉了孟尝君，孟尝君答应了他的要求。不久，冯谖又弹剑唱道："长铗归来乎！出无车。"孟尝君的门客们都讥笑他，但孟尝君还是满足了他的要求。谁料没过几天，冯谖又弹剑唱起他新的要求来："长铗归来乎！无以为家。"左右的门客们对他一再无理的要求都开始厌恶起来，责怪他太贪得无厌。可孟尝君却关心地询问冯谖："冯公有亲乎？"对曰："有老母。"孟尝君得知后立刻派人供给他老母衣食所用，不使之缺乏。从此，冯谖不再弹剑作歌了，并且竭力为自己的主子出谋划策，奔走效劳。

一次，冯谖到孟尝君的封地薛（今山东滕州）去收债，冯谖假借孟尝君的名义，把收债债券全部当众烧毁，以笼络人心。回去告诉主人，说是为他烧券市义。孟尝君见他空手而回，心中不悦。后来孟尝君遭到齐王罢官，回到薛地，老百姓感恩戴德，扶老携幼，远道前来迎接他，这时孟尝君才真正意识到冯谖为自己市义的重要意义，了解到冯谖是个有政治远见、才能卓越的人，以后便愈加对他尊重和信任。冯谖告诉孟尝君："狡兔三窟，仅得免其死耳。今君有一窟，未得高枕而卧也。请为君复凿二窟。"于是冯谖又为其出使魏国，请魏王以厚金高位礼请孟尝君。齐王惧孟尝君为邻国所用，便收回成命，恢复了孟尝君的相位，并由此大大抬高了他的身价，使齐王有所顾忌而不敢对孟尝君轻举妄动。这是冯谖为孟尝君凿的第二窟。接着他又向孟尝君献计："请先王之祭器，立宗庙于薛。"以使孟尝君的封地不受侵犯。宗庙建成后，冯谖说："三窟已就，君姑高枕为乐矣。"孟尝君为相数十年，果然再没有祸患，这全靠冯谖的计谋。当然，归根结底，主要还是靠孟尝君的礼贤下士、厚待宾客的做法。

在现实当中，有些领导者的想法就很天真，他们既要黄牛能耕田，又要黄牛不吃草，这种不付出成本就想收获的想法和做法都是用人之大忌，为贤明的领导和用人者所不取。

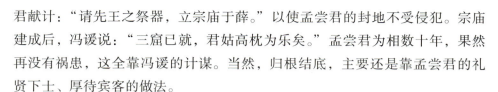

13 吸引人才要有一个好的大环境

【原典】

国将霸者士皆归，邦将亡者贤先避。地薄者，大物不产；水浅者，大鱼不游；树秃者，大禽不栖；林疏者，大兽不居。

【张氏注曰】

赵杀鸣犊，故夫子临河而返。若微子去商，仲尼去鲁是也。此四者，以明人之浅则无道德，国之浅则无忠贤也。

【王氏点评】

地不肥厚，不能生长万物；沟渠浅窄，难以游于鲸鳌。君王量窄，不容正直忠良；不遇明主，岂肯尽心于朝。高鸟相林而栖，避害求安；贤臣择主而佐，立事成名。树无枝叶，大鸟难巢；林若稀疏，虎狼不居。君王心志不宽，仁义不广，智谋之人，必不相助。

【译释】

国家昌盛的时候贤能之人都会回归，国家要灭亡的时候贤能之人最先逃避。贫瘠的土地不会丰收，浅水养不了大鱼，秃树不会吸引大鸟来打窝，荒芜的树林也不会有大型的禽兽安居。

　　国家四海升平国富民强，天下贤士自然会投奔而来；相反，在一个民不聊生、摇摇欲坠的国家，那些贤能之士最先避之而后吉。

　　一个国家要吸引贤能良才，首先要有一个好的大环境。这里用客观的自然现象作进一步说明，假如上自朝廷下至地方，不具备振兴国家的软环境，就必然不会吸引、凝聚大批人才，正像贫瘠的土地不产瑰伟的宝物，一洼浅水养不了大鱼，无枝之木大禽不依，疏落之林猛兽不栖一样。运筹帷幄的圣贤良才，自然不会流连于危乱之邦。

解读

管理上不可忽略的大环境小细节

　　对自己的公司存在这样或那样的不满，几乎是每个员工都有的。如果你遇到这种"消极抗争"的现象，首先要做的是从大环境方方面面的细节上认识员工的不满情绪。

　　让员工心存不满的大环境，通常有以下几个值得注意的细节：

　　薪酬与付出不符：大部分人都是为了生计才工作，这是最实际的问题。倘若所付出的劳动不能维持起码的生活水平，难免令人泄气。有些员工不得不做兼职，赚取外快，这样在工作时难免会精力不足，以致有所错漏，时间一长，造成同事投诉、上司更加不满的恶性循环。

　　管理者的态度专横：部属都是有自尊的，如果你的态度嚣张，或者他们称呼你时你却用鼻子哼一声作为回答，肯定会招来员工的不满或批评。

　　没有工休时间：这不是明文规定的休息时间，只是员工在工作期间稍事休息，活动活动，聊聊天，借此松弛一下紧张的神经和肌肉。如果公司要求员工不停地工作，连午餐、上厕所的时间都严格控制，似乎不近人情，员工疲乏之余便会埋怨顿生。

　　公司人手不足：因管理者的失策或疏忽，一时未能雇人将空缺填补，从而要其他员工分担额外的工作，令本来已忙碌的员工更感吃力。

　　未能公平对待员工：特别优待表现卓越的员工是无可厚非的，但完全不理会其他员工，甚至将他们一贯的努力抹杀，也是不公平的。

未获重视：所有的决策过程都没有员工参与的份儿；所提出的建议，上司都当成耳边风，根本没有被采纳的机会。

应酬太多：有一些管理者喜欢与部属接触，甚至要求员工在工余时间，搞一些午餐、晚餐或例会一类的活动，直接影响员工的私人生活。

必需品供应缺乏：在办公室中，文具是必需的办公用品，如行政部门有诸多限制，又要出示旧文具证明已不能用，又要签名做账等，好像乞讨般才能取得应用的物品，最令员工不满。

工资发放不准时：对辛劳整月的员工来说，"发薪日"就是他们一个月的指望，在银行排了半天队，才知道公司未发薪金，那份愤怒可想而知。

同事不合作：不是每个员工均具有互助精神，有些人专门喜欢将别人踏在脚下往高处爬。如果这时管理者不够精明，未能分辨是非善恶，又未加以引导，吃亏的一方一定会滋生对管理者的怨气。

加班没有额外补偿：很多公司只派工作给员工，要求他们在指定时间内完成，至于是否需要超时工作，公司一般不予理会。遇有员工投诉工作太多，必须抽出私人时间完成，管理者反而批评他无能。

职业倦怠：对目前的工作已经提不起兴趣了。

前途无望：上司既吝于授权，也不曾提供任何职业训练。

临时取消休假：许多管理者要求员工随传随到，不管员工是否在休假中，只要有事，就催促其回公司上班。此举令员工非常反感，因为他们会有一种卖身的感觉。

此外，还有许许多多产生不满的理由，数之不尽。总而言之，作为管理者，一定要从实际工作出发，不断地积累经验，找出一套适合你和你的员工的管理办法。只要把大环境的方方面面都治理好了，就会有更多贤能之人投奔而来。

山高则崩河满则溢

【原典】

山峭者崩，泽满者溢。

【张氏注曰】

此二者，明过高、过满之戒也。

【王氏点评】

山峰高嶒，根不坚固，必然崩倒。君王身居高位，掌立天下，不能修仁行政，无贤相助，后有败国、亡身之患。池塘浅小，必无江海之量；沟渠窄狭，不能容于众流。君王治国心量不宽，恩德不广，难以成立大事。

【译释】

山太高而又过于陡峭就很容易崩塌，河泽里的水太满了就容易溢出来。

山峭崩，泽满溢，是自然常理。黄石公以此来警戒为人做官切勿得意忘形，以免翘起尾巴不思进取。当人处在危难困苦之时，大多数人会警策奋发、励精图治；一旦如愿，便放逸骄横目中无人。因此古今英雄，善始者多，善终者少；创业者众，守成者鲜。这也许是人性的弱点吧。故而古人提出"聪明广智，守以愚；多闻博辩，守以俭；武力多勇，守以畏；富贵广大，守以狭；德施天下，守以让"，作为矫正人性这一弱点之方法，不可不用心体味。

解 读

既要能力非凡又要谦恭待人

　　管理者最怕什么？最怕被下属瞧不起。在下属眼里，合格的领导就应该无所不知，无所不能。尽管这很困难，但最起码应该让自己成为工作中的内行。

　　打铁先要自身硬。管理者如果没有过硬的真本领，就无法让下属信服，无法坐稳自己的位置。在越来越普遍的"能者上"的机制下，加强自身建设，提升自己的竞争力，无疑是现代管理者应时刻牢记在心的第一原则。

　　管理者要不断补充和丰富自己的知识，尽可能地精通和熟悉业务，要有较为扎实的理论功底，成为管理内行，具有胜任本职工作的专业知识和管理才干。

　　才从何来？来自于学习。一是从书本中学，二是在实践中学，并善于用科学理论之"矢"射工作实践之"的"。同时，还要十分重视专业知识的更新学习。要坚持深入实际，在实践中丰富和提高自己，在实践中学会观察事物、分析问题、解决问题的基本方法，提高组织管理、协调驾驭和处理各种复杂问题的能力。只有这样，才能避免瞎指挥和决策失误，工作起来才能让人信服。

　　管理者拥有了非凡的能力之后，也不要因此而傲气十足。管理者怕被下属瞧不起，下属同样怕被领导瞧不起。作为领导一个团队的管理者，应当养成谦恭待人的习惯，凡事不可太张狂、太咄咄逼人。这不仅是有修养的表现，也是提高自我形象的策略。

　　越是优秀的管理者就越显得谦和，他们并不会因为自己的优秀和高位而自大，他们懂得从别人身上吸取长处来充实自己。当遇到技术难题或不明白的地方时，他们会谦虚地向同事和下属请教。

　　在工作中与同事及下属相处，懂得谦虚就是懂得人生无止境，事业无止境，知识无止境。千万不能为了突出自己一再地表现带有炫耀的成分，更不能为了表现自己而把自己的长处挂在嘴边，在无形之中贬低别人抬高自己。

这样，不仅会让人生厌，还会被人看不起，更严重的是你可能会伤害到某一个人，而周围的人也会逐渐地离开你。由此，你就为自己设置了许多障碍，增加了开展工作的难度。

谦逊有着令人难以置信的力量，它是自信与高尚的融合。有谁愿意为一个自高自大、目空一切的领导打天下呢？

在众人之中一定有值得我们学习的东西，因而要虚心学习别人的长处，把别人的缺点当作镜子，对照自己，有则改之，无则加勉。所以，敏而好学，不耻下问，虚怀若谷，应该成为每一个管理者的座右铭。

对于多数管理者来说，虽然很多时候并不是有意表现出心高气傲，但同样存在着注意谦虚的问题。所以说，平等待人，不自恃高人一头，在一般情况下是不难做到的，但是如果不管自身发生任何变化，都能时时处处谦和让人，就需要注意以下两个方面：

正确地评价自己。试着重新认识自我，不妨将优点和缺点各列一个清单，细加对照，恰如其分、客观公正地作一次评价，并认真地发自内心地问自己，我真的就十全十美吗？我有多少知心朋友和"铁杆"下属？它会使你幡然猛醒：一味地自高自大，使得自己忽视了自己的缺点，并与周围人的关系形成了不和谐的音符。

遇事从他人的观点、立场来思考问题。这样做有助于发现别人的长处，避免自己的短处，从对别人的认识里来形成自我形象。对人的认识越全面，自我形象就越清晰。这样，我们便可学会理解他人、关心他人、尊重他人、帮助他人的处世技巧，改变轻狂浅薄的心理和行为。

处在领导的位置上，保持谦虚谨慎、戒骄戒躁并不是那么容易。如果你一时还不能完全做到，就需要不断加强自身修养，以提升自己的能力和形象。

是玉还是石需要用心辨认

【原典】

弃玉取石者盲，羊质虎皮者柔。

【张氏注曰】

有目与无目同。有表无里，与无表同。

【王氏点评】

虽有重宝之心，不能分拣玉石；然有用人之志，无智别辨贤愚。商人探宝，弃美玉而取顽石，空废其力，不富于家。君王求士，远贤良而用谗佞，枉费其禄，不利于国。贤愚不辨，玉石不分；虽然有眼，则如盲暗。羊披大虫之皮，假做虎的威势，遇草却食；然似虎之形，不改羊之性。人倚官府之势，施威于民；见利却贪，虽装君子模样，不改小人非为。羊食其草，忘披虎皮之威；人贪其利，废乱官府之法，识破所行谲诈，返受其殃，必招损己、辱身之祸。

【译释】

玉石不分，丢弃了玉，把石头当作宝贝。识人不分贤愚，这样的领导者眼盲心也盲。那些庸才就像绵羊，即使披上虎皮也改变不了他的本质。

孔子说："了解一个人，看他的所作所为，了解他的做事途径和方法，考察他的爱好。这样，这个人的品质还怎么能隐蔽得了呢？"

认清一个人，在很多时候都是一件极其困难的事，尤其是当对方心怀不轨而竭力伪装时。但最根本的原因，恐怕还在于自身的"失察"。

解 读

认识一个人要看透他的内在本质

　　九方皋相马，只看重马的内在品质，而不看重马的外表，这说明他能透过现象看本质，而不是凭第一印象来判断马的优劣。识人也应该如此。诸葛亮曾对识人有过一番精辟的论述，他说人"有温良而伪诈者，有外恭而内欺者，有外勇而内怯者，有尽力而不忠者"，这些话对于今天的管理者来说，同样具有深刻的启迪。

　　西汉的王莽，为历代诟骂，他篡汉自代，愚弄天下，早已是奸恶臣子的代名词了。

　　从改朝换代的角度来看，王莽又是一个非同寻常的人物，他完全靠一个人的力量和智慧，没有动用一兵一卒，就完成了夺取帝位、建立新朝的大业，可谓是个奇迹。

　　王莽的发迹，起初完全得力于他的那个当皇后的姑姑王政君。王莽出身孤寒，父亲早死，他和母亲相依为命，艰苦度日。王政君见其母子可怜，多方照顾，对王莽爱之逾子，怜爱备至。她不顾众大臣的非议和反对，极力提拔王莽，至王莽三十八岁时，已是朝廷重臣，身兼大司马之职。

　　王政君如此行事，有人便向她进言道："王莽虽是皇后的至亲，加恩于他未尝不可。只是王莽外表看似敦厚，其实未必心存感激。一旦尾大不掉，皇后的苦心白费不说，大汉的江山也会岌岌可危。"

　　应该说王莽的伪装功夫天下一流。虽有臣子进言，王政君却怎么也看不出王莽有不臣之心。她曾私下把王莽召来，对他说："你有今日，非是姑姑之功，乃皇恩浩荡之故。我们王家深受汉室大恩，任何时候，我们都要恪尽职守，报效天子。"

　　王莽装得涕泣横流，忠心不二，王政君被其愚弄，更是不遗余力地提携他。

　　有了王政君这个靠山，再加上皇帝年幼无知，王莽欺上瞒下，培植自己的势力，最后被封为"安汉公"，位在三公之上，一手把持了朝政。

　　位极人臣，王莽并没有心满意足。他要当皇帝，自然遭到身为汉家之后

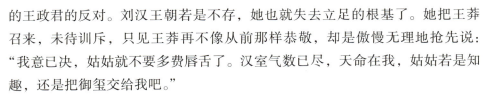

的王政君的反对。刘汉王朝若是不存，她也就失去立足的根基了。她把王莽召来，未待训斥，只见王莽再不像从前那样恭敬，却是傲慢无理地抢先说："我意已决，姑姑就不要多费唇舌了。汉室气数已尽，天命在我，姑姑若是知趣，还是把御玺交给我吧。"

王政君深知王莽羽翼已丰，再也无法驾驭他了。她又悔又恨，无奈之下，便愤愤地将御玺摔在地上，以致御玺有损，缺了一角。

至此，王莽完全撕掉了伪装，他登基做了皇帝，建立了"新朝"。

王政君之所以对王莽失察，原因就在于她只看到并相信了王莽所显现的表面现象，而且这种表象还是虚假伪装的。按照孔老夫子所提出的察人标准，很显然相差太远。因此，她也只好无可奈何地承担其严重后果。

现实生活中，难免会有眼高手低之辈鱼目混珠，他们常常打着高学历、名校毕业、经验丰富的招牌，很能镇住人，但实际工作起来，却根本没有实际操作能力。如此一来，本想借人才之力来快速发展企业，就变成了培训员工；当培训起不到效果时，又要花心思请他们走人。到头来，等于是"赔了夫人又折兵"。

避免这种情况的发生对管理者来说不是件容易的事，谁都难免有看走眼的时候，但它又需要尽量避免。这就需要管理者拥有透过表象看本质的能力。

第一印象往往具有一些欺骗性，管理者应舍得花时间测试每位应聘者，尽力找出他们擅长什么，他们是否真正适合你的工作，他们具有什么工作技能，你是否容易培养和改变他们。

在招聘时，不要完全指望通过第一次面试就能全面了解一个应聘者。多研究一下他们的应聘材料，了解一下他们有关的背景，充分地进行面试，才能更有效地避免被表面迷惑。你可以带上你所挑中的候选人员去参观一下企业，观察他们对企业的兴趣程度，询问他们一些问题，让他们讲一下自己所做的事情，并表述一下自己。这样，才有利于发现最合适的人选。

16

衣领不正会毁掉整个形象

【原典】

衣不举领者倒。

【张氏注曰】

当上而下。

【王氏点评】

衣无领袖，举不能齐；国无纪纲，法不能正。衣服不提领袖，倒乱难穿；君王不任大臣，纪纲不立，法度不行，何以治国安民？

【译释】

领子是衣服的关键部分，穿衣不把领子整理好，整个人的威严就会扫地。

黄石公用衣领比喻最高的掌权者，"领袖"的称谓大概就来源于此。当然，领袖不是谁都可以当的，领袖就要有领袖的样子，就要负起领袖的责任。在其位，谋其政。既然坐到了这个位子上就要勤勉勤政，不可胡作非为，否则就没有好下场。

解读

敬业的领导才是好领导

为政须勤敬，当官须勤敬。成大事者，必以事业为重。诚惶诚恐地对待自己的权力，尽职尽责，如履薄冰。古往今来，中国不乏这种人物。而"清代帝王多勤敬"，堪称一绝。康熙帝从政六十余年，夜分而起，未明求衣；彻曙听政，日晡而食；数十年间，极少间断。这是康熙帝勤于政事的突出表现。康熙帝于每日清晨至乾清门，听部院各衙门官员面奏政事，与大学士等集议处理，这就是衙门听政之制。而康熙帝对自己的要求则是务在精勤，有始有终。在他执政的前几十年间，"夙兴夜寐，有奏即答，或有紧要事，辄秉烛裁决"。即使到了晚年，右手因病不能写字，仍用左手执笔批旨，而决不假手他人。他在临终前留下的遗诏中说："自御极以来，虽不敢自谓能移风易俗，家给人足，上拟三代明圣之主，而欲致海宇升平，人民乐业，孜孜汲汲，小心谨慎，夙夜不遑，未尝少懈，数十年来，殚心竭力，有如一日。"这并非过誉之词。

康熙帝的勤于政务，以身作则，为"康乾盛世"的出现奠定了重要基础，也为后来的雍正帝、乾隆帝等树立了勤敬的榜样。

雍正帝从政，日日勤慎，戒备怠惰，坚持不懈。用他自己的话说："惟日孜孜，勤求治理，以为敷政宁人之本。"

知勤敬者，在于努力充实自己，恰如宋代的赵普。

赵普是宋朝的开国元勋，宋太祖赵匡胤待他如同手足，任命他为宰相，不过他出身微贱，很少读书，处理朝政多凭经验，全无学术。

公元965年（太祖乾德三年）北宋消灭了西蜀国，宋太祖将蜀国国君孟昶之妻，著名绝色美人花蕊夫人据为己有。一次，他发现花蕊夫人所用的梳妆镜的背面有"乾德四年铸"五个字，不由十分惊疑，问道："这'乾德'二字怎么和我朝的年号相同，这是哪个朝代的？"

花蕊夫人答不出，宋太祖遍询大臣，赵普茫然不知所对，其他大臣也不能回答，只有翰林学士窦仪答道："蜀国旧主王衍曾经用过这个年号。"

太祖十分高兴，就道："看来宰相还是要用读书人，窦仪确实具有做宰相的才识！"

太祖便有任窦仪为宰相的考虑，当同赵普商量时，赵普想，如果窦仪入相，自己便相形见绌了，便回答道："窦学士学问有余，治国的能力却是不足。"

于是此事作罢，不过太祖也劝赵普多读点书。赵普从此手不释卷，每日退朝归来，便独处一室，关上房门读书，直到深夜，到了第二天入朝理政，每件事情都处理得很有章法。他去世后，家人入室检点遗物，发现书箱中只有一本《论语》，原来赵普晚年所读的，就这么一本书，他自己也曾对太祖的继承人宋太宗说："臣有《论语》一部，半部帮助太祖夺天下，半部帮助陛下治天下。"后世遂有"赵普半部《论语》治天下"之说。

赵普虽然有武大郎开店之嫌，但他还是继续提高自己，最终不愧为一代贤相，不像有些官员，自己永远安于武大郎，却又永远拒绝高人指点。

走路不看道注定要跌倒

【原典】

走不视地者颠。

【张氏注曰】

当下而上。

【王氏点评】

举步先观其地，为事先详其理。行走之时，不看田地高低，必然难行；处事不料理上顺与不顺，事之合与不合，逞自恃之性而为，必有差错之过。

【译释】

走路的时候，眼不看地，而是仰面望天，没有不栽跟头的。处世做人不看上下左右的条件限制，自以为是，口出狂言，逞一时之能莽撞行事，这都是不成熟的表现，出差错、栽跟头都在所难免。

解 读

为人不可狂妄

狂言妄语说出来虽然"虎虎生威"，在某些时候更是显得"豪气"过人，用"没有金刚钻，就别揽瓷器活儿"来反驳这句话再合适不过了。老子也指出"虚而不屈，动而愈出。多言数穷，不如守中"，意思是狂妄的话多说只有弊处而无益处，不如紧守中庸之道，量力而为。

偏偏有一些人与此背道而驰，只能落得个身首异处的下场，《三国演义》中，诸葛亮平定南方以后，一出祁山的失败除了诸葛亮的自身原因之外，最大的原因还是马谡的狂言妄语——

《三国演义》里这样记载：诸葛亮正在营中为孟达事泄被杀而懊恼不已，忽有哨探报，司马懿派张郃引兵出关，来拒我师。

诸葛亮闻报大惊："今司马懿出关，不比曹真，他一定会去打街亭，断我咽喉之路。"环视左右问，"谁敢引兵去守街亭？"

参军马谡见丞相先是吃惊，便觉得好笑。谅那司马懿有什么可怕的？便说："末将愿往。"

诸葛亮盯着他，不放心地说："街亭把着要冲，地方虽小，干系却大。如街亭有失，我大军便完了。你虽深通谋略，无奈此地一无城池，二无险阻，把守极难呀！"

"丞相勿虑。再难也得有人把守。末将自幼熟读兵书，精通兵法，又跟在您身边南征北战，耳濡目染。难道还守不住小小的街亭？"

"司马懿非等闲之辈。先锋张郃乃魏之名将，你能对付得了他们？"

马谡就不高兴了，丞相也太小瞧我了。嘴一撇，轻蔑地说："嗨，休道他司马懿、张郃，便是曹睿亲来，又有什么可怕的？若有差错，杀我全家好了。"

在这次请命邀功的过程中，马谡有些过于狂妄了，可以说根本没有掂量自己到底有"几斤几两"，之后的布阵失利，马谡虽然逃得性命，然而却为军法所不容，才有了诸葛亮挥泪斩马谡。

《三国演义》中还有一个实例同样是说明狂言妄语自损的，那就是魏延的死因。在当时来说，大多数能够单打独斗胜过魏延的人都已经死去了，他因此变得过于自负，以至于在被杨仪激怒，问他是否敢大喊三声"谁敢杀我"时，他毫不畏惧地猖狂大笑而发三声"谁敢杀我"，谁知在第三声之时，他就在毫无知觉的情况下命丧马岱之手。

狂言妄语能够给人带来杀身之祸，多言同样能够让你吃尽苦头，故而老子教导大家"多言数穷，不如守中"。老子并不是教人闭口不言，而是要少说多做，因为"言多必失"是一个千古不变的哲理。

18

柱子坏了屋子也就倒了

【原典】

柱弱者屋坏，辅弱者国倾。

【张氏注曰】

才不胜任谓之弱。

【王氏点评】

屋无坚柱，房宇歪斜；朝无贤相，其国危亡。梁柱朽烂，房屋崩倒；贤臣疏远，家国顷乱。

【译释】

顶梁柱是整座屋子的中坚力量，柱子坏了，屋子也就难保了。明知它坏了，还要不自量力去扶，结果也是白忙活一场。

黄石公在这里是以柱弱房倒来比喻国君和重臣如果起不到自己应有的作用，国家必将倾覆。君臣尽职则国民奋发图强，君臣不道，国民怎么可能有奋斗的榜样和动力呢？

解 读

领导者的表率就是下属工作的动力

作为一个管理者，重任在肩，职位越高，就越应重视给他人留下好的印象。因为管理者总是处于众目睽睽之下，既是组织领导者，又是示范引导者，其所作所为很容易引起下属的模仿。因此，管理者必须成为组织中的榜样和标杆，这是塑造"贤者"形象的需要，也是规范和激励下属的需要。

管理者的榜样作用具有强大的感染力和影响力。管理者如果骁勇善战，下属就会不顾安危冲锋陷阵；管理者如果处处吃苦在前、享受在后，下属就会不计私利、甘于奉献。相反地，假如管理者常常迟到，吃完午饭后迟迟不回办公室，打起私人电话来没完没了，不时因喝咖啡而中断工作，一天到晚眼睛直盯着墙上的挂钟，那么，他的部下大概也会成为这样的人。

对这个问题古人早已有清醒认识。《礼记·哀公问》中有这么一段对话："公曰：'敢问何谓为政？'孔子对曰：'政者，正也。君为正，则百姓从政矣。君所为，百姓之所从也，君所不为，百姓何从？'"孔子在回答鲁哀公什么是为政问题时强调："为政就是正。君主端正自己，那么百姓就服从于政令了。君主怎么做，百姓就跟着怎么做，君主不做的，叫百姓怎么跟着做？"唐太宗也认识到："若安天下，必须先正其身。未有身正而影曲，上治而下乱者。"（《贞观政要·卷一》）《周书·苏绰传》也对统御者本身做了形象比喻："凡人君之身者，乃百姓之表，一国之的也。

表不正，不可求直影；的不明，不可责射中，今君身不能自治，而望治百姓，是犹曲表而直影也；君行不能自修，而欲百姓修行者，是犹无的而责射中也。"大意是说：君主本身，就是黎民百姓的"表"，就是一个国家的"的"。"表"树立得不正，不能要求有笔直的影子；"的"不明显，不能要求射中目标。如果君主不能自我治理，而希望治理百姓，这如同"表"歪却要求影子直。如果君主不能自我修养，而要百姓修养，这如同没有"的"却要求射中目标。孟子也曾一针见血地指出：君主喜欢什么，手下人对此就更加喜欢。

可见，管理者在工作中的示范效应自古就受到重视。所以，希望下属做到的，自己得首先做出个样子来，持之以恒的实际行动更胜于多余的说教。如果管理者能够率先垂范，以身作则，那么这种形象和精神就会影响下属，让大家形成一种积极向上的态度。

我们看一下某动物园所进行的一项测验。在测验中，该园饲养部人员利用狮子皮装成狮子进攻黑猩猩群。开始黑猩猩群觉得很害怕而哀号，不久猩猩的首领就拾起身边的树枝，做出勇敢地向狮子挑战的样子，结果其他猩猩也逐渐停止哀号而对狮子怒目以对。虽然这个测验是以动物为对象的，但却说明了管理者成为榜样后在一个群体组织中的作用。

管理者就是下属的表率，下属则是管理者自己的一面镜子。下属的一些行为，其实大多数是管理者自己做过的。甚至从一定意义上来说，组织的文化就是管理者的文化。有什么样的管理者，就有什么样的组织文化。比如，微软公司由于其创始人比尔·盖茨本人进取心很强，富有竞争与冒险精神，因而勇于进取创新，敢于冒险成为微软公司企业文化的鲜明特点。

可见，管理者的所作所为，几乎全部在部属的效法之中，并且还会对组织的文化有深刻的影响。所以，请你仔细检点自己的全部言行，不要表现出你不希望在下属身上看到的那些言行。管人先管己，如果自己都做不到，又用什么权力去约束和管理别人呢？

脚受冻了心也就受伤了

【原典】

足寒伤心，人怨伤国。

【张氏注曰】

夫冲和之气，生于足，而流于四肢，而心为之君。气和则天君乐，气乖则天君伤矣。

【王氏点评】

寒食之灾皆起于下。若人足冷，必伤于心；心伤于寒，后有丧身之患。民为邦本，本固邦宁；百姓安乐，各居本业，国无危困之难。差役频繁，民失其所；人生怨离之心，必伤其国。

【译释】

脚受了冻伤，就会直接伤到心脏，人民的怨气可以直接伤及国家的本体。

脚受伤了看似无大碍，但是它和心脏却有着千丝万缕的联系，搞不好就是致命伤。人民的怨气看似无伤大体，但却隐藏着毁灭的力量。这都是必须值得重视的，如果视而不见，熟视无睹，那么千里之堤就会毁于蚁穴，整个国家也会因小小的怨气毁于一旦。

解读

倾听员工的心声化解他们的不满

人民的不满可以毁掉整个国家，同理，员工的不满也可以毁掉整个公司。所以当员工产生不满情绪时，管理者应当充分重视起来，在处理企业内部出现的相关问题之前，一定要深入调查研究，倾听员工的心声，从而找到产生问题的原因。

管理者需要认真听取员工的意见，允许畅所欲言，并针对不同的情况给予解释和处理。如果能够认真负责、公正平等地对待员工的意见，在大多数情况下，员工的不满就可以消除在开诚布公的交流之中。

处理好员工的不满情绪能够提高员工工作满意度，加强员工之间的沟通和信任，提高组织凝聚力和士气，倾听是消除员工不满情绪的妙方。

在日常工作中，员工遇到不如意的事情容易对周围的人和环境产生不满。员工积累的

不满需要发泄，最好的方法是"让他说"，让他把心中的怨恨发泄出来，以消除他心中的烦恼和不满。

用语言发泄不满时，还要有人"倾听"，摩托罗拉公司就用交谈、座谈会等方式来倾听员工的声音，并取得了很好的效果。他们发现，不满和抱怨是一种积压很久的情绪，如果员工随时都有与管理者平等对话的机会，任何潜在的不满和抱怨都会在爆发之前被解决。

除了对员工的不满倾听外，还要对集中的意见采取改正措施，并以张贴布告或者集会宣布等形式广而告之，这样才能平息不满情绪。

总之，倾听是一门艺术，如果管理者善于倾听，那么企业内部的协调系统必能进入良性循环，一个和谐、有凝聚力的企业必能为每一个员工创造最好的工作环境，而发泄了不满情绪的员工依然会给企业带来回报。

另外，人的积极情绪和消极情绪是同一个硬币的两面，如果不让消极情绪露面，积极情绪也就难以"浮出水面"，或者即使显现出来，也难以长久。

但在现实的组织中，从上到下几乎已经达成高度的默契：积极地投入工作中，不要将负面的情绪带到工作中；对上级要笑脸相迎，对同事要随和相处；如果将不满表现出来，小心"吃不了兜着走"，至少也是幼稚和不成熟的表现；组织试图将一个完整的人分割开来，工作的时候，人最好只有理性，没有情感；更为苛刻的要求是对工作要充满热情，但不能有任何别的情绪。但事实是，情绪问题从来就没有真正从组织中消失。而且，由于组织有意或无意地压抑或回避这个问题，从而没有为其提供正常的渠道，使得不满情绪一旦暴露就具有很大的破坏力。那些隐藏着的负面情绪并不会消失，而是悄悄地、慢慢地侵蚀着组织的肌体。背后的发牢骚、说怪话，传谣言、暗中挖墙脚、使绊子等就成了这种"能量"发泄的主要方式。凡是在背后进行的东西，往往会在主观上被夸大，从而使误解丛生，相互间的信任感被破坏。最终使组织的凝聚力、士气和共有价值观遭到削弱和破坏。

因此，允许员工通过正常途径发泄不满，并尽可能地了解实情，解决积弊，使员工以更大的热情投入到工作中。

20

大山崩塌是基石出了问题

【原典】

山将崩者，下先隳；国将衰者，民先弊。根枯枝朽，民困国残。

【张氏注曰】

自古及今，生齿富庶，人民康乐；而国衰者，未之有也。长城之役兴，而秦国残矣！汴渠之役兴，而隋国残矣！

【王氏点评】

山将崩倒，根不坚固；国将衰败，民必先弊，国随以亡。树荣枝茂，其根必深。民安家业，其国必正。土浅根烂，枝叶必枯。民役频繁，百姓生怨。种养失时，经营失利，不问收与不收，威势相逼征；要似如此行，必损百姓，定有雕残之患。

【译释】

高山将要崩塌的时候，下面的基石首先会毁掉；一个国家走向衰败的时候，最基层的人民首先会陷入水深火热之中。树根枯死了，树枝自然也就会很快腐朽，人民陷入困境，国家也难以保全。

民为国之本，人民安居乐业就是国家存在的基石。可惜很多人看不到这个层面，他们往往尊贵其头面，轻慢其手足，正如那些昏君尊贵其权势，轻慢其臣民一样。鉴于此，才有"得人心者得天下"的古训。

用山陵崩塌是因根基毁坏进一步来晓谕国家衰亡是因民生凋敝的道理，直观、明了。也如同根枯树死一样，广大民众如若困苦不堪，朝不保夕，国家这棵大树也必将枝枯叶残。秦、隋王朝之所以被推翻，只因筑长城、开运河榨尽了全国的民力、财力。鉴古知今，人民生活富裕，康乐安居，国家自然繁荣富强。

解 读

鱼肉百姓者必亡

君主巡游可以体察民情，有时还带有特定的政治意图，原本无可非议。但杨广则把巡游当成纯粹的娱乐，讲排场、纵奢侈、好虚荣、爱炫耀，而且出动频繁，致使举国上下都围绕着圣驾供奉这一中心工作，破坏了国家机器的正常运转。供献一盘珍，百姓半年粮，沉重的负担，更把百姓逼到了不堪其扰的绝境，动摇了隋王朝的统治基础。

当年，杨广为了夺得皇位曾经装出一副仁孝恭俭的假象，一朝天下在握，便原形毕露。猎奇斗艳的苑囿，富丽华贵的宫室，羽仪千里的巡游，轻歌曼舞的女乐，穷奢极欲的酒宴，陪伴着他醉生梦死。

杨广生性好动，享乐游玩的兴趣要经常变换。在他登基的第一年，也就是大业元年（公元605年）八月，就坐船去游江都，第二年四月才回到洛阳。大业三年又北巡榆林，至突厥启民可汗帐。大业四年，又到五原，出长城巡行到塞外。大业五年，西行到张掖，接见许多西域的使者。大业六年，再游江都。

大业十一年，又北巡长城，被突厥始毕可汗围困于雁门。解围回来的第二年，又三游江都。直至隋朝灭亡，几乎是马不停蹄地到处巡游，在京城的时间，总计还不足一年。

杨广出巡如此频繁，而每次出巡的气派又大得惊人。第一次游江都，造大小船只几千艘。皇帝坐的叫龙舟，高45尺，宽50尺，长200尺。船有四层，上层有正殿和东西朝堂。中间两层有120间房，都是以金玉为饰，雕刻奇丽，最下层为内侍宦官所居。皇后乘的叫翔螭舟，比龙舟稍小而装饰是一样的。嫔妃乘的是浮景舟，共有9艘，上下三层。贵人、美人和十六院夫人所乘的是漾彩舟，共有36艘。还有随行船只数千艘。一路上舳舻相接200余里，骑兵沿运河两岸而行，说不尽的气派和豪华。

庞大的游玩队伍，一路上还得要吃要喝，为了满足他们的口福，两岸的百姓就遭了殃。杨广下令，沿途500里以内的百姓，都得为他献上珍贵的食品。那些州县的官员，就逼着百姓办好酒席送去。有些地方的官员，向杨广献上了精美的食品，而有的地方献不上好吃好喝的，杨广"赏罚"分明，就给献食精美的官员升了职，把那些献食不合他意的官员降职处分，并调到粮食精美的官员身边，要他们向他学习。这样一来，郡县的官吏就争着向他供奉食品，又多又精，却把沿途的百姓们弄惨了。一次献食，就会夺去很多百姓维持一年生计的口粮。有的州县，一送就是数百桌，不要说杨广吃不了，就连他的宫妃、太监、王公大臣们一起吃，也吃不完。吃不完的，他可不兜走，而是挖个坑一埋了之。百姓们为了献食，很多人弄得倾家荡产，却被他这么糟蹋了。

杨广在游玩北境时，又征发百姓100多万人修建长城，加上连年规模巨大的到处巡游，给百姓带来了沉重的劳役和难以承受的赋税。

正因为上述种种暴行，才引发了后来大规模的农民起义运动。杨广的不可一世的隋王朝仅仅是昙花一现，顷刻间就灰飞烟灭了。

对于后来的当权者或者管理者们来说，都应该记住这个教训：民以食为天，国以民为本。越是底层的人就越应该对他们关心和爱护，你对他们好，他们才会敬重你。否则，就是自取灭亡。

21

不要与将要翻倒的车辆同行

【原典】

与覆车同轨者倾，与亡国同事者灭。

【张氏注曰】

汉武欲为秦皇之事，几至于倾；而能有终者，末年哀痛自悔也。桀纣以女色而亡，而幽王之褒姒同之。汉以阉宦亡，而唐之中尉同之。

【王氏点评】

前车倾倒，后车改辙；若不择路而行，亦有倾覆之患。如吴王夫差宠西施，子胥谏不听，自刎于姑苏台下。子胥死后，越王兴兵破了吴国，自平吴之后，迷于声色，不治国事；范蠡归湖，文种见杀。越国无贤，却被齐国所灭。与覆车同往，与亡国同事，必有倾覆之患。

【译释】

跟着将要翻倒的车行进，自己肯定也会翻车；与亡国的人共事，自己难免也会步其后尘。

这些道理虽然浅显，可还是有人屡犯不改。汉武帝不记取秦始皇因求仙而死于途中的教训，几乎使国家遭殃，幸亏他在晚年有所悔悟；唐昭宗不以汉末宦官专权为鉴，同样导致了唐王朝的灭亡和"五代十国"的混乱局面。

解 读

做事就要向成功的人靠拢

跟着失败的人走，自己难免失败；向成功的人靠拢，自己也会逐步取得成功。所以一定要学会与比自己更成功的人合作，他们能带给你的，除了有形的帮助外，更有一些无形的影响力。

成功的人因为成功而高高在上，他们对命运已经有了感恩的情怀。这使他们在人际关系上显得较温和。聪明的生意人总是善于与比自己更成功的人合作，这是因为：

他们是成功的人，所以他们处在社会生活的光彩之中，被人羡慕，有说话权，受到人们广泛的尊重。但他们的成功也不是从天上掉下来的，除了个别人是靠侥幸外，大多数人都有着主观努力的内在原因，应该去和他们分享才对。

走向成功或已经成功的人，他们不仅有运气、很努力，他们受教育的程度也比较高、智商比较高，因此他们有头脑、有主见，对事物有自己的看法和判断。知道什么对自己有利、什么对自己无利，自己应该维护什么、抵制什么。对自己的根本利益，他们会坚决捍卫。这种人对事物拿得起放得下，只要对他们有利，他们也会主动地让些利益给别人。

由于他们有资本，有见识，跟他们合作，他们能帮的忙也乐于帮。而且由于他们的能力相对较大，所以他们出一点力，也能给你派上大用场，而他们也不觉得就付出了很多。在双方有共同利益时，他们的心理也比较明快，让你能感到他们的睿智和可爱。他们也会使用心智和谋略，而且还很出奇，很值得我们学习。

正是因为成功人士的能力较强，社交圈子大，所以他们的人际关系也是一种资源。因此，通过与他们合作，可巧妙地借用他们的人际关系，这也是一笔巨大的财富，而且其作用远远不是财富就能涵盖的。

总之，与成功的人合作，已经成了很多人走向成功的秘密武器。

把悲剧消灭在萌芽状态

【原典】

见已失者，慎将生；恶其迹者，预避之。

【张氏注曰】

已失者，见而去之也；将失者，慎而消之也。恶其迹者，急履而恶镈，不若废履而无行。妄动而恶知，不若绌动而无为。

【王氏点评】

圣德明君，贤能之相，治国有道，天下安宁。昏乱之主，不修王道，便可寻思平日所行之事，善恶诚恐败了家国，速即宜先慎避。

【译释】

知道已经发生过的不幸事故，发现类似情况有重演的可能，就应当慎重地防止它，将其消灭在萌芽状态；厌恶前人有过的劣迹，就应当尽力避免重蹈覆辙。最彻底的办法不是既要那样做，又想不犯前人的过失，这是不可能的；而应该根本就不起心动念，坚决不去做。

人的一生总要发生很多事情，没有人知道自己的将来会发生什么，如果自己不为自己想一下将来的事情，没有人会提醒你。一定要居安思危，才能防患于未然。

居安思危有备无患

一只野狼卧在草上勤奋地磨牙，狐狸看到了，就对它说："天气这么好，大家都在休息娱乐，你也加入我们队伍中吧！"野狼没有说话，继续磨牙，把它的牙齿磨得又尖又利。狐狸奇怪地问道："森林这么静，猎人和猎狗已经回家了，老虎也不在近处徘徊，又没有任何危险，你何必那么用劲磨牙呢？"野狼停下来回答说："我磨牙并不是为了娱乐，你想想，如果有一天我被猎人或老虎追逐，到那时，我想磨牙也来不及了，而平时我就把牙磨好，到那时就可以保护自己了。

《左传·襄公》中曰："居安思危，思则有备，有备无患。""居安思危"这句成语包含着丰富的哲理，成为中国几千年来从政者的警句和座右铭。

晚唐诗人杜荀鹤有一首《泾溪》："泾溪石险人兢慎，终岁不闻倾覆人。却是平流无石处，时时闻说有沉沦。"诗的语言通俗浅显，但揭示的道理却朴素而深刻。不是吗？船到险处，船家生怕出了差错，谨慎防范，所以都能平安渡险。相反，到了"平流无石处"，人们思想麻痹了，以为可以稳坐"钓鱼船"了，结果却常常发生船翻人亡的事故。这首诗的真谛，也是告诉人们要居安思危，有备无患。

历史上还有一个很著名的"居安思危"的故事，说的是项梁从吴中起义，然后率领八千人渡江向西，加入消灭暴秦的行列。这时候，他听说有个叫陈婴的人已经占领了东阳县，就派人前去联络，想和他一起联兵西进。

陈婴本是东阳县的一个小官吏，由于他忠信恭谨，所以一直深受县民爱戴。后遇天下大乱，东阳县里的一些年轻人自发地组织起来，杀死了县令。但苦于找不到合适的首领，便请陈婴来领导。陈婴推辞不过，只好勉为其难。后来，他们又想推举陈婴为王。

陈婴的母亲是位有学问的妇女，对人生社会祸福有不少经验，她听说要选陈婴为王，十分反对。她对陈婴说："我们陈家虽是县里的望族，但从无做高官的人，现在一下子做什么王，名声太大了，容易招来祸害。况且，现在时局动乱，形势未明，出来称王，祸害比平时更大。不如另选人来做王，你当助手。成功了，你能得到封赏；不成功，人家也不会把你当头儿抓。"

听了母亲的分析后，陈婴思量再三，觉得还是不为王的好。于是他就对众人说："我原本是个小官，威望不足以服众人。现在项梁在江东起事，引兵西渡，并派人来要和我们联合抗秦。项梁的祖世就为楚将，名声显赫，我们想成就一番事业，就得依靠像项梁这样的人。"

于是，陈婴带领两万多起义军投奔了项梁。

陈婴也是一名猛将，但他并未不明不白地死于政治阴谋，就得益于母亲的那番话。可能是知子莫若母，她知道陈婴的性格不适合与各路枭雄争逐天下。如果不适合还要硬当王，丢掉性命的可能性极大，因此不如依附在强者的势力之下，进可享受爵位，退可隐姓埋名，保有性命。从这个角度看来，陈婴的母亲是相当务实的。而陈婴也能听从母亲的警告，居安而思危，实乃大幸。

唐代忠臣魏征在《谏太宗十思疏》中提到一句话："居安思危，戒奢以俭。"翻开中华历史长河的画卷，不难发现一个规律：太平盛世过后往往是战乱连年。造成这种现象的一个原因就是当权者养尊处优而没做到居安思危。

唐王李存勖替其父李克用报仇，诛杀梁王之后，自以为天下太平，便安于享乐，宠信伶人，直至兵临城下，才落荒而逃，最后中流矢而死，而其嫡亲也无一幸免。如果他当时能够顾全大局，意识到敌人终有一日也会来报仇而防患于未然，那么也不至于落到国破人亡的地步。闯王李自成登上皇帝的宝座后自高自大，以致让满族人入土中原。这些君王如果能够在和平年代考虑到可能发生的动乱，防微杜渐，居安思危，中国的历史就可能会被改写。

汉高祖刘邦打败西楚霸王项羽后，尽管如愿以偿当上了皇帝，但他深知要收拾这乱世的局面实属不易，要保持人民安乐的境况更是难上加难。于是他采取了"休养生息"的政策，在很大程度上缓和了阶级矛盾，人民生活渐渐安定，生产力也有一定提高。同时又担心边境受到外族侵扰，派人去和匈奴和亲。这样就为汉王朝初期的发展建立了一个相对稳定的环境。

防患于未然的思想在中国可以说是源远流长，妇孺皆知，其道理已不言而喻。但是，我们不难发现，并非人人都能把这个道理贯彻到实际生活中去。洪水未到先筑堤，豺狼未来先磨刀。做事应该未雨绸缪，居安思危，这样在危险突然降临时，才不至于手忙脚乱。

时时警策自己可保平安无事

【原典】

畏危者安，畏亡者存。

【王氏点评】

得宠思辱，必无伤身之患；居安虑危，岂有累己之灾。恐家国危亡，重用忠良之士；疏远邪恶之徒，正法治乱，其国必存。

【译释】

时刻感觉到危险的存在，因此就小心谨慎，如履薄冰，这样做恰恰是最安全的。

《易经》有云："安而不忘危，存而不忘亡，治而不忘乱，是以身安而国家可保也。"这句话充分肯定了一个道理，那就是人在现实中，应当时时处处谨慎小心，因为在我们所看不见的暗处，极有可能潜伏着足以威胁我们利益乃至生存的危险。任何盲目大胆、轻率冒失的行为，都是应当尽力禁戒的。这个道理，古往今来的智者，都是参悟得极为透彻的。

解 读

居安思危可保无事

唐朝郭子仪因平定"安史之乱"而立下大功，爵封汾阳王，王府建在首都长安的亲仁里。汾阳王府自落成后，每天都是府门大开，任凭人们进进出出，而郭子仪不允许其府中的人对此给予干涉。

有一天，郭子仪帐下的一名将官要调到外地任职，来王府辞行。他知道郭子仪府中百无禁忌，就一直走进了内宅。恰巧，他看见郭子仪的夫人和他的爱女正在梳妆打扮，而王爷郭子仪正在一旁侍奉她们，她们一会儿要王爷递毛巾，一会儿要他去端水，使唤王爷就好像奴仆一样。这位将官当时不敢讥笑郭子仪，回家后，他禁不住讲给他的家人听，于是一传十，十传百，没几天，整个京城的人都把这件事当成笑话来谈论。郭子仪听了倒没有什么，他的几个儿子听了却觉得大丢父亲的面子，他们决定对父亲提出建议。

他们相约一齐来找父亲，要他下令，像别的王府一样，关起大门，不让闲杂人等出入。郭子仪听了哈哈一笑，几个儿子哭着跪下来求他，一个儿子说："父王您功业显赫，普天下的人都尊敬您，可是您自己却不尊重自己，不管什么人，您都让他们随意进入内宅。

孩儿们认为，即使商朝的贤相伊尹、汉朝的大将霍光也无法像您这样。"

郭子仪听了这些话，收敛了笑容，对他的儿子们语重心长地说："我敞开府门，任人进出，不是为了追求浮名虚誉，而是为了自保，为了保全我们全家人的性命。"

儿子们感到十分惊讶，忙问其中的道理。

郭子仪叹了一口气，说道："你们光看到郭家显赫的声势，而没有看到这声势有丧失的危险。我爵封汾阳王，往前走，再没有更大的富贵可求了。月盈而蚀，盛极而衰，这是必然的道理。所以，人们常说要急流勇退。可是眼下朝廷尚要用我，怎肯让我归隐；再说，即使归隐，也找不到一块能够容纳我郭府一千余口人的隐居地呀。可以说，我现在是进不得也退不得。在这种情况下，如果我们紧闭大门，不与外面来往，只要有一个人与我郭家结下仇怨，诬陷我们对朝廷怀有二心，就必然会有专门落井下石、妨害贤能的小人从中添油加醋，制造冤案，到那时，我们郭家的九族老小都要死无葬身之地了。"

郭子仪之所以让府门敞开，是因为他深知官场的险恶，正因为他具有很高的政治眼光又有一定的德行修养，善于应对各种复杂的政治环境，因此即使在自己功勋卓著的时候，也时时做好了准备，应付那些藏在暗处却随时可能发生的危险。这种谨慎行事的人生智慧，对于任何人都是百利而无一害的。

有道则吉　无道则凶

【原典】

夫人之所行，有道则吉，无道则凶。吉者，百福所归；凶者，百祸所攻；非其神圣，自然所钟。

【张氏注曰】

有道者，非己求福，而福自归之；无道者，畏祸愈甚，而祸愈攻之。岂有神圣为之主宰？乃自然之理也。

【王氏点评】

行善者，无行于己；为恶者，必伤其身。正心修身，诚信养德，谓之有道，万事吉昌。心无善政，身行其恶；不近忠良，亲谗喜佞，谓之无道，必有凶危之患。为善从政，自然吉庆；为非行恶，必有危亡。祸福无门，人自所召；非为神圣所降，皆在人之善恶。

【译释】

一个人的行为只要合乎道义，就会吉祥喜庆，否则凶险莫测。有道德的人，无心求福，福报自来；多行不义的人，有心避祸，祸从天降。只要所作所为上合天道，下合人道，自然百福眷顾，吉祥长随。反之，百祸齐攻，百凶绕身。这里并没有神灵主宰，实为自然之理，因果之律。所以说，成败在谋，安危在道，祸福无门，唯人自招。只有居安思危，处逸思劳，心存善念，行远恶源，便见大道如砥，无往而不适。

解 读

君子爱财取之有道

中国有句古话，君子爱财，取之有道。具体说来，也就是要依靠自己的胆识、能力、智慧，依靠自己勤勉而诚实的劳动去心安理得地挣取，而不是存一份发横财的心思靠旁门左道地去"诈"取。有一句俗语，说是"马无夜草不肥，人无横财不富"，其实这既是一种很平庸的说法，也是一种实实在在的误解。真正做出大成就的成功的商人都知道，商事运作是最要讲信义、信誉、信用，最要讲诚实、敬业、勤勉的，一句话，就是要"有所为有所不为"。

胡雪岩精于生财之道，他注重"做"招牌、"做"面子、"做"信用；广罗人才，经营靠山；施财扬名，广结人缘，这些措施，就是他的生财之道，而且也确实行之有效。比如他在创办自己的药店"胡庆余堂"之初，策划的那几条措施：三伏酷热之时向路人散丹施药以助解暑，丹药免费但丹药小包装上都必须印上"胡庆余堂"四个字；正值朝廷花大力气镇压太平天国之际，"胡庆余堂"开发并炮制大量避疫祛病和治疗刀伤剑创的膏丹丸散，廉价供应朝廷军队使用等。用现代经营眼光来看，这些措施具有极好的扩大声誉、树立企业形象、提高企业知名度、开拓商品市场、建立商事信用的作用。正是靠了这些措施，"胡庆余堂"从开办之初就站稳了脚跟，很快成为立足江浙、辐射全国的一流药店，且历数十年而不衰，而由"胡庆余堂"建立起来的胡雪岩的声望、影响所形成的潜在效益，对胡雪岩的其他生意如钱庄、丝茶、当铺等的经营，也起到了极好的作用。

胡雪岩的时代离今日已经一百多年了，时移世易，今天的商界自然也不是那时的商界。不过，为商之道，古今相通者甚多，胡雪岩的经商原则，应该是能给今日商界中人提供某种借鉴的。

"做生意还是从正路上去走最好。"这话是胡雪岩对古应春说的。

胡雪岩与庞二联手做洋庄，本来一切顺利，不承想庞二在上海丝行的档手朱福年为了自己"做小货"，也就是拿着东家的钱自己做生意，赚钱归自己，蚀本归东家，中饱私囊，从中捣鬼。为了收服朱福年，胡雪岩用了一计，他先给朱福年的户头中存入五千两银子并让收款钱庄打个收条，然后让古应春找朱福年，将这五千两银子送给他，就说由于手头紧张，自己的丝急于脱手，愿意以洋商开价的九五折卖给庞二，换句话说，也就是给朱福年五分的好处，这五千两银子就是"好处费"。这算是胡雪岩与朱福年之间的一桩"秘密交易"。不过，这笔"秘密交易"一定要透给庞二。

朱福年收下这五千两银子，也就入了一个陷阱：他如果敢私吞这笔银子，胡雪岩一旦托人将此事透给庞二，朱福年必丢饭碗；如果他老老实实将这笔钱归入丝行的账上，有这一个五千两银子的收据在手，也可以说他借东家的势力敲竹杠，胡雪岩与庞二本来是联合做洋庄的合作关系，朱福年如此做来，等于是有意坏东家的事，实际是吃里爬外，这样，他也会失去庞二的信任。总之，就用这五千两银子，胡雪岩要让朱福年"猪八戒照镜子，里外不是人"。

胡雪岩的计划果然生效，朱福年不仅老实就范，并且还退回了那五千两银子。而此时的古应春也因恨极而"存心不良"，另外打了一张收条给他，留下了原来存银时钱庄开出的笔据原件。古应春把原件捏在手上，是想不管朱福年是不是就范，都要以此为把柄，狠狠整一下他。但当古应春将此事告诉胡雪岩时，胡雪岩对古应春说了一番话，胡雪岩说："不必这样了。一则庞二很讲交情，必定有句话给我；二则朱福年也知道厉害了，何必敲他的饭碗。我们还是从正路上去走最好。"

从胡雪岩的话中，我们可以知道，胡雪岩所说的正路，有一层能按正常的方式、正当的渠道而不要用"歪"招、怪招的意思。从某种意义上说，胡雪岩制服朱福年的办法，就是诱人落井的一招，有些"歪门邪道"的意味，但这一做法也是不得已而为之。在胡雪岩看来，这种招数，只能在万不得已时偶尔为之，一旦转入正常，也就不必如此了。言谈之中可以看出，胡雪岩对于自己在不得已时制服朱福年的一招，心里是持否定态度的。

胡雪岩所谓做生意从正路上走最好，还有一层意思，是指做生意不能违背大原则。什么钱能赚，什么钱不能赚，更分得清楚，不能只顾赚钱而不顾道义。

比如胡雪岩做生意并不怕冒险，他自己就说过："不冒险的生意人人会做，如何能够出头？"有的时候他甚至主张，商人求利，刀头上的血也要敢舔。但他同时也强调，生意人不论怎样冒着风险去刀头舔血，都必须想停当了再去做。有的血可以去舔，有些就不能去舔。有一次，他就给自己的钱庄档手刘庆生打了一个比方：譬如一笔放款，我知道放款给他的这个人是个米商，借了钱去做生意。这时就要弄清楚，他的米是运到什么地方去。到不曾失守的地方去，我可以借给他，但如果是运到"太平军"那里，这笔生意就不能做。我可以帮助朝廷，但不能帮助"太平军"。胡雪岩心里想，他是大清的臣民，通过帮助朝廷而赚钱，自然是从正路赚钱，太平军自然是"逆贼"，帮助他们就是"附逆"，由此去赚钱，自然不是从正路赚钱，违背了这一大原则，即使获利再大，也不能做。

撇开胡雪岩以大清臣民自居而鄙视太平军这一点不论，仅从做生意的角度看，胡雪岩的说法和做法，应该是很能给人以启示的。事实上，做生意不能违背大原则，要牢牢把握一个正路，即使仅从商人求利的角度看，也是完全必要的。做生意从正路去走，往往可以名利双收，即便一笔生意失败了，也有东山再起的希望。而违背道义，不走正路，必将遭人唾弃，一旦失败往往一败涂地，名利两失，不可收拾。如果一定要去做遭人唾弃、名利两失的事情，那就实在是愚不可及了。

从某种意义上说，商道其实也就是人道。经商之道，首先是做人、待人之道。一脚跌进钱眼里，心中只有钱而没有人，为了钱坑蒙拐骗，伤天害理，便是奸商。奸商与奸诈无耻等值，这种人钱再多，也为人们所不齿。作为一名优秀企业家，做生意时一定要谨记"君子爱财，取之有道"、"有所为，有所不为"。

人无远虑必有近忧

【原典】

务善策者，无恶事；无远虑者，有近忧。

【王氏点评】

行善从政，必无恶事所侵；远虑深谋，岂有忧心之患。为善之人，肯行公正，不遭凶险之患。凡百事务思虑、远行，无恶亲近于身。

【译释】

时刻想着行善助人，此生必无厄运缠身。做事前深谋远虑，三思而行，以此处世必无忧患。

人生在世，立身为本，处世为用。立身要以仁德为根基，处事要以谋为手段。以仁德为出发点，同时又善于运用权谋，有了机遇，可保成功；如若时运不至，亦可谋身自保，不至于有什么险恶的事发生。只图眼前利益，没有长远谋虑的人，就连眼前的忧患也无法避免。俗语云："人无远虑，必有近忧；但行好事，莫问前程。"说的也正是这个意思。

解　读

眼光长远是正确做事的前提

在现实生活中，提高自己对事物发展规律的把握能力，是很有必要的。因为生活每天都在进行，我们身处的环境也在发生着日新月异的变化，应该积极地面对这种变化，开拓思路，避开隐藏于暗中的危机，以获得更大成功。

北宋的张咏任崇阳县知县的时候，当地的居民都以种植茶树为生。张咏知道后说："种植茶叶的利润丰厚，官府将来一定会对茶叶进行垄断，我们还是尽早改种其他植物为好。"然后他下令全县拔除茶树而改种桑养蚕，这一举动使得百姓们怨声载道。后来国家果然对茶叶进行了垄断，其他县的农民全都丢了饭碗，而崇阳县种桑养蚕的大环境已经形成，每年出产的丝绸有几百万匹之多。当地的居民们感激张咏给他们带来的福利，修建了祠堂来纪念他。

宋仁宗晚年精神错乱，时有狂癫之状，宫廷内外，人心惶惶；京城开封，气氛紧张。一代名臣文彦博和另一个人品不怎样的刘沆同为宰相。这一天，文彦博等人留宿宫中，以便处理紧急事务，应付非常之变。一天深夜，开封府的知府王素急慌慌地叩打宫门，要求面见执政大臣，说是有要事禀报。文彦博拒绝了："这是什么时候，还敢深夜开宫门？"第二天一大早，王素又来了，报告说昨天夜里有一名禁卒告发都虞侯（禁军头目）要谋反。有的大臣主张立即将这名都虞侯抓来审问，文彦博不同意，便说："这样一来，势必扩大事态，闹得人人惊惶不安。"他召来了禁军总指挥许怀德问："这位都虞侯是个什么样的人？"

许怀德说："这个人是禁军中最为忠诚老实的。"

文彦博问："你敢打保票吗？"

"敢。"

文彦博说："一定是这个禁卒同都虞侯有旧仇，所以趁机诬告他，应当立即将他斩首，以安众心。"大家都同意他的意见。

文彦博便要签署行刑的命令，他身边有一个小吏在暗中捏了一把他的膝盖，他顿时明白过来，软磨硬拉地让刘沆也在命令上签了名。

不久，仁宗病情有所缓解，刘沆便诬告说："陛下有病时，文彦博擅自将告发谋反的人斩首。"话虽不多，用意却十分恶毒，分明是暗示文彦博纵容造反者，甚至是造反者的同谋。文彦博当即拿出了有刘沆签名的行刑命令，这才消除了仁宗的疑心。幸亏刘沆签了名，否则，文彦博真是有口难辩了。

一个取得成功的人，必须拥有长远的眼光。唯有如此，才能不被眼前的繁荣所迷惑，看到隐藏在繁荣背后的危险。否则，一味陶醉在目前的成功之中，裹足不前，就有可能被潜伏的危险击倒，使原有的成就化为乌有，自尝失败的苦果。张咏正是凭借他的深谋远虑，才透过种植茶树表面的繁荣，看到了其不利的因素，帮助崇阳的百姓躲开了可能降临的灾祸；而文彦博身边的小吏更是熟知官场中的复杂残酷，偷偷地指点了文彦博一下，替其免除了一场杀身之祸。

　　一个人思考问题，处理事情，不但要顾及眼前，并且还要考虑长远。只有这样，才能安排协调好方方面面的关系，不致出现各种意想不到的困扰。否则冒冒失失，顾头不顾尾，说不定忧患就会一夜之间来到你的面前。做任何一件事情，没有一个长远和近期的通盘性考虑是不行的。

26

同志同仁为得而忧

【原典】

同志相得，同仁相忧。

【张氏注曰】

舜有八元、八凯。汤则伊尹。孔子则颜回是也。文王之闳、散，微子之父师、少师，周旦之召公，管仲之鲍叔也。

【王氏点评】

心意契合，然与共谋；志气相同，方能成名立事。如刘先主与关羽、张飞，心契相同，拒吴、敌魏，有定天下之心；汉灭三分，后为蜀川之主。君子未进贤相怀忧，谗佞当权，忠臣死谏。如卫灵公失政，其国昏乱，不纳蘧伯玉苦谏，听信弥子瑕谗言，伯玉退隐闲居。子瑕得宠于朝上大夫，史鱼见子瑕谗佞而不能退，知伯玉忠良而不能进。君不从其谏，事不行其政，气病归家，遗子有言："吾死之后，可将尸于偏舍，灵公若至，必问其故，你可拜奏其言。"灵公果至，问何故停尸于此？其子奏曰："先人遗言：见贤而不能进，如谗而不能退，何为人臣？生不能正其君，死不成其丧礼！"灵公闻言悔省，退子瑕，而用伯玉。此是同仁相忧，举善荐贤，匡君正国之道。

【译释】

志同而又道合的人，会互相促进并有所裨益，都有仁爱之心的人，就会为对方分忧解难。

两个人心中想着一样的东西，争执就在所难免。世上的问题多起于争。文人争名，商人争利，勇士争功，艺人争能，强者争胜。争并不是坏事，能促使人向上，促进事业的发展。但争要合乎规矩，不能采取不正当的手段，干损人利己的事。

君子之学是为了进德修业，与人无争，与世也无争。孔子以当时射箭比赛的情形，说明君子立身处世的风度。

现代社会的人们，更应该讲求"君子风度"，合乎社会准则，否则，将难免落得四面楚歌，被"请"出局。

解读

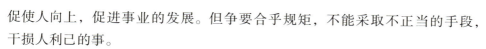

不争不抢无患无忧

很多人认为，生活就是一场争斗。实际上这种看法是片面和不足取的。真正有眼光、办大事的人，他们从不把心劲财力浪费在斤斤计较上，更不会本末倒置地去与人相争。他们的胸怀和风度，当然也能使对方折服，假如对方不是一个小人的话。

公元前283年，蔺相如完璧归赵之后，接着又在渑池会上巧妙地跟秦王争斗，维护了赵国的尊严。赵惠文王见他功劳大，就提拔他做了上卿，地位还在老将军廉颇之上。

这样一来，廉颇可恼火了，他对人说："我在赵国做了多年的大将，为赵国立了不少的战功，而蔺相如本来是一个出身低下的人，只靠说了几句话的功劳，就把职位摆在我的上边，我实在感到没脸见人。"他扬言："我要是遇上蔺相如，一定要羞辱他一番。"

蔺相如听到廉颇这些话后，就处处忍让，尽量不与廉颇见面。每天上早朝时，他就说有病，躺在家里不去与廉颇争位次。有一次蔺相如乘车外出，碰巧遇上廉颇，就连忙驾着车子躲开他，蔺相如身边的人，看到这种情形都很生气，说蔺相如太软弱、畏缩了，不用说是他，就是在他身边任职的人也感到羞惭，于是大家都说要离开他。

蔺相如坚决不让他们走，并向他们解释说："你们想想看，秦王那样威严，我还敢在秦国的朝廷上当众斥责他，我蔺相如再不中用，也不会惧怕廉颇将军。我是想，强暴的秦国之所以不敢侵犯赵国，就是因为我们的文臣、武将能同心协力的缘故。我与廉颇将军好比是两只老虎，两虎相争，结果必

271

然不能共存。我之所以采取忍让的态度，正是先考虑到国家的安危，然后才能想两个人的私怨呀！"

不久，这些话就让廉颇知道了。这位老将军对照自己的言行，感到既悔恨又惭愧，于是，为了表示认错改过的诚意，就脱掉上衣，背着荆条由宾客领着来到蔺相如家里请罪。一见蔺相如，老将军就恳切地说："鄙贱之人，不知将军宽之至此也。"

从此，蔺相如和廉颇这一相一将，情谊更加深厚，终于结成了生死与共的朋友，通力合作，努力把国家的事情办好。

从这个故事中我们可以看出，廉颇开始的"争"，是因为他对蔺相如并不了解；同时，他这种"争"也是光明正大、讲究风度的。而蔺相如则以更为博大的胸襟和高风亮节把廉颇给征服了，从而把他"争取"过来。他们这种君子之间的"争"与"和"，成为了千古流传的佳话。

27

心怀不轨的人会臭味相投

【原典】

同恶相党，同爱相求。

【张氏注曰】

商纣之臣亿万，盗蹠之徒九千是也。爱利，则聚敛之臣求之；爱武，则谈兵之士求之；爱勇，则乐伤之士求之；爱仙，则方术之士求之；爱符瑞，则矫诬之士求之。凡有爱者，皆情之偏、性之蔽也。

【王氏点评】

如汉献帝昏懦，十常侍弄权，闭塞上下，以奸邪为心腹，用凶恶为朋党。不用贤臣，谋害良相；天下凶荒，英雄并起。曹操奸雄董卓谋乱，后终败亡。此是同恶为党，昏乱家国，丧亡天下。如燕王好贤，筑黄金台，招聚英豪，用乐毅保全其国；隋炀帝爱色，建摘星楼宠萧妃，而丧其身。上有所好，下必从之；信用忠良，国必有治；亲近谗佞，败国亡身。此是同爱相求，行善为恶，成败必然之道。

【详释】

为非作歹，阴谋不轨的小人因为臭味相投，一般都会勾结在一起；有相同爱好的人，自然会互相访求。据说商纣王的奸臣恶党数以万计。

晋惠帝爱财，身边的宦官全是一帮巧取豪夺的贪官污吏。秦武王好武，大力士任鄙、孟贲个个加官晋爵……大凡有所痴爱的人，惺惺相惜的人，性情一般来说都比较偏激怪诞，这种人往往狼狈为奸，误入歧途而不返。

解 读

为非作歹之恶党一定没有好下场

所谓"同恶相党"，上有不务正业的皇帝，下面必有用心险恶的奸臣一唱一和、为非作歹。此类恶徒历史上比比皆是，比如胡亥，比如赵高。

赵高作为历史上第一个最有权势的太监，大半生将国家权力玩弄于股掌之间，加之他的上司胡亥也不是什么好鸟，两人到头来玩火自焚，这实在是一种必然。

作为阴险之人的阴狠之谋，沙丘矫诏阴谋的得逞，使赵高和胡亥更加紧密地勾结在一起，胡亥对赵高也愈加信任。由此，赵高便成了秦朝中央统治集团中最有实力的决策者，秦朝的政治统治也变得更加黑暗和残酷。

二世胡亥即位时，正值 21 岁的青年时期，沉湎酒色、贪图享乐，赵高也乐于皇帝怠政，自己大权在握，但由于胡亥是通过沙丘政变刚刚即位，诸公子及大臣心中不服，随时有被推翻的危险。

并且赵高也清楚自己出身卑微，现在虽有了二世皇帝做靠山，但也恐怕众大臣及诸公子不服，加害自己。所以，他决定借助二世皇帝之手诛杀异己。赵高劝秦二世诛除大臣，上以振威天下，下以除去异己仇人，秦二世也觉得自己继位，名不正，言不顺，大臣不服，官吏不从，几位兄弟还有争夺皇位之危险。因此，两人臭味相投，一拍即合，开始大开杀戒。

为了验证一下自己在朝中的权势，赵高"导演"了一幕"指鹿为马"的闹剧。

公元前 209 年，赵高趁群臣朝贺之机，命人牵来一头鹿献给二世，口里却说："我把一匹好马献给陛下玩赏。"

胡亥一看，失声笑道："丞相说错了，这是鹿，不是马。"他转过头去问左右的人道："大家看，这是鹿，还是马？我没有说错吧？"

围观的人，有的慑于赵高的淫威，缄默不语，有的弄不清赵高这葫芦里卖的什么药，便说了真话；那些拍惯了赵高马屁的人，即使在皇帝面前也硬说是马。胡亥见众说不一，以为是自己害了什么病，因而把话说错了，便命大臣去算卦。在赵高的授意下，算卦的人也说道："因为陛下祭祀时没有斋戒沐浴，才出现了这种认马为鹿的现象。"胡亥信以为真，便按赵高的意图，打着斋戒的幌子，躲进了上林苑。

有一天，有个人从上林苑经过，胡亥立即拈弓搭箭，将此人射死，扬长而去。赵高知道此事后，便令阎乐去奏明二世道："不知是谁杀了一个人，却把尸体移到上林苑来了。"然后，他又自己出面，假意劝告胡亥道："皇帝无缘无故地杀死一个没罪的人，上天和鬼神都会生气的，一定要降灾的，陛下还是趁早离开上林苑！"就这样，赵高把胡亥安排到离咸阳县东南八里的望夷宫去了。

二世走后，赵高立即张开了魔爪，把那些敢于说"鹿"的人统统杀掉。

这一来，朝野上下，人人缄口，个个看赵高眼色行事，任他为所欲为，从而为正式篡帝夺位准备了条件。然而，这时关外早已烽火连天，农民起义的熊熊烈火燃遍了关东大地；陈胜、吴广揭竿而起，在不到半年的时间里，屡屡打败秦军，从淮河流域起而横扫黄河南北，摇撼着秦室的根基。以项羽、刘邦为领导的反秦义军，更是所向披靡，在巨鹿一战中，秦军被打得落花流水，精锐丧失殆尽，大将王离被虏。被打得溃不成军的章邯，急急派人向朝廷请示军事，而专权的赵高却不予接见，想把一切罪责转嫁于他。章邯心里十分明白：要是打了败仗，赵高会不分青红皂白地处斩他；要是打了胜仗，赵高也会嫉妒他的功劳而陷害他。与其将来被赵高处斩，不如与诸侯一道举起反秦的义旗来。

章邯的倒戈，又给摇摇欲坠的秦王朝一个沉重的打击。此时的赵高既想苟延残喘，又想火中取栗。他一面派人暗中与刘邦联系，要同起义军讲和，求吴中之地自立为王；一面又对秦二世采取断然措施。

经过一番谋划，除掉秦二世后的赵高欣喜若狂，匆匆摘下玉玺佩在身上，大步走上殿去，准备宣布登基。但是"左右百官莫许"，以无声的反抗粉碎了赵高的皇帝梦。他顿时不知所措，头脑发晕，只觉得天旋地转，这时，他才感到自己的罪恶阴谋，达到了"天弗与，群臣莫许"的程度，只得无可奈何地取消了称帝的打算，只得立扶苏之子子婴为王，结束了这场逼宫篡位的丑剧。

被赵高推上王位的子婴，心里十分明白赵高的险恶用心，于是，他同自己的两个儿子和贴身太监商定了铲除赵高的计划。

原来赵高要子婴斋戒五日后正式即王位，等到斋戒沐浴的期限到了，赵高便派人来请子婴接受王印，正式登基。可是，子婴推说有病，不肯前往。一连几次，子婴都是如此应付。

不得已，赵高决定亲自去请子婴来举行入庙告祖仪式。自沙丘政变以来，万事顺心应手，赵高有点飘飘然，根本没有把子婴放在眼里，所以并不多想，就径直奔向子婴的府第。等赵高一到，子婴及他的两个儿子就带着亲信一拥而上，将赵高杀死了。

杀死了赵高以后，子婴在他的两个儿子及随侍宦官、卫兵的拥护下来到了宗庙，举行了告祖仪式，正式即秦王位。子婴即位后，首先下令逮捕赵高的三族，全部予以处死。

赵高和胡亥在本质上都不是什么好东西，但要说他们各自为恶，结果也未必会这么坏，这么坏的结果也未必来得这么快。正是因为"同恶相党"而加速了他们的灭亡。这给我们现实生活带来的启示是：心中一旦有恶念升起，一定要极力克制，同时远离恶人。如若不然，和恶人们在一起，他们会很快把你的想法变成现实，结出恶果。真到那时，后悔也就晚了。

28

美女在一起容易产生嫉妒

【原典】

同美相妒。

【张氏注曰】

女则武后、韦庶人、萧良娣是也。男则赵高、李斯是也。

【译释】

两个美女在一起难免会产生嫉妒。

就像生气、高兴一样，嫉妒也是人人"必备"的心理情绪，差别只在于程度上的严重与否。不管怎样，嫉妒心理始终是一种不健康的心理，不管形式与内容怎样，它的存在有害于正常的人际交往、健康的社会生活。然而在现实生活中，我们总是不知不觉地受到别人的嫉妒，或自己本身也在不知不觉对别人产生嫉妒。被嫉妒的人常常是自己周围熟识的人。有时，明知道是嫉妒，是不应该的，却无法消除。

人都说女人生来爱嫉妒，这话看似有些偏激，但这绝非空穴来风有意贬低女人，女人之间最容易因为各种事情而产生嫉妒。也许我们可以克制自己不去嫉妒别人，但却不能保证别人不嫉妒我们。

解 读

巧妙地应对他人的嫉妒

爱美是女人的天性，这也就使得女人天生对美就很执着。因此，女性最容易引起同性嫉妒的地方就是美貌。也许你的女性同事可以容忍你的职位比她高、薪水比她高、能力比她强，但绝对不能容忍你比她美丽，成为办公室的焦点。虽然外貌、仪表、风度在很大程度上与能否得到更好的工作机会没什么关联，但很多女性都会对比自己漂亮、着装比自己迷人的女人怀有"敌意"。

晓羽第一天上班，与同事们接触的时候处处都显得十分小心，因为在这之前，有人曾经告诫过她，办公室的生活是非常复杂的。为了能够给同事留下好印象，她还特意打扮了一番，化了淡淡的妆，又配上了一条漂亮的连衣裙，加上她天生就丽质，因此显得十分漂亮出众。晓羽本以为自己一定可以很快融入新的工作生活中，不曾想单位里的女同事没有一个愿意理睬她，肯跟她接近的反而是那些男同事，晓羽不明白，难道自己就真的那么让人讨厌吗？虽然她尽全力地和每一位女同事接触，但似乎她们都对她怀有敌意，其中有一位女同事还挖苦道："怎么？第一天上班就打扮得这么漂亮？这有什么用，我们工作是靠能力的，不要以为打扮得漂亮点就能引起老板的注意。"晓羽觉得很委屈，因为她从来没有这样想过。

事实上，虽然女性很容易对同性的美产生嫉妒，但她们更渴望得到对方的赞美。因此，女士们在面对同事对你的"美"产生嫉妒的时候，不妨忍痛割爱，将自己的美"分出"一部分给对方。这样一来，你们一定可以获得同事的好感，从而拉近与她们的距离。

于是，晓羽第二天上班的时候，主动和其他女同事打招呼，并且将自己穿衣搭配的技巧、美容的方法等全都告诉了她们。这一招果然有效，那些女同事一个个听得津津有味，纷纷向晓羽提出问题，并且表示希望晓羽以后能多教她们点这方面的知识。如今，晓羽已经成为办公室中最受欢迎的人了。

作为女人，如果你非常优秀而出众，那么你一定会明显地感受到来自周遭同性的强烈嫉妒。并且她们嫉妒的范围很广，包括你的职位、工作能力、上司对你的赏识、你的外貌、衣着乃至你的家庭状况。虽然嫉妒并不会给你带来直接的危害，却会为你埋下失利的种子。因此，当女士们在办公室遇到同性的嫉妒时，一定不要立即还击或是置之不理，而应当巧妙地应对她们，甚至将她们变成你的朋友。

29

同等智慧的人相遇就会相互谋算

【原典】

同智相谋。

【张氏注曰】

刘备、曹操、翟让、李密是也。

【译释】

同样智谋卓绝的人，双方一定会先是一比高下，进而互相残杀。各朝各代，纷争厮杀，智者火拼的悲剧实在是太多了，其结局大多是两败俱伤，谁都捞不到什么实质的好处。这样看来有智谋不一定是好事，在必要的时候保持内敛也是不错的选择。

解　读

树大招风智者要懂得收敛

老子认为有智慧的人，应该具备一种"大成若缺""大盈若冲""大直若屈""大巧若拙""大辩若讷"的内敛功夫，只有这样才能够在为人处世上游刃有余、置危险于身外。

如此看来，有才能的人不一定是幸福的人，因为才能不仅能带来荣耀，更能导致灾难。才能让人羡慕，也让人嫉妒。才能出众如同树大招风，心胸狭窄的无能之辈总是与有才能的人为仇。因此，有才能的人更应懂得内敛的重要性、懂得如何去运用它，要不然定会在这方面栽跟头。

唐代大诗人白居易才高八斗，刚直耿介。他在朝为官时，许多无才无德的小人总是攻击他。

一次，唐宪宗召见白居易，对他说："你诗名很大，为人忠直，不像是个奸诈之人，可为什么总有人弹劾你呢？"

白居易说："皇上自有明断，我说什么也是无用的。不过依我看来，我和那帮人道不同不相为谋，一定是他们嫉恨我的才华忠直。否则，我和他们无冤无仇，他们为什么会无端诬陷我呢？"

白居易自知难与小人为伍，却不屑掩饰锋芒，他对那些无能之辈常出口讥讽，绝不留半点情面。

一次，朝中一位大臣作了一首小诗，奉承他的人不在少数。白居易看过小诗，却哈哈一笑，说："如果说这是一首好诗，那么天下人都会写诗了。"

事后，白居易的一位朋友劝他说："你身处官场，不应该当众羞辱别人。你不是和朋友谈诗论道，在朝堂上若讲真话，人家只会更加恨你了。"

白居易说："我最看不惯不懂装懂之人，本来我不想说，可还是压抑不住啊。"白居易自恃有才，说话办事往往少了客气。他对皇上也大胆进言，只要他认为不对的事，他就直言上谏，全不顾任何禁忌。

河东道节度使王锷为了晋升官职，大肆搜刮百姓，他向朝廷献上了很多财物，唐宪宗于是准备让他当宰相。

朝中大臣都没有意见，只有白居易站出来反对。唐宪宗生气地说："你是个才子，就该与众不同吗？你每次都和我唱反调，你是何居心呢？"

皇上发怒了，嫉恨他的小人趁势说他恃才傲物，目中无人。一时，白居易的处境更加恶劣，格外孤立。

大臣李绛同情白居易，劝他收敛锋芒，说："一个人如果因为才高招来八方责难，他就该把自己装扮得平庸了。你的见识虽深刻远大，但不可显示出来，你为什么总也做不到呢？这也是为官之道，不可小看。"

最后，白居易还是因为上谏惹祸，被贬出朝廷。白居易的才能人所共知，他尽忠办事，见解高明，却不能建功，只因他的才能过于外露，优点反变成了缺点。

世上没有绝对的公平，相信才能万能的人多少有些幼稚。人们应当时刻提防小人的暗箭和中伤，把最能让他们嫉妒的东西藏起来，避免不必要的纠缠。

内敛，可以说是我们为人处世的传统方式。不以物喜，不以己悲，是一种内敛；智欲圆而行欲方，也算一种内敛；凡事不张扬，得意不忘形，富足时不骄矜，贫穷时也不谄媚，更是一种内敛。

看小说，听评书我们不难知道，镖局这个旧行当在古代曾经盛极一时。

镖局的人身怀武工，在舞刀弄棒的年代，仅凭此道，遇人处事就可以胜人一筹，当着别人的面，剑拔弩张，趾高气扬，甚至喜怒溢于言表，也自有底气。可是，镖局恰恰应该是内敛型的。

镖局的对头是强盗，但镖局遇见强盗并非上来就拳脚相加，而是把自己先收敛起来，进行话，论人缘，拉交情，不到万不得已时不动手。因为强中自有强中手，真打起来谁都未必占便宜。强盗拦住镖车，镖局的人要抱拳拱手，打个招呼：当家的辛苦了！镖局心里明白，自己这碗饭就是因强盗而得，对方才是当家的。如果对方问：穿的谁家的衣？回答就是：穿的朋友的衣！又问：吃的谁家的饭？再答：吃的朋友的饭！

人家听得高兴，自己又说的是事实，面前的难题就过去了。当然，这也是由于那个时候的贼自有一套道上的规矩，这些底线自知不可轻易破坏，破坏了就丧失了立命之所。如果古时候的强盗和镖局的人都不知道内敛，上来就兵戈相见，那谁都无法吃好自己的"饭"。

处世，当谦虚谨慎，虚怀若谷，内敛而不张扬。古人云"君子泰而不骄，小人骄而不泰"，说的就是仪表、行为上的差异。它告诫我们，在日常的生活、工作中，要时刻注意自己的言行举止，懂得在谦虚中善学，懂得在内敛中进步，而不要不知天高地厚，摆出一副唯我独尊、锋芒毕露的骄姿傲态。

同官同利就会相互残害

【原典】

同贵相害，同利相忌。

【张氏注曰】

势相轧也，害相刑也。

【王氏点评】

同居官位，其掌朝纲，心志不和，递相谋害。

【译释】

权势地位不相上下的人，很容易互相排挤，彼此倾轧，甚至不择手段地以死相拼。在艰难潦倒的时候，大家在一起还可相安无事，扶持协作，一旦发了财、得了势，就开始中伤诽谤，双方都变成了眼红心黑的对头冤家。

解　读

残害同门自取灭亡

有"同贵相害"之心的人一般都心胸狭窄，为了打压别人常常不择手段，这样的人最终也不会有好下场。

在三家分晋以后，韩、赵、魏三家中数魏国的势力最强大，魏惠王野心勃勃，也想学秦国收拢人才，不久来了一位名叫庞涓的人，声称是当时高人鬼谷子的学生，与苏秦、张仪、孙膑是同学，他在魏王面前大吹大擂，说只要自己能当大将，其他国家决不足畏，魏王就相信了他。庞涓当了大将，他的儿子庞英，侄子庞葱、庞茅全都当了将军，训练好兵马就向卫、宋、鲁等国进攻，连打胜仗，致使三国齐来拜伏。东方的大国齐国派兵来攻，也被庞涓打了回去。从此魏王就更信任他了。

庞涓的同学孙膑是大军事家孙武的后代。他德才兼备，是个少见的人才。尤其从老师鬼谷子那里得到了祖先孙子的十三篇兵法，更是智谋非凡。一次，墨子的门生禽滑厘来拜访鬼谷子，见到孙膑，为他的才德所感动，就想让他下山，帮助各国国君守卫城池，减少战争。孙膑说："我的同学庞涓已下山去了，他当初说一旦有了出路，就来告诉我的。"禽滑厘说："听说庞涓已在魏国做了大官，不知为什么没写信给你，你何不到魏国打听一下？"

孙膑来到魏国，先见了庞涓，又见了魏王，一谈之下，魏王就知道孙膑才能极大，想拜他做副军师，协助军师庞涓行事。庞涓听了忙说："孙膑是我的兄长，才能又比我强，岂可在我的手下？不如先让他做个客卿，等他立了功，我再让位于他。"在当时，客卿没有实权，却比臣下的地位高，孙膑还以为庞涓一片真心，对他十分感激。

庞涓原以为孙膑一家人都在齐国，孙膑不会在魏国久留，就试探着问他："你怎么不把家里人接来同住呢？"孙膑说："家里的人都被齐君害死了，剩下的几个也已被冲散，不知何处寻找，哪里还能接来呢？"庞涓一听傻了眼，如果孙膑真在魏国待下去，自己的位置可真要让给他了。

半年以后，一个齐国人捎来孙膑的家书，大意是哥哥让他回去，齐国也想重振国威，希望孙家的人能在齐国团聚。孙膑对来人说："我已在魏国做了客卿，不能随便就走。"并写了一封信，让他带回去交给哥哥。

孙膑的回信竟被魏国人搜出来交给了魏王，魏王便找来庞涓说："孙膑想念齐国，怎么办呢？"庞涓见机会来了，就对魏王说："孙膑是大有才能之人，如果回到了齐国，对魏国十分不利。我先去劝劝他，如果他愿意留在魏国，那就罢了，如果不愿意，那就交给我来处理。"魏王答应了。

庞涓当然没有劝孙膑，而是建议他回齐国"探亲"。于是第二天，孙膑就向魏王请两个月的假，魏王一听他要回去，就说他私通齐国，立刻把他押到庞涓那里审问，庞涓故作惊讶，先放了孙膑，再跑去向魏王求情，过了许久，才又神色慌张地跑回来说："大王发怒，一定要杀了你，经我再三恳求，大王总算给了点面子，保住了你的性命，但必须处以黥刑和膑刑。"孙膑听了，虽非常愤怒，但觉得庞涓为自己出力，还是十分感激他。

孙膑的脸上被刺了字，膝盖骨又被剔去了，从此只能爬着走路，成了终身残废。

庞涓倒是对孙膑的生活照顾得很周到，孙膑觉得靠庞涓生活过意不去，就主动提出要替庞涓做点什么，庞涓说："你那祖传的十三篇兵法，能不能写下来，咱们共同琢磨，也好流传后世。"孙膑想了想，只好答应了。由于孙膑只能躺在那里用刀往竹简上一个字一个字地刻，所以每天只能刻十几个字。这样一来，庞涓沉不住气了，就让手下一个小厮催孙膑快写。小厮见孙膑可怜，便不解地问服侍孙膑的人："庞军师为什么死命地催孙先生快写兵法呢？"那人说："这还不明白。庞军师留下孙先生的一条命，就是为了让他写兵法，等写完兵法，孙先生也就没命了。"

孙膑听到了这话，大吃一惊，前后一想，恍然大悟，霎时间大叫一声，昏了过去，等别人把他弄醒时，他已经疯了。只见孙膑捶胸披发，两眼呆滞，一会儿把东西推倒，一会儿又把写好的兵法扔到火里，还把地下的脏东西往嘴里塞。从人连忙奔告庞涓说："孙先生疯了！"

庞涓急忙来看，只见孙膑一会儿伏地大笑，一会儿又仰面大哭，庞涓叫他，他就冲庞涓一个劲儿地叩头，连叫："鬼谷老师救命！鬼谷老师救命！"

庞涓见他神志不清，但怀疑他是装疯，就把他关在猪圈里，庞涓仍不放心，就派人前去探测。一天，送饭人端来酒菜，低声对他说："我知道你蒙受了奇耻大辱，我现瞒着军师，送些酒菜来，有机会我设法救你。"说完还流下了泪水，孙膑显出一副莫名其妙的样子说："谁吃你的烂东西，我自己做得好吃多了！"一边说，一边把酒菜倒在地下，抓起一把猪粪，塞进嘴里。

那人回报了庞涓，庞涓心想，孙膑受刑之后气恼不过，可能是真的疯了。从此，他只是派人监视孙膑，不再过问。

有一天夜里，有个衣着破烂的人来到孙膑的身边，那人揪揪他的衣服，轻声对他说："我是禽滑厘，先生还认得我吗？"孙膑大吃一惊，经过仔细辨认，确认是禽滑厘，便泪如雨下，激动地说："我自以为早晚要死在这里，没想到今天还能见到你。"禽滑厘说："我已经把你的冤屈告诉了齐王，齐王让淳于髡来魏国访问，我们全都安排好了，你藏在淳于髡的车里离开魏国，我让人先装成你的样子在这里待两天，等你们出了魏国，我再逃走。"

禽滑厘把孙膑的衣服脱下来，给他手下的一个相貌与孙膑相近的人穿上，躺在那里装作孙膑，禽滑厘就把孙膑藏到了车上。

第二天，魏王叫庞涓护送齐国的使者淳于髡出境，过了两天，孙疯子忽然不见了，庞涓来查找，井里河里找遍了，也未见踪影，庞涓又怕魏王追问，就撒了个谎说孙膑淹死了。

孙膑到了齐国，齐威王一见之下，如获至宝，当即拜他为军师，后来，孙膑陆续打听到自己的几位堂哥都已久无音讯，才知道原来送信的人也是庞涓安排的。前前后后，这一场冤屈全由庞涓一人导演而成。

不久，庞涓带兵连败宋、鲁、卫、赵等国，赵国向齐国求救，齐王派田忌为大将、孙膑为军师，使庞涓连连败北，最后，孙膑用"减灶法"引诱庞涓来追，暗设伏兵，将庞涓射死在马陵道上。魏国从此衰败，并向齐国进贡朝贺。

庞涓最终死于非命的下场，可以说是他自己为自己铺设的。如果他能够向师兄孙膑谦虚请教，互相切磋，共同进步，说不定会出现像"将相和"那样的好景况，成就事业，流传美名。可惜的是，他没能见贤思齐，而是采取了卑劣的打击手段。结果，害了别人，更害了自己。

在生活中，有些人对那些跟自己一样出众或者比自己能力强的人所持的心态是嫉妒，而对比自己水平差的人则加以鄙视和嘲笑。这种态度对他们本身有什么好处呢？根本就是有害无益。真正的聪明人，总是向比自己强的人虚心学习，以使自己尽快达到对方的水平；而见了缺点很多的人，则会对照对方来反观自己，看看自身是否也有这些不良现象。有则改之，无则加勉，这才是切实提高自己的修养品位、不会走向相反方向的有效途径。

物以类聚 人以群分

【原典】

同声相应，同气相感，同类相依，同义相亲，同难相济。

【张氏注曰】

五行、五气、五声散于万物，自然相感应。六国合纵而拒秦，诸葛通吴以敌魏。非有仁义存焉，特同难耳。

【王氏点评】

圣德明君，必用贤能良相；无道之主，亲近谄佞谗臣。楚平王无道，信听费无忌，家国危乱。唐太宗圣明，喜闻魏征直谏，国治民安，君臣相和，其国无危，上下同心，其邦必正。强秦恃其威勇，而吞六国；六国合兵，以拒强秦；暴魏仗其奸雄，而并吴蜀，吴蜀同谋，以敌暴魏。此是同难相济，递互相应之道。

【译释】

有共同语言的自然易于沟通，愿意彼此唱和。气韵之旋律相同的就会相互感应，发生共鸣。金、木、水、火、土五种自然元素和宫、商、角、徵、羽五种韵律，融合在自然界的各种物质中，有相同属性的则相互感应。人情世故，治国经要，当然也违背不了这些自然规律。

古人云"得道多助，失道寡助"，甚至是"多助之至，天下顺之；寡助之至，天下畔之"。有道德的人定会有天下，这是很简单的道理。社会上有道德的人多了，彼此之间就会多一些关心与尊重，社会自然也就和谐起来。那些为构造和谐社会作出卓越贡献的人，自然也就赢得了民心。

解 读

选择了什么朋友就选择了什么样的人生

黄石公这一节所说的，具体到现代社会，其实就是人际关系。常言道："物以类聚，人以群分"，也就是说，是什么样的人就和什么样的人在一起，因为他们价值观相近，所以才能走到一起来，即"同声相应，同气相求"。所以性情耿直的就和投机取巧的人合不来，喜欢酒色财气的人也绝对不会跟自律甚严的人成为好友。因此人们常说观察一个人的交友情况，大概就可以知道这个人的品性和素养了。

林肯也曾说过一句话："从某种意义上说，你选择了什么样的朋友，便选择了什么样的人生。"

看来，进什么样的圈子，交什么样的朋友，确实是个大问题。

一个人选择什么样的朋友，对自己的思想、品德、情操、学识都有很大的影响。俗话说："近朱者赤，近墨者黑"，"近贤则聪，近愚则聩"。古人很重视对朋友的选择。孔子曰："君子慎取友也。"品德高尚的人，历来受人推崇，也是人们愿意结交的对象。而品德低劣的人，却常常被人所鄙视，当然也不排除"臭味相投"的"酒肉朋友"。

实际上，每个人不管自觉或不自觉，他们交朋友总是有所选择的，总是有自己的标准的。明代学者苏竣把朋友分为"畏友、密友、昵友、贼友"四类，如此划分便可明白；畏友、密友可以知心、交心，互相帮助并患难与共，是值得深交的；那些互相吹捧、酒肉不分的昵友，口是心非，当面一套，背后一套，有利则来，无利则去，还有可能乘人之危、损人利己的贼友，那是无论如何也不能结交的。

法国科学家法拉第说："如果你想了解你的朋友，可以通过一个与他交往的人去了解他。因为一个饮食有节制的人自然不会和一个酒鬼混在一起；一个举止优雅的人不会和一个粗鲁野蛮的人交往；一个洁身自好的人不会和一个荒淫放荡的人做朋友。和一个堕落的人交往，表示自身品位极低，有邪恶倾向，并且必然会把自身的品格导向堕落。"一句西班牙谚语说："和豺狼生活在一起，你也能学会嗥叫。"

即使和普通的、自私的人交往，也可能是危害极大的，可能会让人感到生活单调、乏味，形成保守、自私的性格，不利于勇敢、刚毅、心胸开阔的品格形成。甚至很快就会变得心胸狭隘，目光短浅，原则性丧失，遇事优柔寡断，安于现状，不思进取。这种精神状况对于想有所作为或真正优秀的人来说是致命的。

与那些比自己聪明、优秀和经验丰富的人交往，我们或多或少会受到感染和鼓舞，增加生活阅历。我们可以根据他们的生活状况改进自己的生活状况，成为他们智慧的伴侣。

与优秀的人交往，就会从中汲取营养，使自己得到长足的发展；与品格高尚的人生活在一起，你会感到自己也从其中得到了升华，自己的心灵也被他们照亮。

印度传教士马丁的生活，似乎完全是受了一个在初级中学学习时的朋友的影响。

马丁是一个相当愚笨的学生，但他父亲还是决定让他接受大学教育。在剑桥大学里，马丁认识了在初级中学的一位伙伴。从此以后，这位稍长的学生成了马丁的指导教师。马丁能够应付自己的学业，但是仍然容易激动，脾气暴躁，偶尔会发泄自己难以抑制的愤怒。但他这位年纪稍大的朋友却情绪稳定，富于耐心。他时时刻刻照顾、指导和劝勉自己这位易怒的同学。他不允许马丁结交邪恶的朋友，劝他认真学习。这不是要得到别人的称赞，而是为了上帝的荣耀。这位朋友的帮助使马丁在学习上进步很快，在第二年圣诞节的考试中他名列年级第一名。

后来，马丁成了一位印度传教士，给了很多人以无私的帮助。

如果马克思没有选择恩格斯这位真诚的朋友，他恐怕就不会在社会科学领域里建立起他的理论学说，也就不会有伟大的著作《资本论》。

志同道合，情趣相投，是择友的一个标准。志向不同，情趣有别，友谊是不可能长久的，早晚分道扬镳。"管宁割席"的典故就是个很好的说明，管宁热衷读书做学问，而华歆则热衷于官场名利，两人缺乏做朋友的共同思想基础，割席而坐是必然的。

孔子说："与善人居，如入芝兰之室，久而不闻其香，即与之化矣。与不善人居，如入鲍鱼之肆，久而不闻其臭，亦与之化矣。"墨子有更形象的比喻，他把择友比作染丝，"染于苍则苍，染于黄则黄，所入者变，其色亦变。五入而已为五色，故染不可不慎也。"与高尚的人在一起，你也会感染上他的气质。

当然，水至清则无鱼，人至察则无徒。对朋友也不能求全责备，自己本来就是不完美的，朋友又是双向的。如果人人都要求结交比自己有学问的人为友，那么到头来只能是谁也没有朋友。正所谓"尺有所短，寸有所长"，朋友相交贵在有所补益，有所予有所取才是"交往"。

古人的择友之道，我们可以借鉴，但不能照抄照搬，也不要为其所拘束，对友人过于苛刻。择友的标准各有不同，也应该从个人实际出发，慎重选择，急来的朋友，去得也快，所以朋友可多交，不可滥交。

志同道合则大业可成

【原典】

同道相成。

【张氏注曰】

汉承秦后，海内凋敝，萧何以清静涵养之。何将亡，念诸将俱喜功好动，不足以知治道。时，曹参在齐，尝治盖公、黄老之术，不务生事，故引参以代相。

【王氏点评】

君臣一志行王道以安天下，上下同心施仁政以保其国。萧何相汉镇国，家给馈饷，使粮道不绝，汉之杰也。卧病将亡，汉帝亲至病所，问卿亡之后谁可为相？萧何曰："诸将喜功好勋俱不可，惟曹参一人而可。"萧何死后，惠皇拜曹参为相，大治天下。此是同道相成，辅君行政之道。

【译释】

同道之人有共同语言和目标，只要大家心无恶念，就很容易在各个方面结为亲密的团体。处在困难中的人们，很容易同舟共济，互相援救，以期共渡难关。国与国之间或同僚之间如果体制相同或政见一致就会互相成全，结为同盟。但是屈从危难的局势结成的联盟不会长久，唯有基于志同道合的真诚团结则必定成功。

解 读

兄弟同心 其利断金

我们有一句谚语叫作："兄弟同心，其利断金。"历史上有名的"桃园三结义"就反映了古人对兄弟齐心共同做一番事业的美好憧憬，虽然正史上没有记载，但小说本来就是对现实的艺术加工。小说《三国演义》中有这样一段情节：东汉末年，天下大乱。朝廷发布文告，下令招兵买马。榜文到涿县，引出了三位英雄。刘备，是汉朝中山靖王刘胜的后代。一天，他边看榜文边长叹，忽听背后有人说："男子汉大丈夫不思为国出力，在这里叹什么气？"并自报姓名说："我叫张飞，靠卖酒杀猪为生。"刘备说出自己姓名后说："我想为国出力，又感到力量不够，故而长叹！"

张飞说："这没什么可难的，我可以拿出家产，招兵买马，创建大业。"刘备听后非常高兴。二人来到一个小店，边喝酒边谈，正说得投机，门外突然来了一个红脸大汉，威风凛凛，相貌堂堂。刘备、张飞请他一同饮酒。交谈中得知，此人名关羽，因仗义除霸有家不能归，已流落江湖五六年了。他们抒发各自的志向，谈得十分投机。隔日，三人来到一个桃园，点燃香烛，拜告天地，结为兄弟。按年龄刘备为大哥，关羽为二哥，张飞为三弟。此后，三人果然干出一番惊天动地的事业，打下了蜀汉江山。三人的兄弟之义也始终不渝，刘备和关羽、张飞"吃则同桌，睡则同寝"。关羽、张飞死了后，刘备拼了家国性命不要，也要为他们报仇，以全兄弟之义。当然小说不是历史，但是这样的故事在民间良好的反应，本身就表达了人们对兄弟之情的美好期望。"桃园结义"从涿州到荆州，展示出刘、关、张义结金兰、匡复汉室的基本轨迹，表现了他们义重如山、至死不渝、真挚而深厚的情谊，至今在海内外华人中广为流传。

33

同行是冤家

【原典】

同艺相窥，同巧相胜。

【张氏注曰】

李醯之贼扁鹊，逢蒙之恶后羿是也。规者，非之也。公输子九攻，墨子九拒是也。

【王氏点评】

同于艺业者，相观其好歹；共于巧工者，以争其高低。巧业相同，彼我不伏，以相争胜。

【译释】

很多同行同业之人相互鄙视和攻击，永远不可能真心在一起共事。

上古时代，后羿善射，逢蒙把他的技艺学到手后就杀了他；秦国的太医令李醯虽然没本事，却对扁鹊高明的医道非常嫉妒，在扁鹊巡诊到秦国时，他派人刺杀了扁鹊。自古文人相轻，武夫相讥，这都是因为才能和技艺不相上下就不能相容，且不说墨子用九种守城的方法挫败了鲁班（公输子）的九种新式攻城武器的进攻，就连西晋时的王恺和石崇，为了炫耀自家的奇珍异宝，也曾发生过一场令人咋舌的斗富好戏。

解 读

合作比竞争更重要

一天，老虎和熊在动物经常出没的山坡上相遇了。老虎眼尖，老远就看到了在山坡上吃草的小鹿，于是蠢蠢欲动。熊立刻阻止说："先不要打草惊蛇，鹿跑得快，弄不好就逃走了。这样吧，我们前后夹击，它就走投无路了。"于是，老虎按照熊说的，绕到后面去攻击。

小鹿被后面的响声吓了一跳，看到老虎就机敏地逃走了。眼看着摆脱了老虎的追赶，却和熊撞了个满怀，接着就遭受了熊掌重重的一击，然后什么也不知道了。

熊张开大口就要把鹿叼走，老虎看见后抗议说："这只鹿应该是我的，怎么你想独占吗？"

熊说："要不是我的好主意和一巴掌，恐怕这只鹿早就逃之夭夭了，当然应该属于我。"

"如果不是我发现了鹿，并且花大力气把它赶到这里，你哪能抓到鹿呢？"老虎气势汹汹地说。

两个家伙争执不下，熊仗着力大无穷，伸出大熊掌，老虎也不甘示弱，躲闪还击。它们不分胜负，最后都筋疲力尽地倒在了地上。

昏倒在一旁的小鹿醒来后，一翻身爬起来，撒腿就跑，等老虎和熊反应过来，鹿已经跑得无影无踪了。

如果老虎和熊能把捕捉来的小鹿平分，恐怕结局就大不一样了，至少不会两败俱伤，一无所获。先不要嘲笑这两个惨兮兮的笨家伙，说不定事到临头时你也会和它们一样采取愚蠢的做法。

你觉得这种可能性不大，是吗？那么你不妨问问自己，是不是不愿意或者不习惯和别人合作？你是不是经常觉得，与别人合作得来的利益中自己的功劳是最大的？利益分配的时候，你是不是常常觉得自己得到的比期望的少？你是不是想得到更多？如果你的大部分答案都是肯定的，那么你很有可能会成为这两个笨家伙中的一个。

现在，各个行业和产业的联系越来越紧密，纵使你再有本事，也不可能一个人把原料、生产、销售、物流和服务全都包揽下来，不和别人合作那是不可能的。在竞争激烈的商业社会中，精明的商人都倾向于寻求别人的加盟与合作，这无疑是明智的，而且要成大事必须借助外力。要保持和维护长期合作必然要求有双赢的结果，谁也不甘心花费了心血和精力最终却毫无所获，或者所获甚少。但人性往往如此，每个人都看到了自己对这份利益的重大贡献，自然就希望获得全部或者大多数利益，于是一场你死我活的争夺就开始了。

面对这些不可避免的矛盾和挑战，与其孤军奋战，不如联合起来大家一起赢！即使利益的分配存在着不公，也不要过多地计较。因为如果对方很强大，为了征服对方你必然会耗费许多的精力和时间，也许你最终得到了自认为的公平，但是从长远看，你失去了一个合作伙伴。这样是不是有些得不偿失？那就大度一些吧！有钱大家一起赚，有好处大家一起分，即使不能达到百分之百的公平，也不要耿耿于怀，这次让别人赚多点，下次别人自然会让你多赚一点。也许这次你让别人独吞了，出于无奈也好，出于忍让也好，别人记在心中，下次也许就是你拿大头的时候了。

一个人无论经商还是做事，若想有所作为，都必须拥有足够的大度量，才能在长期与他人良好合作的基础上，获得大的成功。

34

放纵自己怎么能去教导别人

【原典】

释己而教人者逆，正己而化人者顺。

【张氏注曰】

教者以言，化者以道。老子曰："法令滋彰，盗贼多有。"教之逆者也。"我无为，而民自化；我无欲，而民自朴。"化之顺者也。

【王氏点评】

心量不宽，见责人之小过；身不能修，不知己之非为，自己不能修政，教人行政，人心不伏，诚心养道，正己修德。然后可以教人为善，自然理顺事明，必能成名立事。

【译释】

一面放纵自己的行为，一面假惺惺地教导别人，这是不可行的，只有先把自己的位置摆正了，才能更好地教化别人。

宋人李邦献说过："轻财足以聚人，律己足以服人，量宽足以得人，身先足以率人。"也就是说，不看重财富，就可以团结更多的人；严格地规范自己的行为，就可以获得别人的信服；以宽阔的胸襟去接纳别人，就会得到人心；事事以身作则身先士卒，就可以率领众人去获得成功。领导只有首先搞好自身的道德修养和道德教化，才能达到"以德服人"的效果。

解 读

教人者须先正己

在漫长的历史长河中，多少仁人志士、英雄豪杰之所以为官清廉，不畏强权，尽自己的能力造福于民，从而使人生放出奇异的光彩，被万世传颂。于是，以"德"育人，与以"德"治国，有了紧密的联系。

德治也是一种"榜样的力量"。官员是民众的带头人、引路人，必须成为大众的道德榜样。当榜样就不能使道德修养、思想境界停留在与老百姓同一水平上。官有官德，民有民德，"官德"应当高于"民德"。官应该比民有更高的道德要求，只有这样，才能在德治中发挥道德示范作用。如果官员自己贪图安逸，却要民众艰苦奋斗；自己以权谋私，却要民众克己奉公，那么显然就不可能端正社会风气，从而形成良好的政治局面。

所以无论是做人还是做官，首在一个"正"字，而且要能够做到"正人先正己"。只要身居高位的人能够正己，那么他的大臣和平民百姓，就都会归于正道。

"正人"是"使人正"的意思，"正"是说遵守规范，有正气、讲正义。但是，现实生活中，偏偏有人己不"正"而却要去"正"人。

汉光帝刘秀的儿子因犯大错，被手下公正严法处死。此时，刘秀气得几乎要杀死该人，但最后却封其为"刺奸将"，让其公正严明地执法，使众人不敢逾规。自己的儿子犯了错都不饶命，何况他人乎？人人皆惧，不敢朝非分的地方想。

有些人，自己知识浅薄，还笑别人愚昧无知；自己对父母不管不问，还说别人大逆不道；自己利欲熏心，还嫌别人见利忘义；自己不注意社会公德，还怪别人没素质。捐款时，自己捐得不多，却嫌别人自私小气；劳动时，自己偷奸耍滑，还嫌别人好逸恶劳；见到不平事时，自己不挺身而出，还说别人胆小怕事。这些人，总对别人身上的毛病万般挑剔、百般指责，对自己身上的缺点却毫无知觉视而不见；对别人的不良品行大谈特谈，对自己的不良习惯却闭口免谈；对别人"高标准、严要求"，对自己却放任自流，总觉得别人身上劣迹斑斑，自己身上尽善尽美，大有一副"看见别人黑，看不到自己黑"的态势。他们身上缺少的就是"先己后人"精神，即"正人先正己"。

欲正人先正己，首先应从严于律己、宽以待人做起。遇事能设身处地为别人着想，自己不想承受的痛苦不要强加于人，而要以批评别人的态度批评自己，以原谅自己的态度宽待他人。

"正人先正己"，就是要求别人品德高尚，自己先要品行端正。"责人易，律己难"，这是许多人的通病，因此当对别人的不良言行深恶痛绝时，应先看一下自己是否有类似的缺点，以做到"有则改之，无则加勉"，一味要求别人不如先反思自己。如果人人都能先"正己"，从现在做起，从点滴做起，那和谐社会的建立也就指日可待了。

顺"道"而行则万事不难

【原典】

逆者难从，顺者易行；难从则乱，易行则理。如此，理身、理家、理国可也。

【张氏注曰】

天地之道，简易而已；圣人之道，简易而已。顺日月，而昼夜之；顺阴阳，而生杀之；顺山川，而高下之；此天地之简易也。顺夷狄而外之，顺中国而内之；顺君子而爵之，顺小人而役之；顺善恶而赏罚之。顺九土之宜，而赋敛之；顺人伦，而序之；此圣人之简易也。夫乌获非不力也，执牛之尾而使之却行，则终日不能步寻丈；及以环桑之枝贯其鼻，三尺之绳縻其颈，童子服之，风于大泽，无所不至者，盖其势顺也。大小不同，其理则一。

【王氏点评】

治国安民，理顺则易行；掌法从权，事逆则难就。理事顺便，处事易行；法度相逆，不能成就。详明时务得失，当隐则隐；体察事理逆顺，可行则行；理明得失，必知去就之道。数审成败，能识进退之机；从理为政，身无祸患。体学贤明，保终吉矣。

【译释】

做事如果违背事理，就难以施行，并且做到最后会乱七八糟不可收拾。如果顺着"道"的规律行事就会有条不紊万事亨通。明白了这些，无论是修身、持家还是治国都会得心应手无往而不胜。

老子曾说：一个国家的法令越是苛暴繁杂，强盗奸贼也越多。这就是因为逆天道而教导民众，就要出现天下大乱的局面。老子还说：做人主的清净无为，老百姓自然而然会走上文明的轨道。做人主的清心寡欲，老百姓自然而然会驯顺安分。这就是因顺天道而以德化人，国力、民风必将日益改观，天下大治，富强繁荣的局面迟早会出现。

天道、地道的生成发展和变化，其实是非常简单易知的。圣人推崇的人道也是一样。顺从太阳的晨起暮落，月亮的盈亏圆缺，才有昼夜四时的循环不已的规律；顺应宇宙阴阳反正的法则，万物生死相替，自然界才会有永不止息的无限生机。这都是大自然的客观规律。

解　读

做事要把握规律顺乎自然

聪明的人做事都知道顺乎自然，把握规律，不盲目、不妄为。如果随意为之，不管不顾，其结果必然"大逆不道"，一败涂地。做人做事尤其要如此，切记多观察，把握事情内在之道，掌握好力度，不可逆风行船，唯如此，方可一顺百顺万事大吉。

有个叫作郭橐驼的人，是专门帮人家种树的。他种树的本领特别高，经由他手栽种的树，全都成活了，还长得枝繁叶茂，结的果实也又多又早，他的同行们无论想什么办法总是比不过他。

于是大家就恳求郭橐驼介绍一下他种树的经验，郭橐驼想了想，就回答大伙儿说："其实也没有什么特别的诀窍，我只是随树木自己的生长规律让它发展而已。一般说来呢，移植树木的时候，要注意四个方面：树根要舒展开来；培土要尽量均匀；原土不能去掉，要保存下来；筑土则要紧密。照这样做了以后，就不用老记挂着它、经常去动它，只管离开就可以了。总而言之，栽培树木时要像照顾婴儿一般精心，栽好以后要置之不理。只有这样，树木的生长规律才不会受到破坏，它的本来习性也可以得到充分的发展。别的种树人，则有两种错误的做法。一种是栽种时不够精心，使树根得不到充分的伸展，原土全被丢弃，换成了生土，培土也不匀，不是多了就是少了，树自然长不好。还有一种正相反，对树爱护得太过分了。种下树以后，早晨去看看，晚上又去摸一下，刚走开又不放心地回头去料理一番，甚至用指甲把树皮掐破来看树是活的还是死的，还用手去摇动树根看土是松了还是紧了。这样弄得树一天比一天虚弱。原本是怀着爱它的心思，其实却是害了它啊，这和对它照顾不周也没多大区别，树也还是长不好。"

请教郭橐驼的人又问他："依您看，种树的道理和当官治民有相通的地方吗？"

郭橐驼说："我只懂得怎么种树，可不会当官治民。不过我住在乡间，看到官员们总是喜欢对老百姓发号施令，似乎是很爱惜人民，动不动就派人督促百姓们耕种啦、收割啦、抽丝啦、织布啦，还有养鸡养猪什么的。今天打鼓叫人家集合，明天敲梆子叫人家聚拢，百姓们穷于应付，疲于招待，连吃饭的时间都快没有了，还怎么有精力去搞好生产呢？这样看起来，当官治民也确实和栽种树木有很多相类似的地方啊！"

植树经和当官治民的原则共同说明了一个道理，做事要顺其自然，不能违反事物发展的自然规律。

办什么事必须遵循客观规律，不顾一切地按照自己的主观意志蛮干，那就必然会失败。

庖丁为梁惠王宰牛。手到的时候，肩倚的时候，脚踩的时候，膝顶的时候，那声音十分和谐，就跟美妙的音乐一样，合于尧时的《经首》旋律；那动作也很有节奏，就像优美的《桑林》舞蹈。

梁惠王看得出了神，称赞说："哈，好啊！你的技术是怎么达到这样高超的地步的呢？"

庖丁放下刀对梁惠王说："我喜欢探求，因此比一般的技术又进了一步。我开始解剖牛的时候，看到的无非是一头整牛，不知道牛身体的内部结构，不知道从什么地方下手。三年以后，我眼前出现的是牛的骨缝空隙，就不再是一头整牛。到了今天，我宰牛就全凭感觉了，不需要再用眼睛看来看去，就能知道刀应该怎么运作。牛的肌体组织结构都是有一定规律的，我进刀的地方都是肌肉和筋骨的缝隙，从不碰牛的骨头，更不用说碰大骨头了。技术高明的厨师，一年换一把刀，因为他是用刀割。一般的厨师，一个月就更换一把刀，因为他是用刀砍。而我宰牛的这把刀，已经用了十九年；所宰的牛，已经有几千头，然而刀口锋利得仍然像刚在磨石上磨过的一样。这是为什么呢？就因为牛的肌体组织结构之间有空隙，而刀口与这些空隙比起来，薄得好像一点厚度也没有。用没有厚度的刀在有空隙的肌体组织间运行，当然绰绰有余！所以十九年过去了，我的刀还跟新的一样。虽然我的技术已达到了这种程度，但我在解剖牛的时候，还是丝毫不敢马虎，总是小心翼翼，心神专注，进刀时不匆忙，用力时不过猛，牛体迎刃而解，牛肉就像一摊泥土一样从骨架上滑落到地上。这时，我才松下一口气来，提刀站立，顾视一下四周，心满意足地把刀擦拭干净，收藏起来。"

由庖丁娴熟的解牛手法可以得知，世间一切事物，都有它自身的规律，掌握了事物的规律，无论修身、理家、治国都可以得心应手。

参考文献

［1］黄石公．素书［M］．李慧，李彦舟编译．北京：经济日报出版社，2009．

［2］叶舟．老子的智慧［M］．北京：中国物资出版社，2005．

［3］司马哲．忍经的智慧［M］．北京：中国长安出版社，2005．

［4］马树全．守弱学［M］．海口：南方出版社，2005．

［5］王宇．读史记学做人［M］．北京：科学技术文献出版社，2008．

［6］迟双明．历史智慧天天读［M］．北京：中国电影出版社，2007．

［7］华业．季羡林的处世哲学［M］．北京：石油工业出版社，2008．

［8］华业．林语堂的半半哲学［M］．北京：石油工业出版社，2008．

附录一　《素书》原典

素　书

黄石公著

原始章第一

夫道、德、仁、义、礼，五者一体也。道者，人之所蹈，使万物不知其所由。德者，人之所得，使万物各得其所欲。仁者，人之所亲，有慈惠恻隐之心，以遂其生成。义者，人之所宜，赏善罚恶，以立功立事。礼者，人之所履，夙兴夜寐，以成人伦之序。夫欲为人之本，不可无一焉。贤人君子，明于盛衰之道，通乎成败之数，审乎治乱之势，达乎去就之理。故潜居抱道，以待其时。若时至而行，则能极人臣之位；得机而动，则能成绝代之功。如其不遇，没身而已。是以其道足以高，而名扬于后世。

正道章第二

德足以怀远，信足以一异，义足以得众，才足以鉴古，明足以照下，此人之俊也。行足以为仪表，智足以决嫌疑，信可以使守约，廉可以使分财，此人之豪也。守职而不废，处义而不回，见嫌而不苟免，见利而不苟得，此人之杰也。

求人之志章第三

绝嗜禁欲，所以除累。抑非损恶，所以禳过。贬酒阙色，所以无污。
避嫌远疑，所以无误。博学切问，所以广知。高行微言，所以修身。
恭俭谦约，所以自守。深计远虑，所以不穷。亲仁友直，所以扶颠。
近恕笃行，所以接人。任材使能，所以济世。殚恶斥谗，所以止乱。
推古验今，所以不惑。先揆后度，所以应卒。设变致权，所以解结。
括囊顺会，所以无咎。橛橛梗梗，所以立功。孜孜淑淑，所以保终。

本德宗道章第四

夫志心笃行之术。长莫长于博谋，安莫安于忍辱，先莫先于修德，乐莫乐于好善，神莫神于至诚，明莫明于体物，吉莫吉于知足。苦莫苦于多愿，悲莫悲于精散，病莫病于无常，短莫短于苟得，幽莫幽于贪鄙，孤莫孤于自恃，危莫危于任疑，败莫败于多私。

遵义章第五

以明示下者暗，有过不知者蔽，迷而不返者惑，以言取怨者祸，令与心乖者废，后令缪前令者毁，怒而无威者犯，好辱众人者殃，戮辱所任者危，慢其所敬者凶，貌合心离者孤，亲谗远忠者亡，近色远贤者昏，女谒公行者乱，私人以官者浮，凌下取胜者侵，名不胜实者耗。略己而责人者不治，自厚而薄人者弃。以过弃功者损，群下外异者沦，既用不任者疏，行赏吝色者沮，多许力与者怨，既迎而拒者乖。薄施厚望者不报，贵而忘贱者不久。念旧恶而弃新功者凶，用人不正者殆，强用人者不畜，为人择官者乱，失其所强者弱，决策于不仁者险，阴计外泄者败，厚敛薄施者凋。战士贫游士富者衰；货赂公行者昧；闻善忽略，记过不忘者暴；所任不可信，所信不可任者浊。牧人以德者集，绳人以刑者散。小功不赏，则大功不立；小怨不赦，则大怨必生。赏不服人，罚不甘心者叛。赏及无功，罚及无罪者酷。听谗而美，闻谏而仇者亡。能有其有者安，贪人之有者残。

安礼章第六

怨在不舍小过，患在不预定谋。福在积善，祸在积恶。饥在贱农，寒在惰织。安在得人，危在失士。富在迎来，贫在弃时。上无常操，下多疑心。轻上生罪，侮下无亲。近臣不重，远臣轻之。自疑不信人，自信不疑人。枉士无直友，曲上无直下。危国无贤人，乱政无善人。爱人深者求贤急，乐得贤者养人厚。国将霸者士皆归，邦将亡者贤人避。地薄者大物不产，水浅者大鱼不游，树秃者大禽不栖，林疏者大兽不居。山峭者崩，泽满者溢。弃玉取石者盲，羊质虎皮者柔。衣不举领者倒，走不视地者颠。柱弱者屋坏，辅弱者国倾。足寒伤心，人怨伤国。山将崩者下先隳，国将衰者人先弊。根枯枝朽，人困国残。与覆车同轨者倾，与亡国同事者灭。见已生者慎将生，恶其迹者预避之。畏危者安，畏亡者存。夫人之所行，有道则吉，无道则凶。

吉者，百福所归；凶者，百祸所攻。非其神圣，自然所钟。务善策者，无恶事；无远虑者，有近忧。同志相得，同仁相忧，同恶相党，同爱相求，同美相妒，同智相谋，同贵相害，同利相忌，同声相应，同气相感，同类相依，同义相亲，同难相济，同道相成，同艺相窥，同巧相胜。释己而教人者逆，正己而化人者顺。逆者难从，顺者易行，难从则乱，易行则理。如此，理身、理家、理国，可也。

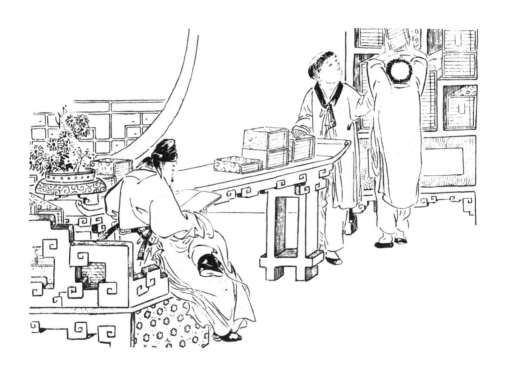

附录二　黄石公传

黄石公传

慎懋赏撰（明）

　　黄石公者，吾不知其何如人，亦不知其所自始。但闻秦始皇时，天下方清夷无事，群黎束手听命，斩木揭竿之变未纤尘萌也，韩国复仇男子张良，策壮士阴袭之，万夫在护不支，大索十日不得，其目中已无秦，谓旦夕枭政首挂太白而快也。

　　游下邳圯上，徘徊四顾，凌轹宇宙，即英雄豪杰孰有如秦皇帝者，秦皇帝不畏而畏人耶？俄尔，一老父至良所，堕履圯下，顾谓良曰："孺子下取履。"良愕然，为其老，强忍下取履，跪进。老父以足受之，良大惊。老父去里许，还曰："孺子可教矣。后五日平明与我期此。"良怪之，曰："诺。"

　　五日平明往，老父已先在，怒曰："与老人期，后，何也？去，后五日早会。"良鸡鸣而往，老父又先在，复怒曰："后，何也？去，后五日复早来。"良乃夜半往，有顷，老人来，喜曰："孺子当如此。"乃出一编曰："读是则为王者师，后十三年，子求我与济北谷城山下。"遂去，不复见。

　　旦视其书，乃太公兵法。良奇之，因诵习以说他人，皆不能用。以说沛公，辙有功。由是解鸿门厄，销六国印，击疲楚，都长安，有以天下。其自为谋，则起布衣、复韩仇、为帝师，且当其身免诛夷诏狱之惨。

　　后十三年，过谷城山，无所见，乃取道旁

黄石葆而祠之，及良死，并藏焉，示不忘故也，故曰"黄石公"。

　　呜呼！良之所遇奇矣！或曰：老人神也！愚则曰：此老氏者流，假手与人，以快其诛秦灭项之志而已，安享其逸者也。聃之言曰：善摄生者无死地。又曰：代司杀者，是谓大匠斫，夫代大匠斫，希有不伤手矣。此固巧于避斩杀，而善于掠荣名者，是以知其非神人也。

　　苏轼之言曰："张良出荆轲聂政之计，以侥幸于不死，老人深惜之，故出而教之。"夫爱赤子者，为之避险绝危。老人之于张良，尝试之秦项戈矛之中，而肩迹于韩彭杀戮之际。如是而谓之爱也奚可哉？

附录三 张商英（宋）原序

《素书》原序

张商英（宋）

《黄石公素书》六篇，按《前汉列传》黄石公圯桥所授子房《素书》世人多以"三略"为是，盖传之者误也。

晋乱，有盗发子房冢，于玉枕中获此书，凡一千三百三十六言，上有秘戒："不许传于不道、不神、不圣、不贤之人；若非其人，必受其殃；得人不传，亦受其殃。"鸣呼！其慎重如此。

黄石公得子房而传之，子房不得其传而葬之。后五百余年而盗获之，自是《素书》始传于人间。然其传者，特黄石公之言耳，而公之意，其可以言尽哉。

余窃尝评之："天人之道，未尝不相为用，古之圣贤皆尽心焉。尧钦若昊天，舜齐七政，禹叙九畴，傅说陈天道，文王重八卦，周公设天地四时之官，又立三公以燮理阴阳。孔子欲无言，老聃建之以常无有。"《阴符经》曰："宇宙在乎手，万物生乎身。道至于此，则鬼神变化，皆不逃吾之术，而况于刑名度数之间者欤！"

黄石公，秦之隐君子也。其书简，其意深；虽尧、舜、禹、文、傅说、周公、孔、老，亦无以出此矣。

然则，黄石公知秦之将亡，汉之将兴，故以此《书》授子房。而子房者，岂能尽知其《书》哉！凡子房之所以为子房者，仅能用其一二耳。

《书》曰："阴计外泄者败。"子房用之，尝劝高帝王韩信矣；《书》曰："小怨不赦，大怨必生。"子房用之，尝劝高帝侯雍齿矣；《书》曰："决策于不仁者险。"子房用之，尝劝高帝罢封六国矣；《书》曰："设变致权，所以解结。"子房用之，尝致四皓而立惠帝矣；《书》曰："吉莫吉于知足。"子房用之，尝择留自封矣；《书》曰："绝嗜禁欲，所以除累。"子房用之，尝弃人间事，从赤松子游矣。

嗟乎！遗粕弃滓，犹足以亡秦、项而帝沛公，况纯而用之，深而造之者乎！

自汉以来，章句文词之学炽，而知道之士极少。如诸葛亮、王猛、房乔、裴度等辈，虽号为一时贤相，至于先王大道，曾未足以知仿佛。此《书》所以不传于不道、不神、不圣、不贤之人也。

离有离无之谓"道"，非有非无之谓"神"，有而无之之谓"圣"，无而有之之谓"贤"。非此四者，虽口诵此《书》，亦不能身行之矣。